工业和信息化部“十四五”规划教材

本书是“智能工厂”系列教材之一，是国家“双高计划”建设院校人工智能技术应用专业群课程改革成果。

工业传感网应用技术

主　编　马长胜　王茗倩　王云良

副主编　顾卫杰　桑世庆

北京理工大学出版社

BEIJING INSTITUTE OF TECHNOLOGY PRESS

图书在版编目（C I P）数据

工业传感网应用技术 / 马长胜，王茗倩，王云良主编. --北京：北京理工大学出版社，2021.9
ISBN 978-7-5763-0442-8

Ⅰ. ①工… Ⅱ. ①马… ②王… ③王… Ⅲ. ①工业自动控制–传感器 Ⅳ. ①TB114.2

中国版本图书馆 CIP 数据核字（2021）第 200100 号

出版发行 / 北京理工大学出版社有限责任公司
社 址 / 北京市海淀区中关村南大街 5 号
邮 编 / 100081
电 话 /（010）68914775（总编室）
（010）82562903（教材售后服务热线）
（010）68944723（其他图书服务热线）
网 址 / http://www.bitpress.com.cn
经 销 / 全国各地新华书店
印 刷 / 河北盛世彩捷印刷有限公司
开 本 / 787 毫米×1092 毫米 1/16
印 张 / 18.5
字 数 / 425 千字
版 次 / 2021 年 9 月第 1 版 2021 年 9 月第 1 次印刷
定 价 / 58.00 元

责任编辑 / 张鑫星
文案编辑 / 张鑫星
责任校对 / 周瑞红
责任印制 / 施胜娟

一、本书背景

智能制造是新工业革命的核心，通过合理化、智能化地使用设备，即智能运维实现制造业的价值最大化；在生产和工厂侧，它以规模化、标准化、自动化为基础，但还被赋予柔性化、定制化、可视化、低碳化的新特性。工业互联网作为新一代信息技术与现代工业技术深度融合的产物，是智能制造业的重要载体，它构建了连接机器、物料、人、信息系统的基础网络。实现工业数据的全面感知、动态传输、实时分析，形成了科学决策与智能控制，提高制造资源配置效率，正成为领军企业竞争的新赛道、全球产业布局的新方向，是实现“中国制造 2025”的新焦点。

智能工厂是工业互联网的典型应用，主要通过产品智能化、装备智能化、生产管理智能化、企业管理智能化和服务智能化，达到加强及规范企业管理、减少工作失误、提高工作效率、实现安全生产、提供决策参考等目的。其中，生产环境监测、产品数据采集和质量检测作为生产管理智能化的重要环节，是保障企业产品质量的关键。在此背景下，本书依托于合作企业“江苏大备智能科技有限公司”的真实项目“互联网+智能制造系统开发”，选取了其中“机械零件在线监测与质量分拣”这一典型工业传感网应用系统作为项目载体，校企双元共同编写本书并开发相关配套资源。

二、内容结构

本书以传感网应用开发岗位所需知识、能力、素养的培养为目标，在智能制造产业背景下，以工业传感网应用系统的设计、开发、集成三部分为主线，对工业数据进行实时采集、可靠传输和交互应用。内容对接“传感网应用开发”1+X 证书、全面融入思政教育元素、贯穿劳动教育。本书以企业真实项目“基于工业传感网的机械零件在线监测与质量分拣系统”为蓝本，主要介绍了工业传感网的体系结构、组网方案设计、工业传感网应用系统开发、集成与维护等，项目教学内容框架如图 1 所示。

本书秉承“项目引领、任务驱动、行动导向”理念，在职业活动中使学生形成能力、掌握知识。项目导入部分主要包括项目介绍、知识图谱、学习要求、1+X 证书考点；项目实施部分主要包括学习目标、思政目标、任务要求、实训设备、知识准备、任务实施、任务评价和课后任务，形成以目标为导向、评价为反馈的学习闭环；项目教学评价采用问卷

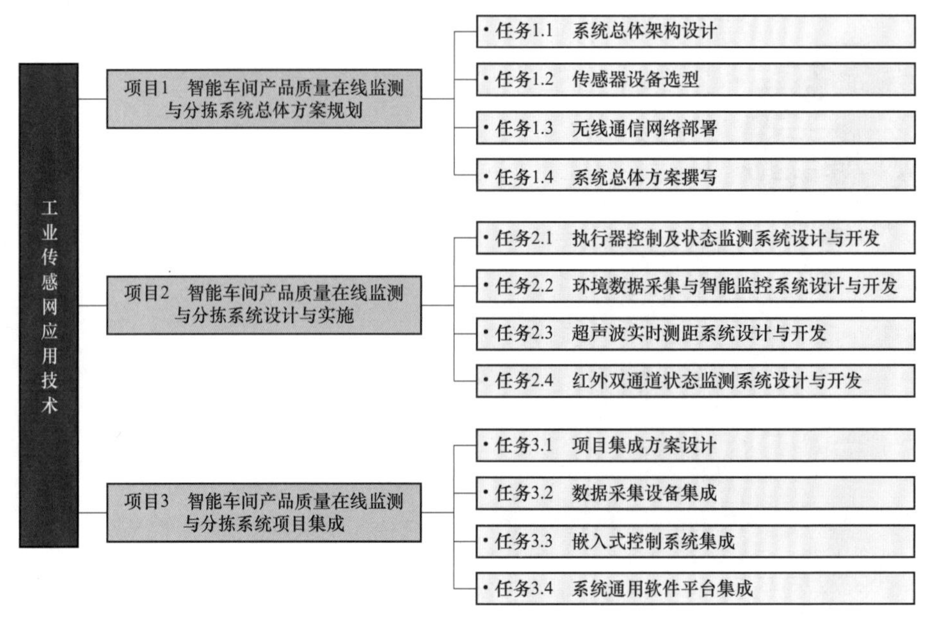

图1　项目教学内容框架

形式，对教学组织、授课内容、授课教师等指标进行测评，全面了解学生对项目学习的感想收获，便于教师进行教学改进。教材组织结构如图2所示。

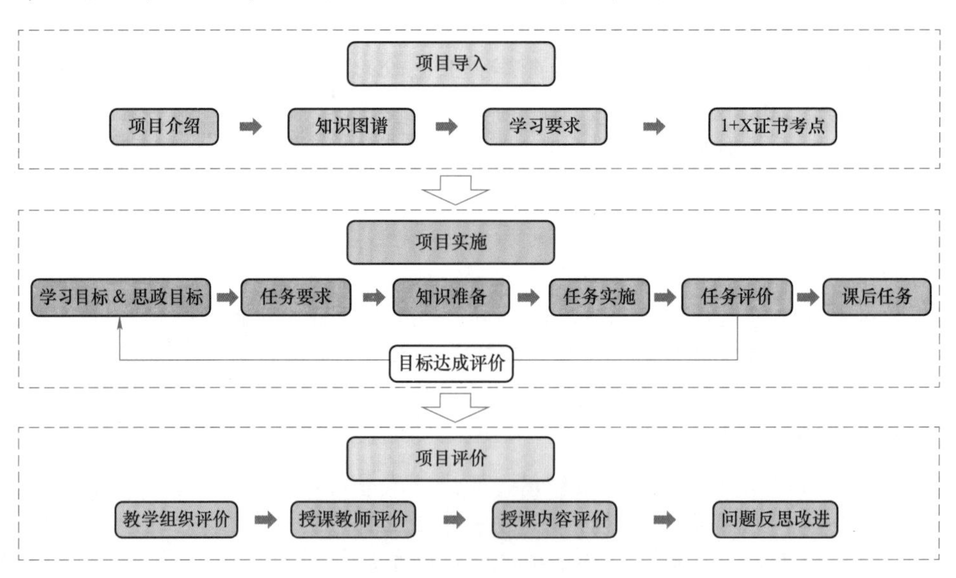

图2　教材组织结构

（1）项目介绍：介绍本项目的实施背景、任务内容，以及各子任务之间的逻辑关联。

（2）知识图谱：清晰描绘项目中所覆盖并需要掌握的知识点、技能点，帮助学生从宏观角度梳理学习思路，系统性地把握项目学习内容。

（3）学习要求：明确该项目的总体学习要求，主要涵盖了思政素养、职业素养、信息素养和劳动素养等方面的综合要求，旨在促进学生德智体美劳的全面发展。

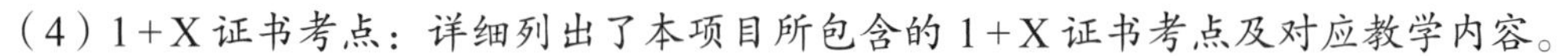

（4）1+X 证书考点：详细列出了本项目所包含的 1+X 证书考点及对应教学内容。

三、本书特色

1. 产教融合、项目引领

在智能制造产业背景下，本书依托合作企业真实项目“互联网+智能制造系统开发”，以培养学生工业传感网应用系统的设计、开发、集成为目标，采用“项目引领、任务驱动、行动导向、学做合一”的方式，各项目均由若干由简到难、循序渐进的任务组成，符合学生认知规律和实践性要求，使学生在完成任务过程中，习得知识、形成技能。

2. 课程思政、育人为本

以坚定理想信念，培育社会主义核心价值观、职业素养和工匠精神为课程思政目标，全面深入挖掘蕴含于教材之中的思政元素，并采用案例渗透、体验探究等方法，将爱国主义、法治意识、规范意识、劳动价值观教育等融入、贯穿教学全过程。各任务中设置了“思政目标”“课程思政链接”及相关案例素材、思考讨论等内容，实现教材德育的隐性渗透，为教师和学生开展课程思政教育提供了双向借鉴。

3. 书证融通、对接标准

本书将 1+X 证书“传感网应用开发”职业技能等级标准（中级）的技能点与项目内容进行匹配，对项目内容重新整合、拓展、补充，有机融入数据采集、短距离无线通信、通信协议应用等知识点。各项目引导部分列出了本项目所包含的 1+X 证书考点及对应教学内容，并在具体任务实施中进行了重点标识。以证书考纲中的理论、实操和素养考点为学习评价的主要构成，实现书证融通，提升核心职业能力。

4. 资源丰富、形式新颖

本书配套课程标准、授课计划、微课视频、教学课件（PPT）、应用程序源代码、题库等立体化数字资源，书中所提供的视频、动画、网络资源等二维码均可随扫随学。配套在线课程可支持学生自主学习，并辅助开展提问、讨论、测试、作业等课堂活动。采用活页式编排，便于及时补充项目案例和最新技术；书中记录栏和总结栏便于学生记录学习过程、结果和问题，不断反思改进，提升学习效果。

四、教学建议

课程学时分配如表 1 所示。

表 1　课程学时分配表

序号	项目名称	任务名称	分配学时建议	
			理论	实践
1	项目 1　智能车间产品质量在线监测与分拣系统总体方案规划	1.1　系统总体架构设计	2	2
2		1.2　传感器设备选型	2	2
3		1.3　无线通信网络部署	1	3
4		1.4　系统总体方案撰写	1	3
5	项目 2　智能车间产品质量在线监测与分拣系统设计与实施	2.1　执行器控制及状态监测系统设计与开发	2	4
6		2.2　环境数据采集与智能监控系统设计与开发	2	6

续表

序号	项目名称	任务名称	分配学时建议	
			理论	实践
7	项目2　智能车间产品质量在线监测与分拣系统设计与实施	2.3　超声波实时测距系统设计与开发	2	4
8		2.4　红外双通道状态监测系统设计与开发	2	4
9	项目3　智能车间产品质量在线监测与分拣系统项目集成	3.1　项目集成方案设计	2	2
10		3.2　数据采集设备集成	2	4
11		3.3　嵌入式控制系统集成	2	4
12		3.4　系统通用软件平台集成	2	4
合计			22	42

五、致谢

衷心感谢常州机电职业技术学院对工业传感网应用技术核心课程建设的大力支持。感谢江苏大备智能科技有限公司提供了项目资源、编写人员和技术指导。感谢北京理工大学出版社为本书出版付出的辛勤劳动以及向作者提出的有益修改建议。

本书由常州机电职业技术学院的马长胜、王茗倩、王云良担任主编，常州机电职业技术学院的顾卫杰和嘉兴职业技术学院的桑世庆担任副主编，常州机电职业技术学院孙华林、楼竞、杨保华，江苏大备智能科技有限公司的金亚峰工程师和庄岳辉工程师等参与编写。在此，向他们一并表示谢意。

由于编者水平有限，书中难免存在疏漏和不足之处，恳请广大读者批评指正。

编　者

目录

项目总体设计

1. 项目概况

本书与合作企业“江苏大备智能科技有限公司”共同开发，依托于企业的真实项目《互联网+智能制造系统》。该公司主要从事物联网、工业互联网大数据平台、电子产品、机器人及自动化系统等的技术开发，数控机床的维修及改造。“互联网+智能制造系统”主要包含网上订单、智能生产加工、智能装配、质量检测、智能仓储、设备管理、能耗管理、物流管理等子系统，其管理平台界面和智能车间沙盘分别如图 0－1、图 0－2 所示。

图 0－1 “互联网+智能制造系统”管理平台界面

质量是企业竞争力的核心要素、是建设制造强国的生命线，坚持走质量为先的制造业发展道路。其中，产品质量检测是企业关注的焦点，也是保障产品质量的重点和关键环节。传统的产品尺寸检测主要依靠人工方式，采用简单的测量工具对产品尺寸与形位公差的比对实现测量，常用的检测工具有量规、卡尺、轮廓仪等，卡尺和量规虽然操作简单，但是测量精度不高，轮廓仪等需在特定的检测环境下进行；而先进的测量仪器虽然精度高，但价格贵。因此在国内的零件生产车间里，仍然可以看到很多检测工作仍以人工操作为主。

近年来，随着物联网、无线通信、传感器技术、微机电系统等技术的飞速发展与日益成熟，诞生了一种低成本、低功耗、多功能的新型网络——无线传感器网络（Wireless Sensor

Network，WSN），该网络的出现引起了世界范围内的广泛关注。它由大量的传感器节点组成，这些传感器节点具有一定的计算与通信能力，能够在监测区域进行数据采集、传输等活动，传感器节点无须人工维护，它们能形成一个多跳的自组织网络系统，根据环境的变化主动完成某种特定监测任务，是一种大规模的、无须人员值守的分布式系统。在产品检测领域，可以通过各类传感器获取产品的尺寸参数，通过无线传感器网络传输检测数据，从而使检测过程更加方便、检测数据的应用更加灵活，改变了传统的测试仪器体积庞大、价格昂贵，人工检测效率低等弊端，为检测技术的发展带来了前所未有的机遇。

图 0-2　智能车间沙盘

在该项目中，“机械零部件质量检测分拣系统”利用无线传感器网络技术，实现产品信息的自动获取和质量检测，并分类放置。通过各类传感设备获取检测车间的环境参数，如温度、湿度等数据；同时，利用 RFID 读写器、摄像头、传感器等获取产品条码、图像，以及长、宽、高尺寸信息，再将数据经无线网络传输至嵌入式网关，与数据库中的产品标准进行比较，分拣出不合格产品；最终，将各产品的合格数与合格率进行统计分析。其系统模型和运行界面分别如图 0-3、图 0-4 所示。

图 0-3　基于无线传感器网络的机械零部件质量检测分拣系统模型

这种监控网络成本较低、无须布线，多个传感器节点布置于待测工位上可以采集传统方法无法监测到的信号，并根据机械零件质量标准判断其是否合格从而实现分离，省去了人工检测这一烦琐环节，保证每个产品都合格，并将检测数据与企业 ERP 系统对接，客户能实时查询产品各项生产参数。

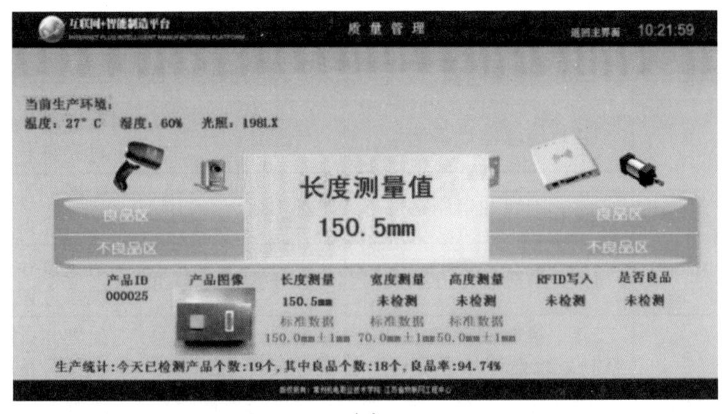

（a）

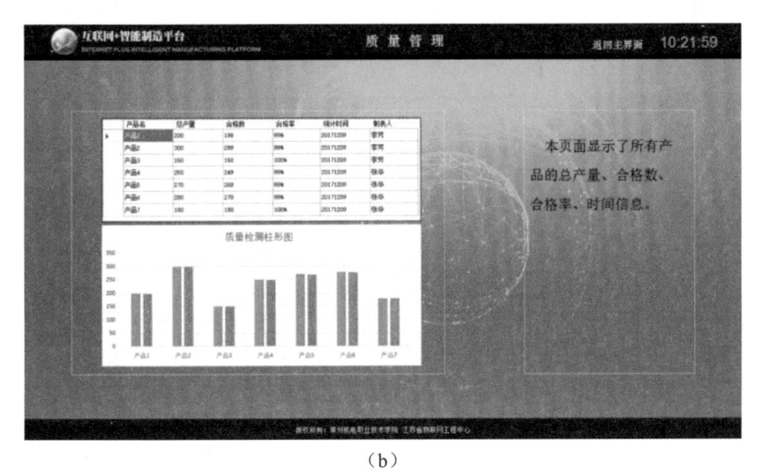

（b）

图 0-4　机械零部件质量分拣系统运行界面

（a）产品尺寸参数检测；（b）管理平台

2. 课程思政设计

本书将立德树人作为根本任务和中心环节，以培养德智体美劳全面发展的社会主义建设者和接班人为宗旨，设计了系统化的课程思政教育内容，在知识传授、技能培养的同时，实现价值引领、精神塑造，发挥课程的育人功效。采用案例渗透、专题嵌入、提炼引申、体验探究等融入方法，全面挖掘、提炼蕴含于教材内容中的思政元素，主要涵盖了爱国主义、核心意识、法治意识、工匠精神、职业素养等内容，实现教材德育的隐性渗透，为教师和学生开展课程思政教育提供了双向参考借鉴。各项目的课程思政总体教学设计如表 0-1 所示。

表 0-1　各项目的课程思政总体教学设计

序号	项目名称	授课内容	融入点	思政元素	融入方法
1	项目 1　智能车间产品质量在线监测与分拣系统总体方案规划	1.1　系统总体架构设计	无线传感器网络现状与发展	爱国：爱国情怀、四个自信	案例渗透

续表

序号	项目名称	授课内容	融入点	思政元素	融入方法
2		1.2 传感器设备选型	传感器的分类	辩证思维：对立统一	专题嵌入
3		1.3 无线通信网络部署	ZigBee 无线通信	爱国、爱党：核心意识	提炼引申
4		1.4 系统总体方案撰写	组网方案撰写规范	职业素养：规范意识	专题嵌入
5	项目 2 智能车间产品质量在线监测与分拣系统设计与实施	2.1 执行器控制及状态监测系统设计与开发	小组合作完成系统开发任务	爱集体：团队协作、友善精神	体验探究
6		2.2 环境数据采集与智能监控系统设计与开发	设置温度阈值实现自动控制	思维方法：底线思维	提炼引申
7		2.3 超声波实时测距系统设计与开发	超声波实时测距	思维方法：目标导向	类比映射
8		2.4 红外双通道状态监测系统设计与开发	红外对射、反射通道状态监测	思维方法：具体问题具体分析	提炼引申
9	项目 3 智能车间产品质量在线监测与分拣系统项目集成	3.1 项目集成方案设计	工业传感网安全问题与威胁	爱国守法：法治意识	专题嵌入
10		3.2 数据采集设备集成	传感器节点的处理单元	工匠精神：精益求精、创新精神	案例渗透
11		3.3 嵌入式控制系统集成	嵌入式系统编程	职业素养：科学严谨、求真务实	体验探究
12		3.4 系统通用软件平台集成	综合软件平台开发	职业素养：攻坚钻研、耐心专注	体验探究

3. 与 1+X 证书匹配关系

本书将 1+X 证书“传感网应用开发”职业技能等级标准（中级）的技能点与项目内容进行匹配，对项目内容重新整合、拓展、补充，有机融入数据采集、短距离无线通信、通信协议应用等知识点。项目内容与 1+X 证书技能点的总体匹配关系如图 0-5 所示，各项目引导部分均列出了本项目所包含的 1+X 证书考点及对应教学内容，并在任务实施中标出了具体技能点。以证书考纲中的理论、实操和素养考点为课程评价的主要构成之一，实现书证融通，提升核心职业能力。

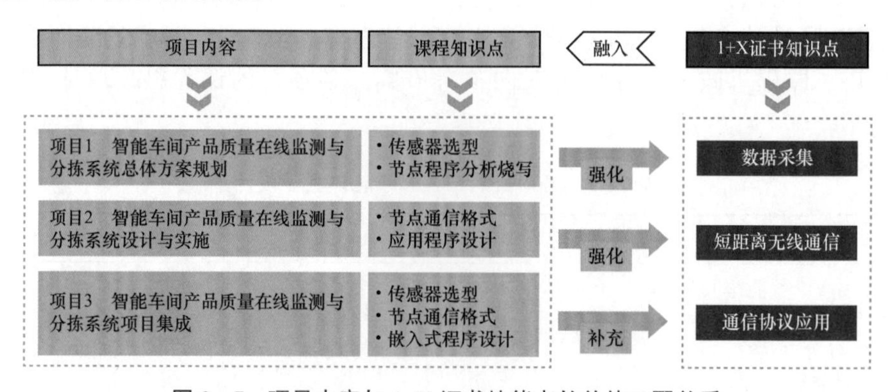

图 0-5　项目内容与 1+X 证书技能点的总体匹配关系

项目 1

智能车间产品质量在线监测与分拣系统总体方案规划

项目介绍

在工业传感网应用系统项目开发前，需要进行总体方案设计，再实施各子系统的设计开发，最终将各子系统集成并进行系统联调。因此，本项目以“智能车间产品质量在线监测与分拣系统”为背景，首先通过完成工业传感网体系结构分析设计、传感器设备选型、无线通信网络部署等任务，掌握传感网结构、传感器工作原理和选型、常见近距离通信技术等知识点，并初步实现传感器数据采集、节点 ZigBee 无线通信的功能，为后续系统开发奠定基础。其次，根据具体系统开发需求，按照规范要求撰写工业传感网的组网方案。

知识图谱

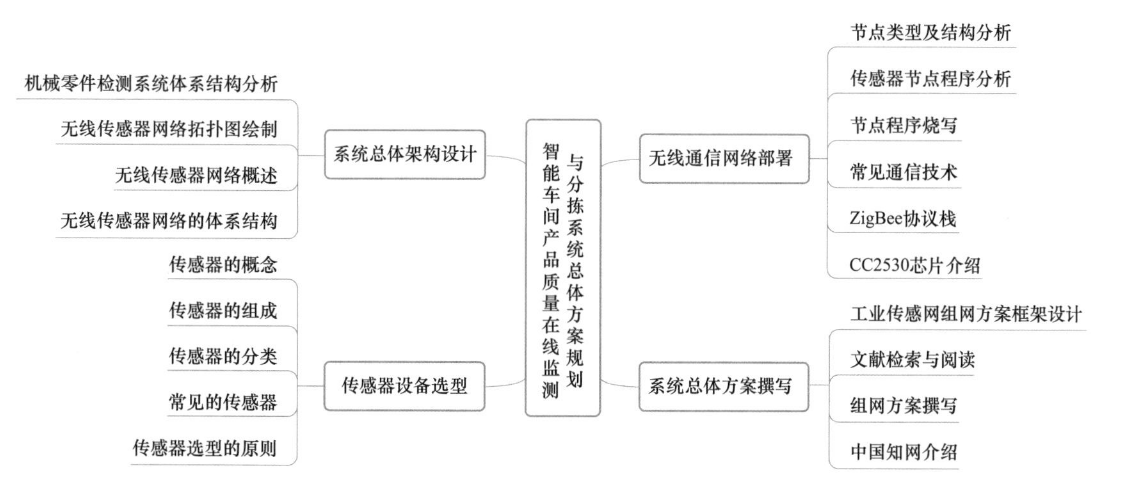

学习要求

● 根据课程思政目标要求，实现系统组网方案的不断优化完善，从而养成精益求精、追求卓越的工匠精神。

● 在系统开发过程中，需要按照 1+X 证书“传感网应用开发”中相应的硬件电路搭建和软件编程规范要求，实施系统开发任务，养成规范严谨的职业素养。

● 通过“传感器选型”“组网方案设计”等任务实施中信息的查找、文献检索与阅读，以及信息选取与整合，培养信息获取和评价的基本信息素养。

● 使用实训设备时，需要佩戴防静电手套、禁止带电热插拔设备，布线需要整洁美观，保持工位卫生、完成后及时收回工具并按位置摆放，树立热爱劳动、崇尚劳动的态度和精神，养成良好的劳动习惯。

1+X 证书考点

“传感网应用开发”职业技能等级标准（中级）

工作领域	工作任务	职业技能	课程内容
1. 数据采集	1.1 模拟量传感数据采集	1.1.1 能根据各种传感器的基本参数、特性和应用场景，运用信号处理的知识选择处理方法，根据需求科学地处理信号	任务 1.2 传感器设备选型 1.2.1 传感器的基本原理 1.2.2 传感器选型的原则
	1.2 数字量传感数据采集	1.2.3 能根据 MCU 编程手册和传感器用户手册，运用 MCU 的串口通信技术，独立操作串口读取传感器数据	
3. 短距离无线通信	3.1 ZigBee 组网通信	3.1.1 能根据 ZigBee 开发指南，运用 ZigBee 开发知识，熟练搭建开发环境并使用仿真器进行调试下载。 3.1.3 能根据 MCU 编程手册，运用 MCU 的串口驱动技术，熟练操作串口进行数据通信	任务 1.3 无线通信网络部署 1.3.3 节点类型及结构分析 1.3.4 传感器节点程序分析 1.3.5 节点程序烧写

Note

任务 1.1　系统总体架构设计

学习目标

- 了解无线传感器网络的发展过程及特点。
- 了解无线传感器网络的体系结构。
- 了解无线传感器网络的应用领域。
- 会进行工业传感网系统的需求分析。
- 能叙述工业传感网的组建步骤。
- 能用 Visio 软件绘制系统拓扑结构图。

思政目标

- 培养爱国情怀、民族自豪感，树立道路自信。

“课程思政”链接
融入点：无线传感器网络现状与发展　思政元素：核心价值观——爱国主义、四个自信
结合《中国制造 2025》战略、节选播放《辉煌中国》《创新中国》纪录片。在了解无线传感器网、大数据、云计算、人工智能等前沿信息技术驱动国家经济创新发展的同时，激发学生的爱国情怀和民族自豪感，激励学生把个人的理想追求融入国家和民族的事业中，树立道路自信
参考资料：《中国制造 2025》文件、《创新中国》视频、《辉煌中国》视频

任务要求

（1）观看机械零件在线检测系统模型的运行过程，学习无线传感器网络体系结构知识链接点，从而会分无线传感器网络的体系结构，了解无线传感器网络的发展过程、特点及应用领域，掌握无线传感器网络的组建步骤。

（2）学习 Visio 绘图软件的基本使用方法，并绘制出机械零件在线检测系统中的网络拓扑结构图。

实训设备

（1）机械零件在线检测系统模型一套（或模型演示录像）。

（2）装有 Visio 软件的计算机一台。

Note

无线传感网体系结构分析

1.1.1 无线传感器网络概述

1. 无线传感器网络概念

近年来，随着无线通信、传感器技术、微机电系统、计算机等技术的飞速发展与日益成熟，诞生了一种低成本、低功耗、多功能的新型网络——无线传感器网络（Wireless Sensor Network，WSN），该网络的出现引起了世界范围内的广泛关注。它由大量的传感器节点组成，这些传感器节点具有一定的计算与通信能力，能够在监测区域进行数据采集、传输等活动，传感器节点无须人工维护，它们能形成一个多跳的自组织网络系统，根据环境的变化主动完成某种特定监测任务，是一种大规模的、无须人员值守的分布式系统。

2. 无线传感器网络研究现状

信息化革命促进了无线传感器网络的发展，从无线传感器网络的发展历程来看，它是继互联网之后，对21世纪人类的生活方式、生产方式带来重大影响的关键技术。早在1999年，美国的《商业周刊》就将无线传感器网络列为21世纪最具有影响力的21项技术之一；2003年，美国麻省理工学院在预测未来科学技术发展的报告中，将无线传感器网络列为改变人类世界的十大新技术之一；2008年，前IBM公司首席执行官彭明盛提出了“智慧地球”的新概念，从而引发了全世界范围内物联网技术的研究革命，其中无线传感器网络作为物联网技术的关键技术之一，尤其受广大学者的关注；在我国，温家宝总理2009年8月在无锡视察时提出了“感知中国”的概念，物联网被正式列为国家五大新兴战略性产业之一，并被写入了政府工作报告；2010年，江苏等省份将物联网列为全省重点培育和发展的新兴产业之一；2011年底，工业和信息化部出台了《物联网“十二五”发展规划》，规划指出，“十二五”时期，我国物联网将由起步发展进入规模发展的阶段，并将大力实施关键技术创新工程和标准化推进工程等五大重点工程。

<table>
<tr><td>

■ 【课程思政】视频案例

亲爱的同学，请观看《创新中国》《辉煌中国》纪录片，了解前沿信息技术驱动经济创新发展，坚定理想信念、树立远大抱负和道路自信。

《创新中国》

《辉煌中国》

</td><td>谈一谈你的感想：</td></tr>
</table>

从专家、学者对无线传感器网络的研究情况来看，无线传感器网络在 20 世纪 70 年代最早应用于军事领域。1978 年，卡内基梅隆大学设置了新一代分布式传感器网络研究工作小组；到 20 世纪末，英国、德国、日本等科技强国也在无线传感器网络领域展开了大量的研究，但是大部分研究仍处于起步阶段；2005 年，麻省理工学院开始研究基于无线传感器网络的安全监测技术，该研究利用众多具有感知、计算和无线通信能力的传感器节点自组织形成安全监测网络，并根据网络节点上传感器感知的状态信息，准确的诊断出监测对象的当前状况；2006 年，200 个联网微尘被部署在旧金山金门大桥，用于检测大桥的摆动距离；2008 年，在德国举行的"无线传感器网络应用论坛"上，专家们主要研讨了无线传感器网络在工业监控、企业生产数据采集等领域的应用；2010 年，加州大学伯克力分校在复杂机械维护领域进行了探索，采用无线传感器网络降低了人工开销。

在我国，对无线传感器网络的研究相对还比较薄弱。1999 年，中科院在关于信息与自动化领域研究报告中首次正式出现了无线传感器网络研究。2001 年，中科院依托上海微系统在无线传感器网络的研究方面开展了若干重大项目的研究，取得较大进展；2005 年开始，无线传感器网络也被国家自然科学基金委员列为重点研究项目；2006 年，武汉理工大学、太原理工大学在工业设备监控等方面也进行了有益的探索；2008 年，北京交通大学研制了新一代传感器网络核心设备 BJTUIPv6 微型传感路由器，在 IPv6 领域取得了突破性的研究进展；2010 年，蔡伯根教授等人对无线传感器网络进行了优化，降低了网络能量消耗；2011 年，北京邮电大学将无线传感器网络应用到燃气检测，在燃气检测领域取得了突破。

3. 无线传感器网络发展历史

1）第一阶段

最早可以追溯到 21 世纪 70 年代越战时期使用的传统的传感器系统。当年美越双方在密林覆盖的"胡志明小道"（图 1－1－1）进行了一场血腥较量，这条道路是胡志明部队向南方游击队源源不断输送物资的秘密通道，美军曾经绞尽脑汁动用航空兵狂轰滥炸，但效果不大。后来，美军投放了 2 万多个"热带树"传感器。

图 1－1－1　胡志明小道

所谓"热带树"实际上是由振动和声响传感器组成的系统，它由飞机投放，落地后插入泥土中，只露出伪装成树枝的无线电天线，因而被称为"热带树"。只要对方车队经过，传感器探测出目标产生的振动和声响信息，自动发送到指挥中心，美机立即展开追杀，总共炸毁或炸坏 4.6 万辆卡车。

2）第二阶段

20 世纪 80 年代至 90 年代之间，主要是美军研制的分布式传感器网络系统、海军协同交战能力系统、远程战场传感器系统等，如图 1－1－2 所示。这种现代微型化的传感器具备感知能力、计算能力和通信能力。因此在 1999 年，商业周刊将传感器网络列为 21 世纪最具影响的 21 项技术之一。

Note

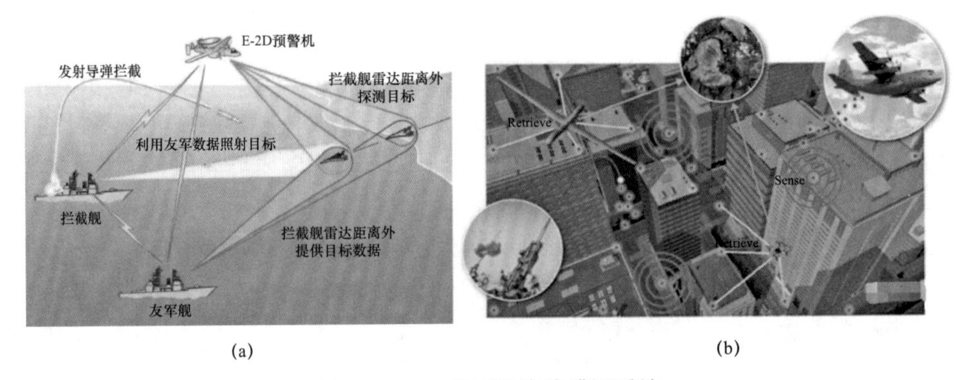

(a) (b)

图 1-1-2 美军军事传感网系统

(a) 海军协同交战能力系统；(b) 远程战场传感器系统

3）第三阶段

21 世纪开始至今，也就是本课开始介绍的 911 事件发生之后。这个阶段的传感器网络技术特点在于网络传输自组织、节点设计低功耗。2010—2019 年中国工业无线传感器网络产品市场规模与增长预测如图 1-1-3 所示。

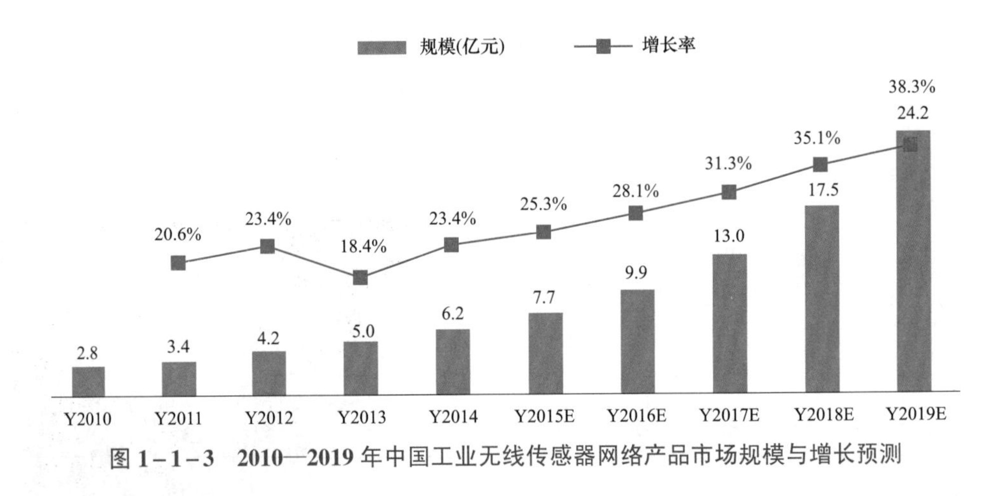

图 1-1-3 2010—2019 年中国工业无线传感器网络产品市场规模与增长预测

4. 无线传感器网络的特点

1）大规模网络

为了获取精确信息，在监测区域通常部署大量传感器节点，其数量可能达到成千上万，甚至更多。传感器网络的大规模性包括两方面的含义：一方面是传感器节点分布在很大的地理区域内，如在原始大森林采用传感器网络进行森林防火和环境监测，需要部署大量的传感器节点，如图 1-1-4 所示；另一方面，传感器节点部署很密集，在一个面积不是很大的空间内，密集部署了大量的传感器节点。

传感器网络的大规模性具有以下优点：通过不同空间视角获得的信息具有更大的信噪比；通过分布式处理大量的采集信息能够提高监测的精确度，降低对单个节点传感器的精度要求；大量冗余节点的存在，使系统具有很强的容错性能；大量节点能够增大覆盖的监测区域，减少洞穴或者盲区。

Note

(a)

(b)

图1-1-4　森林防火传感气象站

2）自组织网络

在传感器网络应用中，通常情况下传感器节点被放置在没有基础结构的地方。传感器节点的位置不能预先精确设定，节点之间的相互邻居关系预先也不知道，如通过飞机播撒大量传感器节点到面积广阔的原始森林中，或随意放置到人不可到达或危险的区域。这样就要求传感器节点具有自组织的能力，能够自动进行配置和管理，通过拓扑控制机制和网络协议自动形成转发监测数据的多跳无线网络系统。

在传感器网络使用过程中，部分传感器节点由于能量耗尽或环境因素造成失效，也有一些节点为了弥补失效节点、增加监测精度而补充到网络中，这样在传感器网络中的节点个数就动态地增加或减少，从而使网络的拓扑结构随之动态地变化。传感器网络的自组织性要能够适应这种网络拓扑结构的动态变化。

3）动态性网络

传感器网络的拓扑结构可能因为以下因素而改变：

（1）环境因素或电能耗尽造成的传感器节点出现故障或失效；

（2）环境条件变化可能造成无线通信链路带宽变化，甚至时断时通；

（3）传感器网络的传感器、感知对象和观察者这三要素都可能具有移动性；

（4）新节点的加入，这就要求传感器网络系统要能够适应这种变化，具有动态的系统可重构性。

4）可靠的网络

传感器网络特别适合部署在恶劣环境或人类不宜到达的区域，传感器节点可能工作在露天环境中，遭受太阳的暴晒或风吹雨淋，甚至遭到无关人员或动物的破坏。传感器节点往往采用随机部署，如通过飞机撒播或发射炮弹到指定区域进行部署。这些都要求传感器节点非常坚固，不易损坏，适应各种恶劣环境条件。

由于监测区域环境的限制以及传感器节点数目巨大，不可能人工“照顾”每个传感器节点，网络的维护十分困难甚至不可维护。传感器网络的通信保密性和安全性也十分重要，要防止监测数据被盗取和伪造监测信息。因此，传感器网络的软硬件必须具有鲁棒性和容错性。

6）以数据为中心的网络

目前的互联网是先有计算机终端系统，然后再互联成为网络，终端系统可以脱离网络独立存在。在互联网中，网络设备用网络中唯一的IP地址标识，资源定位和信息传输依赖于终端、路由器、服务器等网络设备的 IP 地址。如果想访问互联网中的资源，首先要知道存放资源的服务器 IP 地址。可以说目前的互联网是一个以地址为中心的网络。

传感器网络是任务型的网络，脱离传感器网络谈论传感器节点没有任何意义。传感器网络中的节点采用节点编号标识，节点编号是否需要全网唯一取决于网络通信协议的设计。由于传感器节点随机部署，构成的传感器网络与节点编号之间的关系是完全动态的，表现为节点编号与节点位置没有必然联系。用户使用传感器网络查询事件时，直接将所关心的事件通告给网络，而不是通告给某个确定编号的节点。网络在获得指定事件的信息后汇报给用户。这种以数据本身作为查询或传输线索的思想更接近于自然语言交流的习惯。所以通常说传感器网络是一个以数据为中心的网络。

例如，在应用于目标跟踪的传感器网络中，跟踪目标可能出现在任何地方，对目标感兴趣的用户只关心目标出现的位置和时间，并不关心哪个节点监测到目标。事实上，在目标移动的过程中，必然是由不同的节点提供目标的位置消息。

讨论：为什么说互联网是以地址为中心的网络，而无线传感器网络是以数据为中心的网络？

5. 无线传感器网络结构

传感器网络系统通常包括传感器节点、汇聚节点和管理节点。

1）传感器节点

通常是一个微型的嵌入式系统，它的处理能力、存储能力和通信能力相对较弱，通过携带能量有限的电池供电。传感器节点如图 1－1－5 所示。

图 1－1－5 传感器节点

从网络功能上看，每个传感器节点兼顾传统网络节点的终端和路由器双重功能，除了进行本地信息收集和数据处理外，还要对其他节点转发来的数据进行存储、管理和融合等处理，同时与其他节点协作完成一些特定任务。

2）汇聚节点（也称协调器）

汇聚节点的处理能力、存储能力和通信能力相对比较强，它连接传感器网络与 Internet 等外部网络，实现两种协议栈之间的通信协议转换，同时发布管理节点的监测任务，并把收集的数据转发到外部网络上。

汇聚节点既可以是一个具有增强功能的传感器节点，有足够的能量供给和更多的 Flash 和 SRAM 中的所有信息传输到计算机中，通过汇编软件，可很方便地把获取的信息转换成汇编文件格式，从而分析出传感节点所存储的程序代码、路由协议及密钥等机密信息，同

Note

时还可以修改程序代码，并加载到传感节点中。汇聚节点如图 1－1－6 所示。

很显然，目前通用的传感节点具有很大的安全漏洞，攻击者通过此漏洞，可方便地获取传感节点中的机密信息、修改传感节点中的程序代码，如使传感节点具有多个身份 ID，从而以多个身份在传感器网络中进行通信，另外，攻击还可以通过获取存储在传感节点中的密钥、代码等信息进行，从而伪造或伪装成合法节点加入到传感网络中。一旦控制了传感器网络中的一部分节点后，攻击者就可以发动很多种攻击，如监听传感器网络中传输的信息，向传感器网络中发布假的路由信息或传送假的传感信息、进行拒绝服务攻击等。

图 1－1－6　汇聚节点

由于传感节点容易被物理操纵是传感器网络不可回避的安全问题，必须通过其他的技术方案来提高传感器网络的安全性能。如在通信前进行节点与节点的身份认证；设计新的密钥协商方案，使即使有一小部分节点被操纵后，攻击者也不能或很难从获取的节点信息推导出其他节点的密钥信息等。另外，还可以通过对传感节点软件的合法性进行认证等措施来提高节点本身的安全性能。

3）管理节点

终端用户通过管理节点对传感器网络进行管理、配置和控制。一般情况下，管理节点可以是嵌入式控制器、计算机或其他移动终端，是整个传感器网络系统信息处理的“大脑”。

6. 无线传感器网络的用途

虽然无线传感器网络的大规模商业应用，由于技术等方面的制约还有待时日，但是最近几年，随着计算成本的下降以及微处理器体积越来越小，已经为数不少的无线传感器网络开始投入使用。目前无线传感器网络的应用主要集中在以下领域：

1）环境的监测和保护

随着人们对于环境问题的关注程度越来越高，需要采集的环境数据也越来越多，无线传感器网络的出现为随机性的研究数据获取提供了便利，并且还可以避免传统数据收集方式给环境带来的侵入式破坏。比如，英特尔研究实验室研究人员曾经将 32 个小型传感器联进互联网，以读出缅因州“大鸭岛”（图 1－1－7）上的气候，用来评价一种海燕巢的条件。无线传感器网络还可以跟踪候鸟和昆虫的迁移，研究环境变化对农作物的影响，监测海洋、大气和土壤的成分等。此外，它也可以应用在精细农业中，监测农作物中的害虫、土壤的酸碱度和施肥状况等。

2）医疗护理

无线传感器网络在医疗研究、护理领域也可以大展身手，如图 1－1－8 所示。罗彻斯特大学的科学家使用无线传感器创建了一个智能医疗房间，使用微尘来测量居住者的重要征兆（血压、脉搏和呼吸），睡觉姿势以及每天 24 h 的活动状况。英特尔公司也推出了无线传感器网络的家庭护理技术。该技术是作为探讨应对老龄化社会的技术项目 Center for Aging Services Technologies（CAST）的一个环节开发的。该系统通过在鞋、家具以家用电器等家

Note

(a) (b) (c)

图 1-1-7 缅因州“大鸭岛”

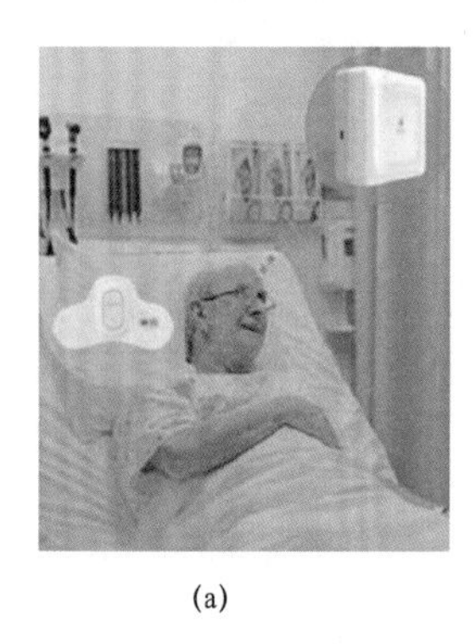

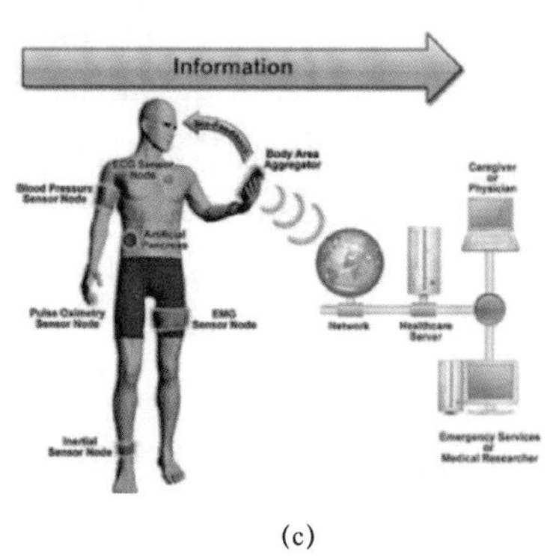

(a) (b) (c)

图 1-1-8 医疗传感器

中道具和设备中嵌入半导体传感器，帮助老龄人士、阿尔茨海默氏病患者以及残障人士的家庭生活。利用无线通信将各传感器联网可高效传递必要的信息从而方便接受护理，而且还可以减轻护理人员的负担。英特尔主管预防性健康保险研究的董事 Eric Dishman 称，“在开发家庭用护理技术方面，无线传感器网络是非常有前途的领域”。

3）军事领域

由于无线传感器网络具有密集型、随机分布的特点，使其非常适合应用于恶劣的战场环境中，包括侦察敌情、监控兵力、装备和物资，判断生物化学攻击等多方面用途，如图 1-1-9 所示。美国国防部远景计划研究局已投资几千万美元，帮助大学进行“智能尘埃”

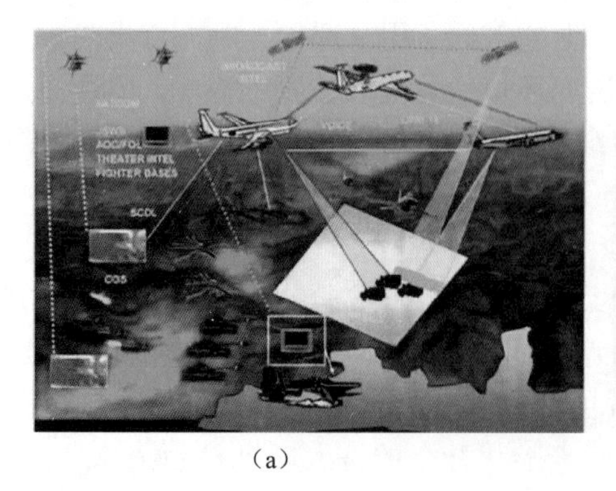

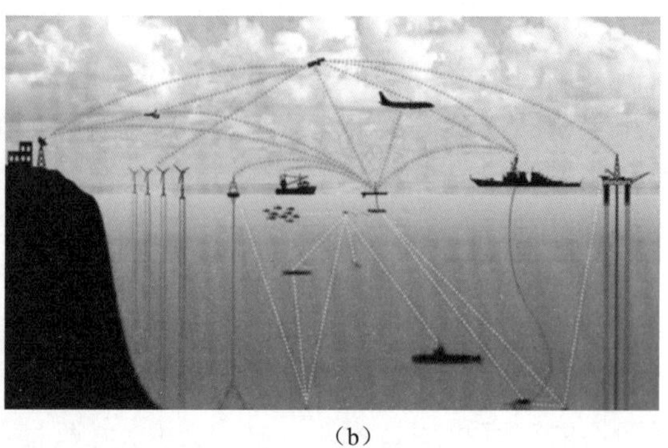

(a) (b)

图 1-1-9 军事物联网

传感器技术的研发。

4）目标跟踪

DARPA支持的Sensor IT项目探索如何将WSN技术应用于军事领域，实现所谓“超视距”战场监测。UCB教授主持的Sensor Web是Sensor IT的一个子项目，原理性地验证了应用WSN进行战场目标跟踪的技术可行性，翼下携带WSN节点的无人机（UAV）飞到目标区域后抛下节点，最终随机布撒在被监测区域，利用安装在节点上的地震波传感器可以探测到外部目标，如坦克、装甲车等，并根据信号的强弱估算距离，综合多个节点的观测数据，最终定位目标，并绘制出其移动的轨迹。虽然该演示系统在精度等方面还远达不到装备部队用于实战的要求，这种战场侦察模式目前还没有真正应用于实战，但随着美国国防部将其武器系统研制的主要技术目标从精确制导转向目标感知与定位，相信WSN提供的这种新颖的战场侦察模式会受到军方的关注。

5）其他用途

无线传感器网络还被应用于其他一些领域，一些危险的工业环境如井矿、核电厂等，工作人员可以通过它来实施安全监测，也可以用在交通领域作为车辆监控的有力工具。此外还可以在工业自动化生产线等诸多领域，英特尔正在对工厂中的一个无线网络进行测试，该网络由40台机器上的210个传感器组成，这样组成的监控系统将可以大大改善工厂的运作条件。它可以大幅降低检查设备的成本，同时由于可以提前发现问题，因此将能够缩短停机时间，提高效率，并延长设备的使用时间。尽管无线传感器技术目前仍处于初步应用阶段，但已经展示出了非凡的应用价值，相信随着相关技术的发展和推进，一定会得到更大的应用。

1.1.2　无线传感器网络的体系结构

无线传感网应用案例

1. 无线传感器网络的种类

无线网络可以分为两种：一种是有基础设施的网络，需要固定的基站，例如我们使用的手机，属于无线蜂窝网，它就需要高大的天线和大功率基站来支持，基站就是最重要的基础设施；还有使用无线网卡上网的无线局域网，采用了接入点这种固定设备，也属于有基础设施网。另一种是无基础设施网，又称为无线Ad Hoc网络，节点是分布式的，没有专门的固定基站。无线Ad Hoc网络又可分为两类：一类是移动Ad Hoc网络，它的终端是快速移动的，如美军101空降师装备的Ad Hoc网络通信设备，保证在远程空投到一个陌生地点后，在高度机动的装备车辆上仍然能够实现各种通信业务，而无须借助外部设施的支援，另一类是无须传感器网络，它的节点是静止的或者移动很慢。

无线传感器网络的体系结构如图1－1－10所示，通常包括传感器节点、汇聚节点和管理节点。大量传感器节点随机部署在监测区域，能够通过自组织方式构成网络。传感器节点监测的数据沿着其他传感器节点逐跳的进行传输，在传输过程中监测数据可能被多个节点处理，经过多跳后路由到汇聚节点，最后通过互联网或卫星到达管理节点。用户通过管理节点对传感器网络进行配置和管理，发布监测任务以及手机监测数据。

2. 无线传感器网络拓扑结构

在ZigBee网络的组建过程中，可以根据应用的需要组建三种不同类别的网络拓扑结构：

Note

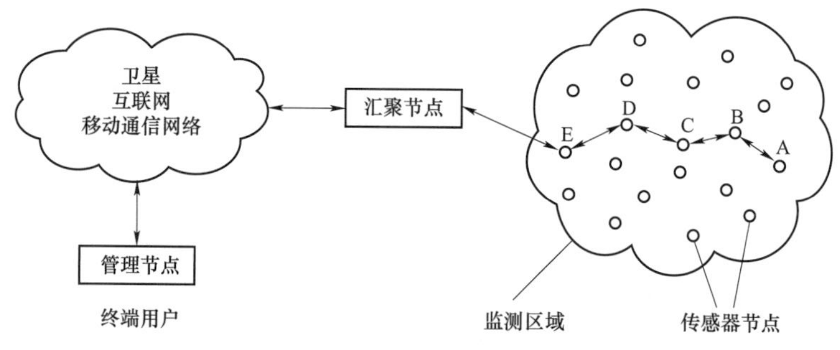

图 1-1-10　无线传感器网络的体系结构

分别为星形网络结构（Star）、簇树状网络结构（Cluster-Tree）和网状网络结构（Mesh）。这三种拓扑结构可以组成简单或者复杂的多种网络。

1）星形网络结构

在星形网络中，通常由一个 ZigBee 协调器和多个 ZigBee 终端节点构成。ZigBee 协调器是网络的核心，具有较强的功能，负责协调整个网络的工作，其主要功能有设备启动、分配角色、网络维护等，终端节点功能较简单，分布在协调器的网络覆盖范围内，可以直接与协调器进行通信，终端节点最多可达 65 535 个。星形网络拓扑结构如图 1-1-11 所示。

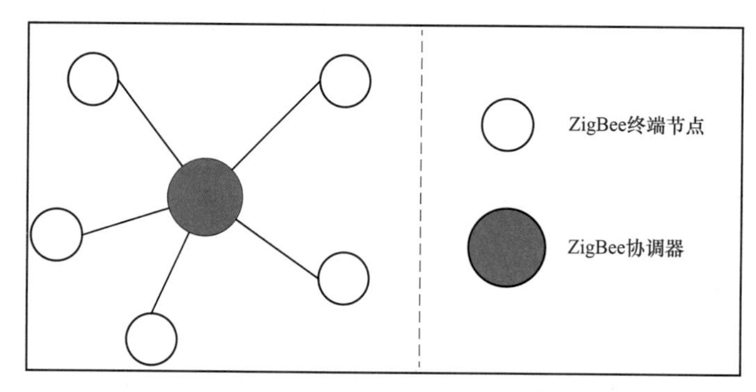

图 1-1-11　星形网络拓扑结构

2）簇树状网络结构

簇树状网络结构中，节点之间通常采用 Cluster-Tree 路由协议来进行数据传输。在每一个子网络中，都有一个簇头节点来担任协调器的功能，主要用来维护其覆盖范围内的网络通信，在各个子网络中的簇头节点又和其上一级的 ZigBee 网络协调器或者与主网络的协调器进行数据通信，保证网络的畅通。簇树状网络的拓扑结构可以扩展至更加复杂的网络结构，这是它的一个显著特点，但是随着网络拓扑结构的复杂化，网络数据传输的准确性、实时性也会变差。ZigBee 簇树状网络拓扑结构如图 1-1-12 所示。

当簇树状网络在开始构建时，协调器开始启动配置新网络，首先，它给自己分配一个网络地址 0x0000，此时簇树状网络的深度为 0。当网络启动后，如果有新节点 i 想通过这个网络中的已有节点 j 加入这个 ZigBee 簇树状网络，那么我们将节点 j 称作新节点 i 的父节点，新节点 i 称作节点 j 的子节点。父节点 j 根据自己的网络地址 Address(j)和网络深度 Depth(j)，给子节点 i 分配一个网络地址 Address(i)，子节点 i 的网络深度为 Depth(j)+1。

Note

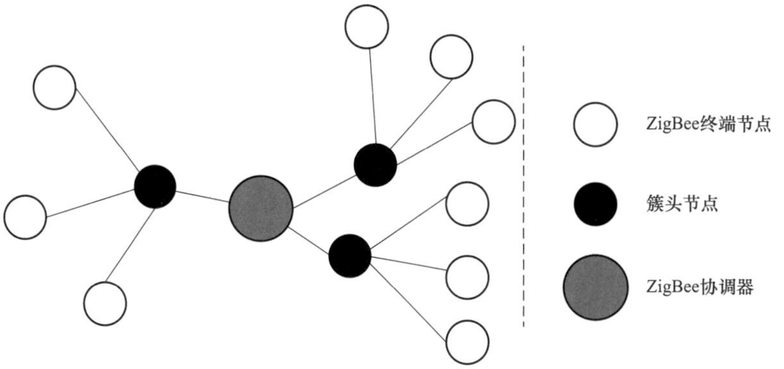

ZigBee终端节点

簇头节点

ZigBee协调器

图 1－1－12　ZigBee 簇树状网络拓扑结构

在簇树状网络中，网络深度 Depth 只表示在数据传输过程中，数据帧传输到簇头节点或者协调器所需要的最小跳数。

在簇树状网络中，同一深度分配网络地址时，根据新加入节点的类型采取不同的地址分配算法。

如果新加入的终端节点 i 不具备路由功能，它通过与簇头节点相连作为某一个子网中簇头设备的第 n 个子节点加入网络。根据该子节点的父节点网络深度 d，父节点 j 将为新加入的子节点 i 分配网络地址，终端节点 i 的地址方式如式（1）所示：

$$\text{Address}(i)=\text{Address}(j)+C_{\text{skip}}(d)*R_{\text{m}}+n,\ 其中 1\leqslant n\leqslant(C_{\text{m}}-R_{\text{m}}) \tag{1}$$

配置参数如下：

$$C_{\text{skip}}=\begin{cases}1+C_{\text{m}}(L_{\text{m}}-d-1), R_{\text{m}}=1\\ \dfrac{1+C_{\text{m}}-R_{\text{m}}-C_{\text{m}}\cdot R_{\text{m}}^{L_{\text{m}}-d-1}}{1-R_{\text{m}}}, R_{\text{m}}\neq 1\end{cases}$$

式中，C_{skip} 表示不同深度的父设备分配地址时的偏移量；L_{m} 表示网络的最大深度；C_{m} 表示协调器在网络中允许拥有子设备数量的最大值；R_{m} 表示子节点中协调器的最大个数。

如果新加入的终端节点 i 具备路由功能，父节点 j 将为它分配网络地址，此时终端节点 i 的分配地址方式如式（2）所示：

$$\text{Address}(i)=\text{Address}(j)+1+C_{\text{skip}}(d)*(n-1),\ 其中 1\leqslant n\leqslant(C_{\text{m}}-R_{\text{m}}) \tag{2}$$

根据上述两种情况下地址的配置方法，树状路由机制可以应用到 ZigBee 簇树状网络中。在簇树状网络中，一个传感器节点的网络地址为 A，网络深度为 d，当它向网络中一个地址为 D 的目标节点发送数据时，该传感节点首先会用一个逻辑表达式来判断目标地址 D，确定目标地址是否为网络中自己的子节点，判断式如式（3）所示，如果该式成立，则下一跳的目的地址是该传感节点的子节点网络地址，下一跳网络地址 N 如式（4）所示：

$$A<D<A+C_{\text{skip}}(d-1) \tag{3}$$

Note

$$N=\begin{cases}D, \text{如果是终端设备}\\ A+1+\left[\dfrac{D-(A+1)}{C_{\text{skip}}(d)}\right]\times C_{\text{skip}}(d)\end{cases} \tag{4}$$

如果逻辑表达式（3）不成立，则目标节点不是该传感节点的子节点，它把信息帧传达给自己的父节点，该传感节点的父节点根据目标地址利用式（3）再进行新的逻辑判断。簇树状网络的路由算法流程如图 1－1－13 所示。

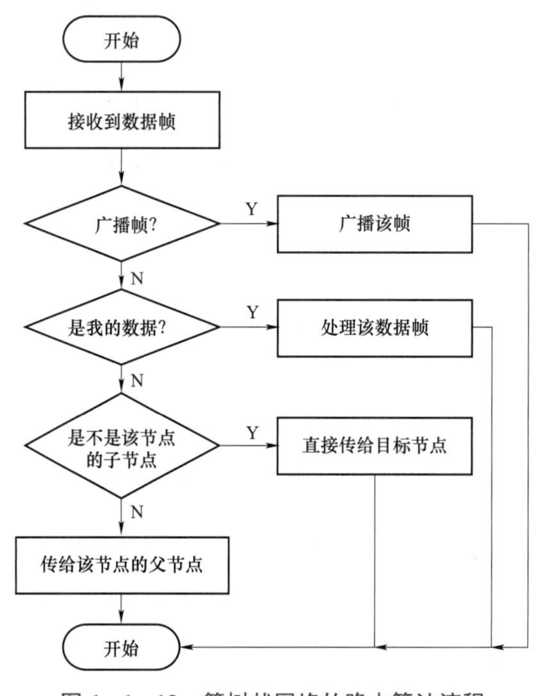

图 1－1－13　簇树状网络的路由算法流程

3）网状网络结构图

网状网络结构与上述两种网络有较大的区别，在整个网络中，各个传感器节点可以相互自由通信，其中每个传感器节点都可以当成路由节点。网状网络的稳定性较好，它具有自动修复、自己组网等功能，在整个网络中，可以提供多条路由，如果其中的一条路由断开连接，则可以通过其他备份的路由路径来代替，因此网状网络的可靠性就可以大幅度提高了。网状网络采用了 Z－AODV 路由协议和分等级的簇树状网络路由算法相结合的混合路由机制。ZigBee 网状拓扑结构如图 1－1－14 所示。

其中，Z－AODV 路由协议是通过 AODV 路由协议改进来的，它给每一个路由分配一个序列号，根据序列号来区分路由的新旧程度，在组网过程中，总是选择最新的路由来连接网络。Z－AODV 路由协议根据降低功耗、应用方便性等因素，把基于序列号的方式改为基于路径能量消耗的路由算法，对 AODV 路由协议进行了简化，但仍然保持了 AODV 路由协议的功能。

Note

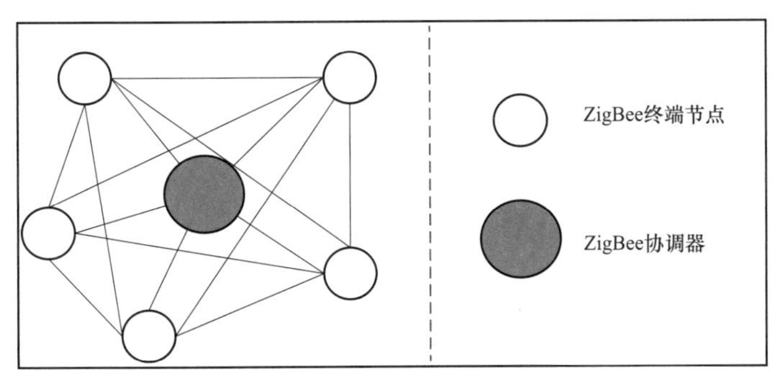

图 1-1-14　ZigBee 网状拓扑结构

思考：三种网络拓扑结构各自有何特点？当遇到网络链路故障时，哪一种网络结构的性能更优越？

3. Visio 软件介绍

1）Visio 简介

Microsoft Office Visio 是微软公司出品的一款软件，它有助于 IT 和商务专业人员轻松地可视化、分析和交流复杂信息。它能够将难以理解的复杂文本和表格转换为一目了然的 Visio 图表。Office Visio 提供了各种模板：业务流程的流程图、网络图、工作流程图、数据库模型图和软件图，这些模板可用于可视简化业务流程、跟踪项目和资源、绘制组织结构图、映射网络、绘制建筑地图以及优化系统，如图 1-1-15 所示。

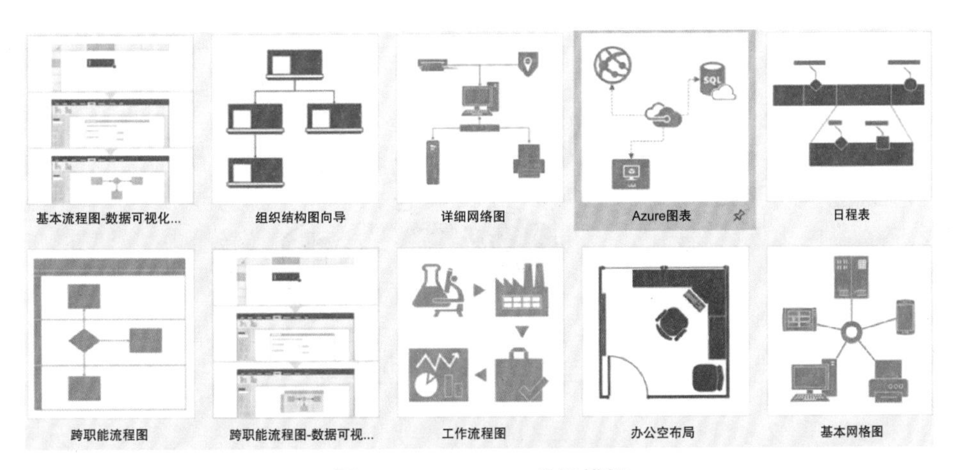

图 1-1-15　Visio 绘图模板

2）Visio 主要功能

使用 Office Visio 中的新增功能或改进功能，可以更轻松地将流程、系统和复杂信息可视化：借助模板快速入门。Office Visio 提供了特定工具来支持 IT 和商务专业人员的不同图表制作需要。使用 Office Visio Professional 中的 ITIL（IT 基础设施库）模板和价值流图模板，可以创建种类更广泛的图表。使用预定义的 Microsoft SmartShapes 符号和强大的搜索功能可以找到合适的形状，而无论该形状是保存在计算机上还是网站上。

Note

任务实施

1.1.3 产品质量在线检测系统演示及体系结构分析

通过产品质量在线检测系统项目介绍和观看系统演示视频，可以了解系统的功能和机械零件的检测流程，系统拓扑图如图 1－1－16 所示。每个车间都有一个独立的在线检测系统，通过传感器获取检测数据，利用 ZigBee 网络发送至汇聚节点，汇聚节点通过 4G、Wi-Fi 等无线网络将数据发送至嵌入式网关，再由网关将数据发送至服务器，每个车间的检测系统组成了一个无线传感器网络。客户端用户可以通过计算机、手机等终端设备，通过互联网访问数据中心，从而可以实现对检测系统的实时监测。

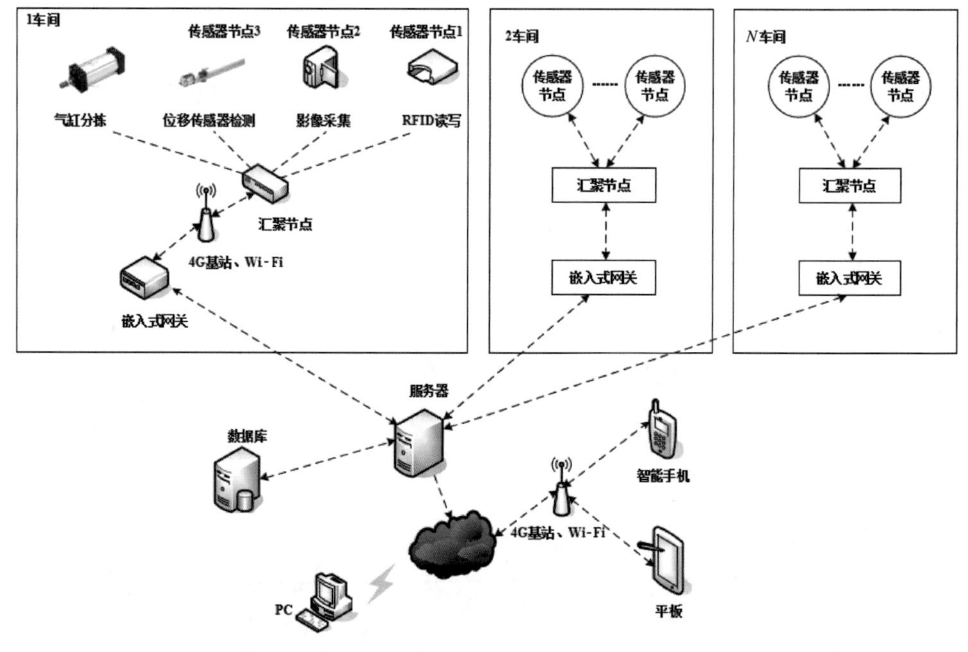

图 1－1－16 系统拓扑图

1.1.4 产品质量在线检测系统拓扑图绘制

（1）打开 Microsoft Office Visio 2016 软件。

在默认窗口中包含该软件所有的形状模板类别，如图 1－1－17 所示。

（2）选择模板中的“详细网络图－3D”后，单击创建按钮，如图 1－1－18 所示。

（3）按照图 1－1－16 所示的系统拓扑图，自上而下完成产品质量在线检测系统的网络拓扑图。在车间 1 区域内，需事先准备好“气缸”和“位移传感器”图片，通过“插入”→“图片”选择相应的图片并调整图片的大小，如图 1－1－19 所示。

Note

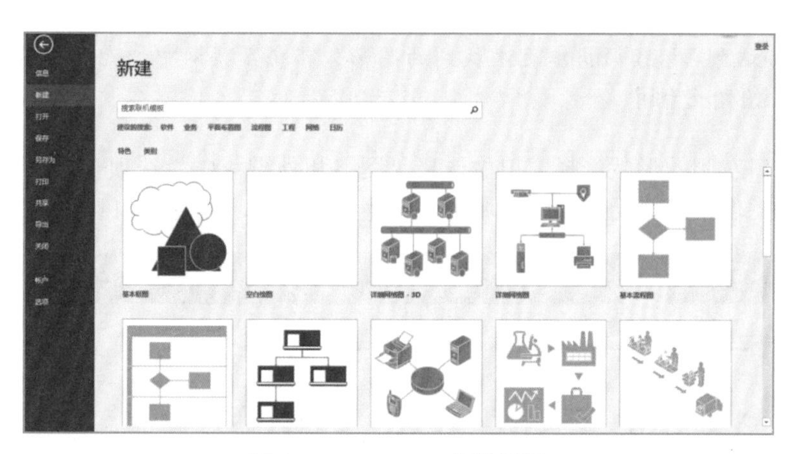

图 1－1－17　Visio 初始画面

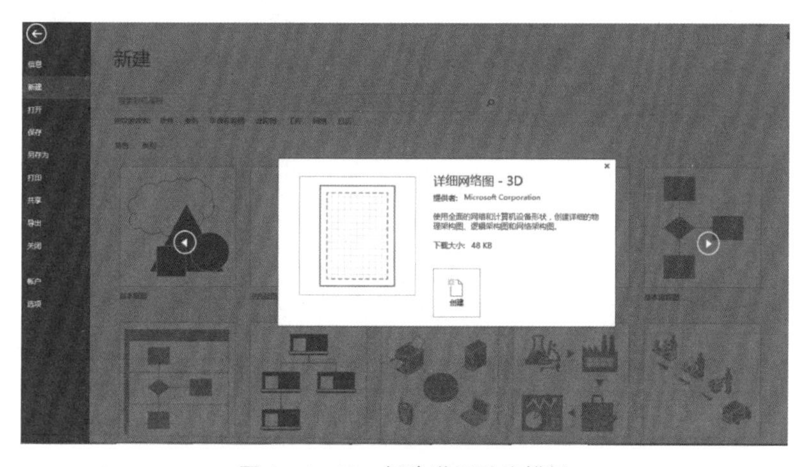

图 1－1－18　创建详细网络模板

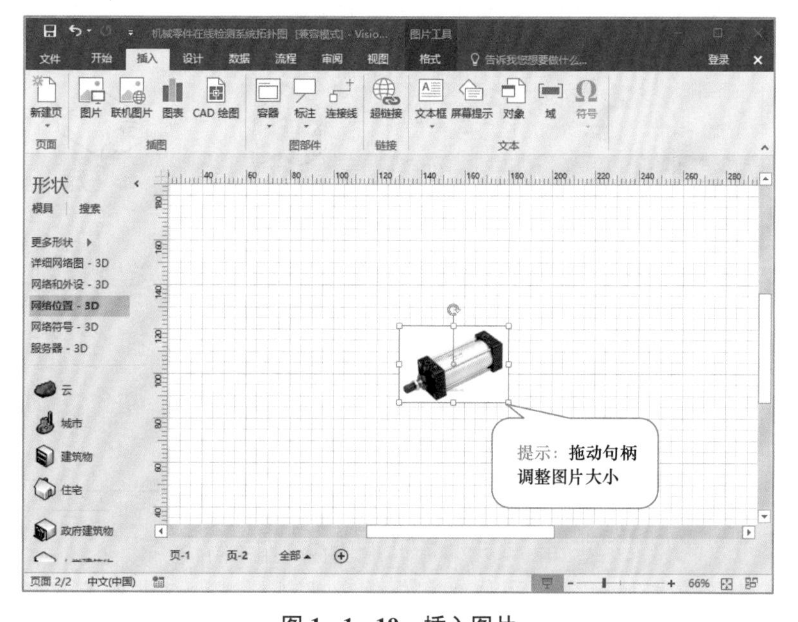

图 1－1－19　插入图片

Note

提示：如遇到 Visio 形状中无法找到的图形，可在互联网中搜索并保存到本地，再插入到 Visio 绘图文档中。

（4）在窗口左侧的形状选择窗口中选择“网络和外设 – 3D”选项卡，找到“摄像机”图形。选择该图像，将拖动到绘图区域中并调整显示大小，如图 1 – 1 – 20 所示。

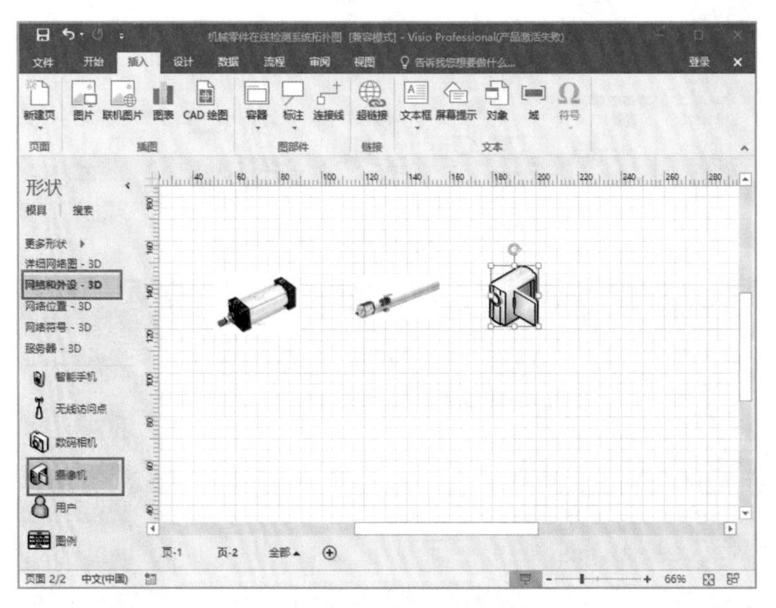

图 1 – 1 – 20　插入摄像机图形

（5）按照步骤（4）所述，在“详细网络图 – 3D”选项卡中找到“智能卡读卡器”和“中继器”图形；在“网络和外设 – 3D”选项卡中选择“网桥”和“无线访问点”图形，将拖动到绘图区域中并调整显示大小，如图 1 – 1 – 21 所示。

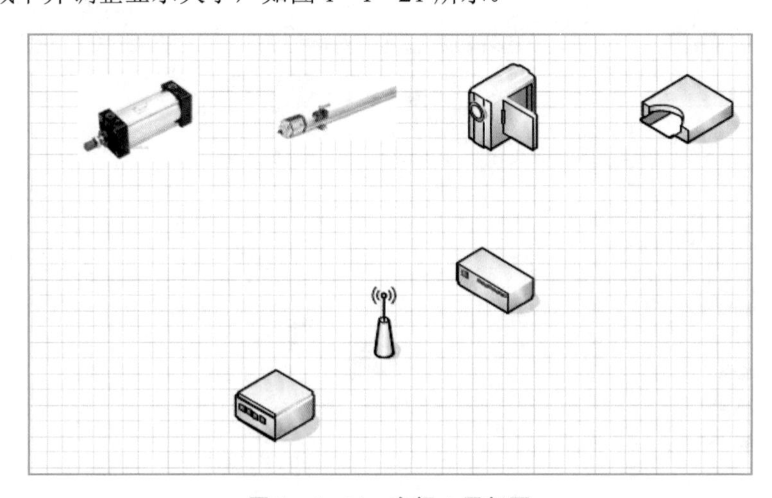

图 1 – 1 – 21　车间 1 局部图

提示：在绘图中添加形状时要注意布局的合理和美观，在考虑局部摆放位置的同时要兼顾整体绘图布局，培养良好的审美。

（6）给各个网络节点添加文字说明。在菜单栏中选择“插入”→“文本框”→“水平”选项卡后在相应气缸图片下面插入文本框，输入“气缸分拣”文本并设置文本格式，使其美观，按照该步骤完成其余文本框的插入，如图1－1－22所示。

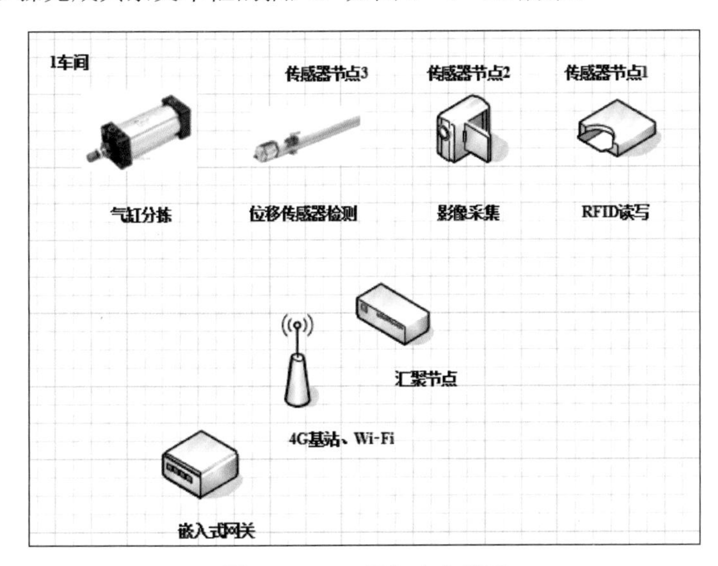

图1－1－22　添加文字说明

（7）通过绘图工具栏选择“线条工具”，在常用工具栏线条选项卡中选择线型2实现节点之间的无线通信，如图1－1－23、图1－1－24所示。

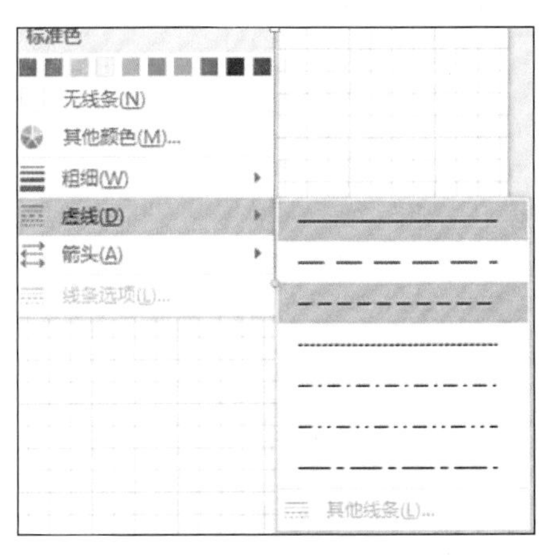

图1－1－23　选择线条

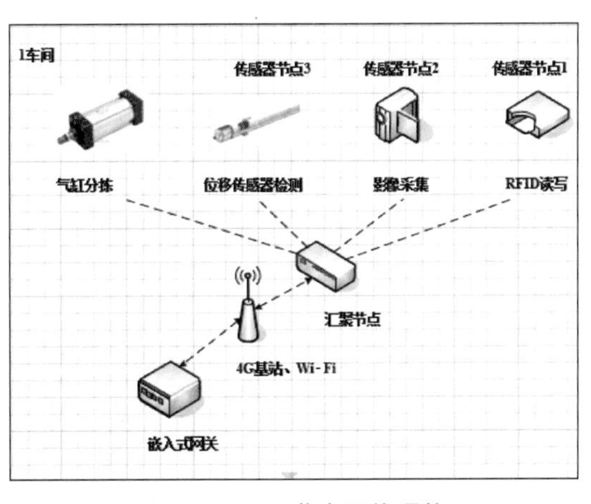

图1－1－24　节点无线通信

提示：在绘图中添加连线时要注意连接的美观，长短合理、虚实结合，可以根据具体需要修改线条的粗细、颜色和线型，起到突出和强调的作用。

（8）下面以2车间为例来完成其他车间的系统拓扑图。在绘图工具栏中选择“圆形”和“矩形框”图标，按要求在绘图区域中画2个圆和矩形框（注意画圆时需按住Shift按钮）。画完后，双击图形，输入相应的文字，如图1－1－25所示。

Note

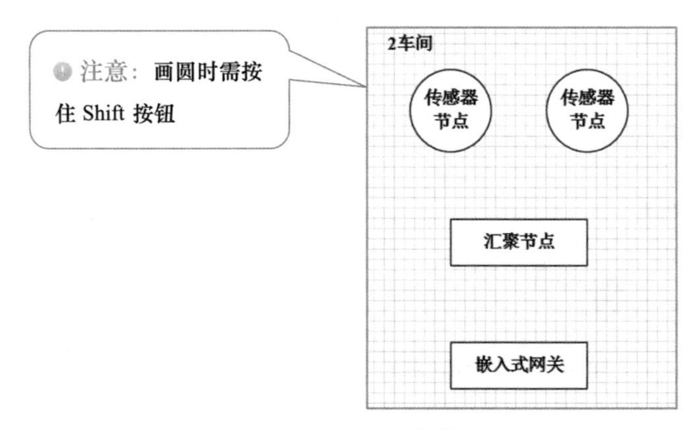

图 1-1-25　2 车间

（9）按步骤（7）所示，完成节点间的连接，如图 1-1-26 所示。

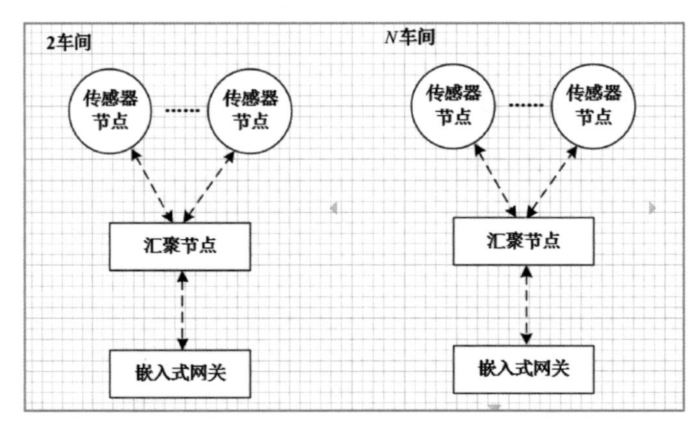

图 1-1-26　车间完成图

（10）完成整个拓扑图的远程访问部分。在窗口左侧的形状选择窗口的“网络和外设-3D”→“计算机和显示器”→“网络位置”中选择我们需要的图形并调整大小与显示位置，如图 1-1-27 所示。

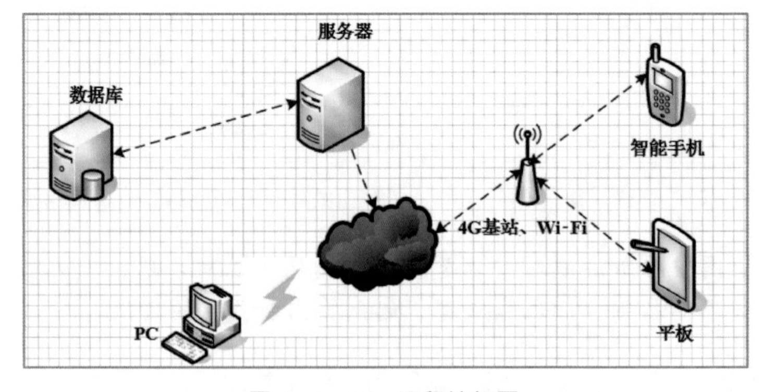

图 1-1-27　远程访问图

（11）通过绘图工具实现节点间的连接，如图 1-1-28 所示。

Note

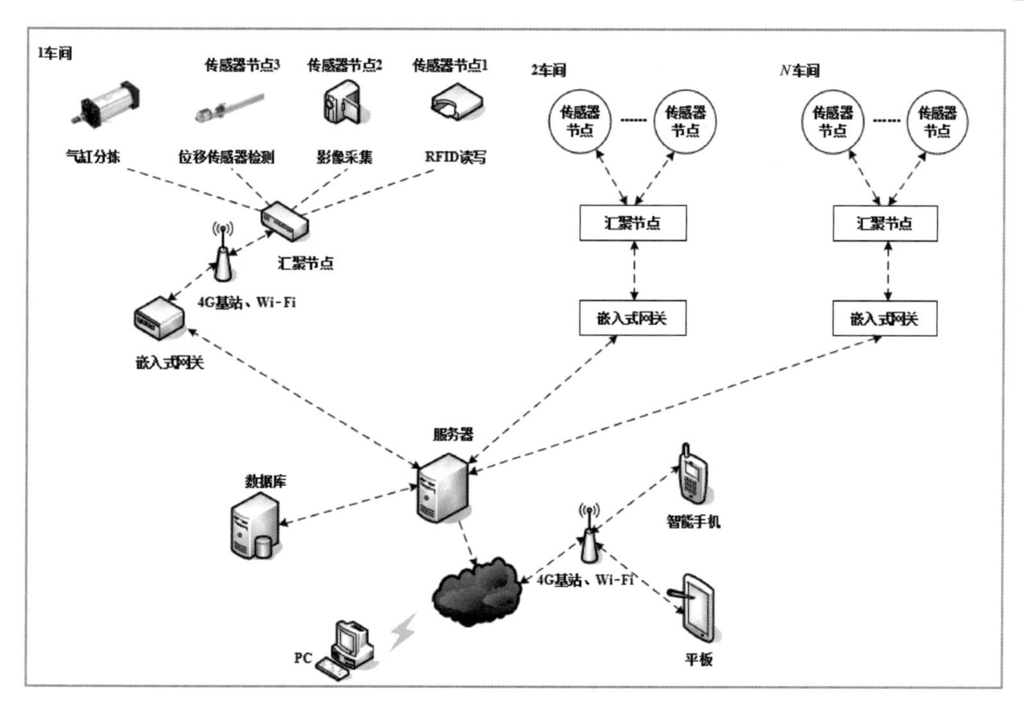

图 1-1-28　系统拓扑图

（12）为了使网络拓扑结构更加清晰，添加矩形框将各个车间隔开，如图 1-1-29 所示。

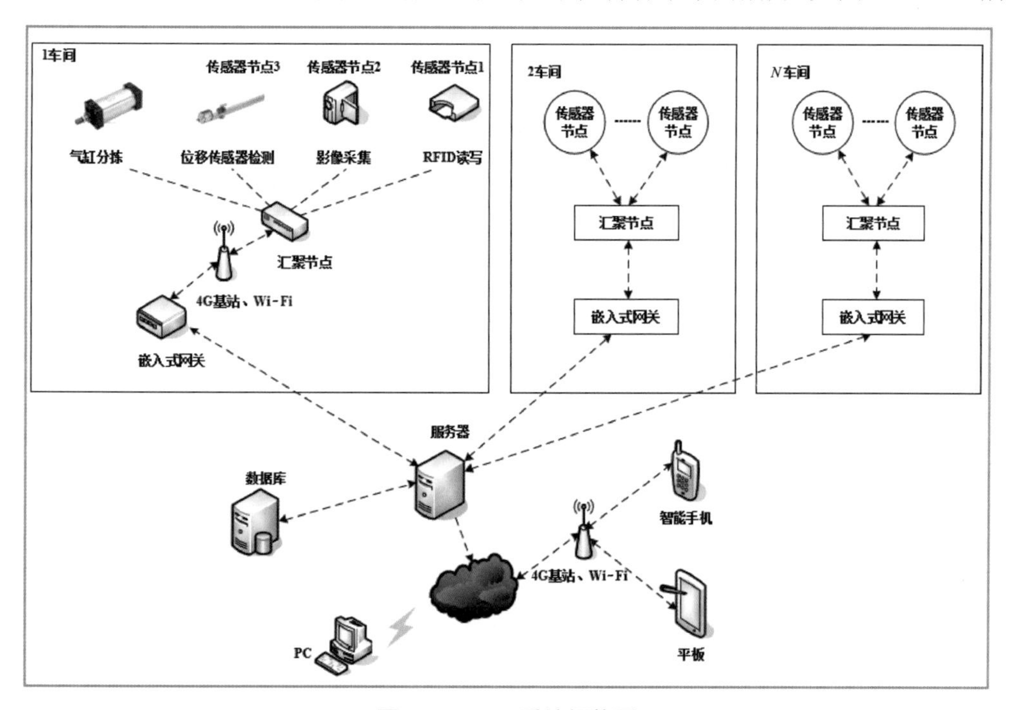

图 1-1-29　系统拓扑图

任务评价

任务评价表如表 1－1－1 所示，总结反思如表 1－1－2 所示。

表 1－1－1　任务评价表

<table>
<tr><th rowspan="2">评价类型</th><th rowspan="2">赋分</th><th rowspan="2">序号</th><th rowspan="2">具体指标</th><th rowspan="2">分值</th><th colspan="3">得分</th></tr>
<tr><th>自评</th><th>组评</th><th>师评</th></tr>
<tr><td rowspan="5">职业能力</td><td rowspan="5">55</td><td>1</td><td>形状添加正确</td><td>10</td><td></td><td></td><td></td></tr>
<tr><td>2</td><td>连线正确</td><td>10</td><td></td><td></td><td></td></tr>
<tr><td>3</td><td>布局合理美观</td><td>10</td><td></td><td></td><td></td></tr>
<tr><td>4</td><td>绘图完整性</td><td>10</td><td></td><td></td><td></td></tr>
<tr><td>5</td><td>绘图功能性</td><td>15</td><td></td><td></td><td></td></tr>
<tr><td rowspan="4">职业素养</td><td rowspan="4">20</td><td>1</td><td>坚持出勤，遵守纪律</td><td>5</td><td></td><td></td><td></td></tr>
<tr><td>2</td><td>协作互助，解决难点</td><td>5</td><td></td><td></td><td></td></tr>
<tr><td>3</td><td>按照标准规范操作</td><td>5</td><td></td><td></td><td></td></tr>
<tr><td>4</td><td>持续改进优化</td><td>5</td><td></td><td></td><td></td></tr>
<tr><td rowspan="3">劳动素养</td><td rowspan="3">15</td><td>1</td><td>按时完成，认真填写记录</td><td>5</td><td></td><td></td><td></td></tr>
<tr><td>2</td><td>保持工位卫生、整洁、有序</td><td>5</td><td></td><td></td><td></td></tr>
<tr><td>3</td><td>小组分工合理性</td><td>5</td><td></td><td></td><td></td></tr>
<tr><td rowspan="2">思政素养</td><td rowspan="2">10</td><td>1</td><td>完成思政素材学习</td><td>4</td><td></td><td></td><td></td></tr>
<tr><td>2</td><td>对“爱国主义、四个自信”的认识（从层次深度进行主观评价）</td><td>6</td><td></td><td></td><td></td></tr>
<tr><td colspan="4">总分</td><td>100</td><td></td><td></td><td></td></tr>
</table>

表 1－1－2　总结反思

<table>
<tr><th colspan="2">总结反思</th></tr>
<tr><td colspan="2">● 目标达成：知识 □□□□□　　能力 □□□□□　　素养 □□□□□</td></tr>
<tr><td>● 学习收获：</td><td rowspan="2">● 教师寄语：

签字：____________</td></tr>
<tr><td>● 问题反思：</td></tr>
</table>

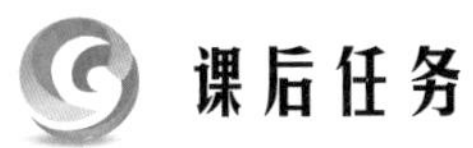

课后任务

1. 问答与讨论

（1）什么是无线传感器网络？

（2）无线传感器网络与现代信息技术之间的关系如何？

（3）画出机械零件在线检测系统的工业传感网的体系结构。

（4）讨论在实际生活中无线传感器网络的应用情况。

2. 巩固与提高

阅读项目1中任务1.1的知识链接、在线开放课程中的资料，了解无线传感器网络的基本概念与基本特征，了解无线传感器网络的发展历史，熟悉无线传感器网络的应用领域。结合自己的专业知识，提出某一领域内无线传感器网络应用的可能性，并根据需求，设计基于无线传感器网络的应用系统，完成无线传感器网络的一个应用案例设计。案例撰写见任务模板。

工作任务单

《工业传感网应用技术》工作任务单

<table>
<tr><td>工作任务</td><td colspan="4"></td></tr>
<tr><td>小组名称</td><td colspan="2"></td><td>工作成员</td><td></td></tr>
<tr><td>工作时间</td><td colspan="2"></td><td>完成总时长</td><td></td></tr>
<tr><td colspan="5">工作任务描述</td></tr>
<tr><td colspan="5"></td></tr>
<tr><td rowspan="5">小组分工</td><td>姓名</td><td colspan="3">工作任务</td></tr>
<tr><td></td><td colspan="3"></td></tr>
<tr><td></td><td colspan="3"></td></tr>
<tr><td></td><td colspan="3"></td></tr>
<tr><td></td><td colspan="3"></td></tr>
<tr><td colspan="5">任务执行结果记录</td></tr>
<tr><td>序号</td><td colspan="2">工作内容</td><td>完成情况</td><td>操作员</td></tr>
<tr><td>1</td><td colspan="2"></td><td></td><td></td></tr>
<tr><td>2</td><td colspan="2"></td><td></td><td></td></tr>
<tr><td>3</td><td colspan="2"></td><td></td><td></td></tr>
<tr><td>4</td><td colspan="2"></td><td></td><td></td></tr>
<tr><td colspan="5">任务实施过程记录</td></tr>
<tr><td colspan="5"></td></tr>
</table>

上级验收评定		验收人签名	

任务模板

《工业传感网应用技术》课后作业

内容：________________

班级：________________

姓名：________________

____________________学院

作业要求

阅读项目 1 中任务 1.1 的在线课程资料，了解无线传感器网络的基本概念与基本特征，了解无线传感器网络的发展历史，熟悉无线传感器网络的应用领域。

结合自己的专业知识，提出某一领域内无线传感器网络应用的可能性，并根据需求，设计基于无线传感器网络的应用系统，完成无线传感器网络的一个应用案例设计。

一、无线传感器网络概述

1. 无线传感器网络的基本概念

2. 无线传感器网络的发展历史

3. 无线传感器网络的应用领域

二、基于无线传感器网络的应用系统设计

1. 系统概述

2. 系统的体系结构

3. 系统流程分析

三、收获与感想

Note

任务 1.2　传感器设备选型

学习目标

- 了解传感器的功能。
- 了解各种传感器的工作原理。
- 了解不同传感器的应用领域。
- 会分辨各类传感器。
- 能根据项目需求选择合适的传感器。
- 会传感器的连接。

思政目标

- 培养辩证思维，科学理性看待问题。

"课程思政"链接
融入点：传感器的分类思政元素：辩证思维——对立统一
通过分组讨论不同类型传感器的优点和缺点，引导学生学会辩证思维：坚持"两点论"，一分为二的客观全面看待问题，我们想问题、做决策、办事情，不能非此即彼，要用辩证法，要讲两点论，要找平衡点。任何人都有优缺点、任何事物都有积极面和消极面，因此要直面缺点、扬长补短。古人云"塞翁失马，焉知非福""祸兮福之所倚，福兮祸之所伏"，因此在工作和生活中，遇到挫折困难不消极沮丧、遇到成功胜利不得意忘形，凡事多角度看问题、不走极端
参考资料：《习近平倡导的五种思维方式》《马克思主义哲学原理：对立统一规律》

任务要求

通过观察机械零件在线监测系统中各工位的操作过程，选择合适的传感器。

（1）了解各类传感器的功能和工作原理。

（2）了解传感器的应用领域、特性、价格等属性。

（3）根据"互联网+智能制造系统"中生产车间的环境检测需求，选择功能合适、价格合理的传感器。

实训设备

（1）有上网功能的计算机一台。

（2）常见的温湿度传感器、光敏传感器、红外测距传感器、超声波传感器等。

Note

知识准备

传感器结构与检测原理

1.2.1　传感器的基本原理

【1+X 证书考点】
1.1.1　熟知各种传感器的基本参数、特性和应用场景

1. 传感器的概念

传感器（英文名称：transducer/sensor）是一种检测装置，能感受到被测量的信息，并能将检测感受到的信息，按一定规律变换成为电信号或其他所需形式的信息输出，以满足信息的传输、处理、存储、显示、记录和控制等要求，如图 1-2-1 所示。它是实现自动检测和自动控制的首要环节。

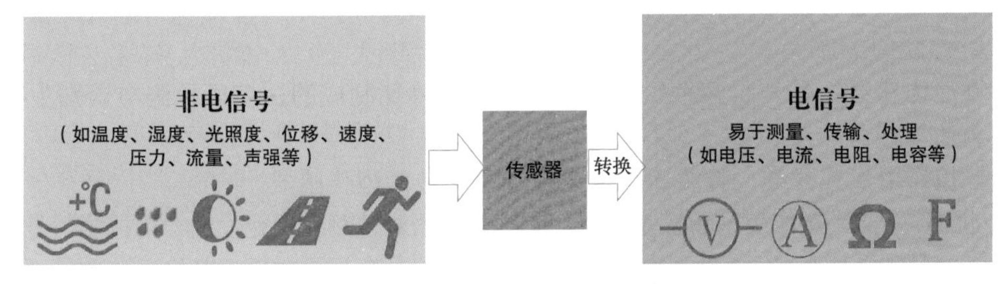

图 1-2-1　传感器原理示意

2. 传感器的组成

传感器一般由敏感元件、转换元件和基本转换电路组成，如图 1-2-2 所示，敏感元件是传感器中能感受或响应被测量的部分；转换元件是将敏感元件感受或响应的被测量转换成可传输的信号（电信号）的部分；基本转换电路可以对获得的微弱电信号进行放大、运算调制等。基本转换电路工作时必须有辅助电源。

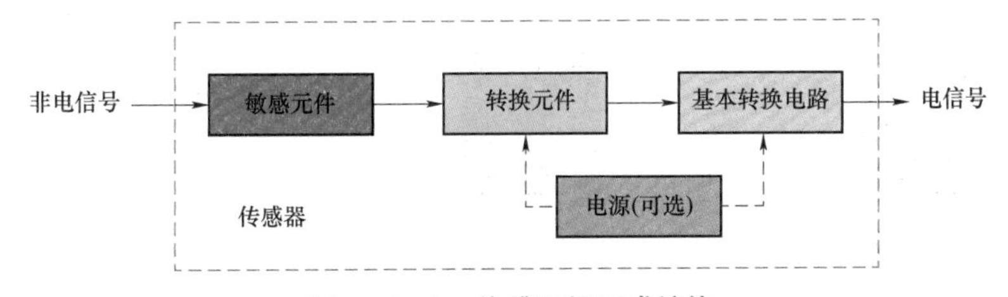

图 1-2-2　传感器的组成结构

随着半导体器件与集成技术在传感器中的应用，传感器的基本转换电路可安装在传感器壳体里或与敏感元件一起集成在同一芯片上，构成集成传感器。传感器接口技术是非常实用和重要的技术，各种物理量用传感器将其变成电信号，经放大、滤波、干扰抑制、多路转换等信号检测和预处理电路，将模拟量的电压或电流送 A/D 转换变成数字量，供计算机或者微处理器处理。

Note

思考：生活中有哪些传感器？它们各自有什么作用？

3. 传感器的分类

（1）按用途分类，传感器可分为：压力敏和力敏传感器、位置传感器、液位传感器、能耗传感器、速度传感器、加速度传感器、射线辐射传感器、热敏传感器。

（2）按原理分类，传感器可分为：振动传感器、湿敏传感器、磁敏传感器、气敏传感器、真空度传感器、生物传感器等。

（3）按输出信号分类，传感器可分为：

模拟传感器：将被测量的非电学量转换成模拟电信号。

数字传感器：将被测量的非电学量转换成数字输出信号（包括直接和间接转换）。

开关传感器：当一个被测量的信号达到某个特定的阈值时，传感器相应地输出一个设定的低电平或高电平信号。

（4）按测量目的分类，传感器可分为：

物理型传感器：是利用被测量物质的某些物理性质发生明显变化的特性制成的。

化学型传感器：是利用能把化学物质的成分、浓度等化学量转化成电学量的敏感元件制成的。

生物型传感器：是利用各种生物或生物物质的特性制成的，用以检测与识别生物体内化学成分的传感器。

（5）按作用形式分类，传感器可分为主动型和被动型传感器。

主动型传感器又有作用型和反作用型，此种传感器对被测对象能发出一定探测信号，能检测探测信号在被测对象中所产生的变化，或者由探测信号在被测对象中产生某种效应而形成信号。检测探测信号变化方式的称为作用型，检测产生响应而形成信号方式的称为反作用型。雷达与无线电频率范围探测器是作用型实例，而光声效应分析装置与激光分析器是反作用型实例。

被动型传感器只是接收被测对象本身产生的信号，如红外辐射温度计、红外摄像装置等。

■ 【课程思政】分组讨论

亲爱的同学，请以小组为单位讨论不同类型传感器的优点和缺点，它们各自在什么环境和场景下应用？

《习近平倡导的五种思维方式》

《对立统一规律》

图 1-2-3　热电阻

4. 常见的传感器

1）电阻式传感器

电阻式传感器是将被测量如位移、形变、力、加速度、湿度、温度等这些物理量转换成电阻值这样的一种器件。主要有电阻应变式、压阻式、热电阻（图 1-2-3）、热敏、气敏、湿敏等电阻式传感器。

Note

2）称重传感器

称重传感器是一种能够将重力转变为电信号的力/电转换装置，是电子衡器的一个关键部件，如图 1－2－4 所示。

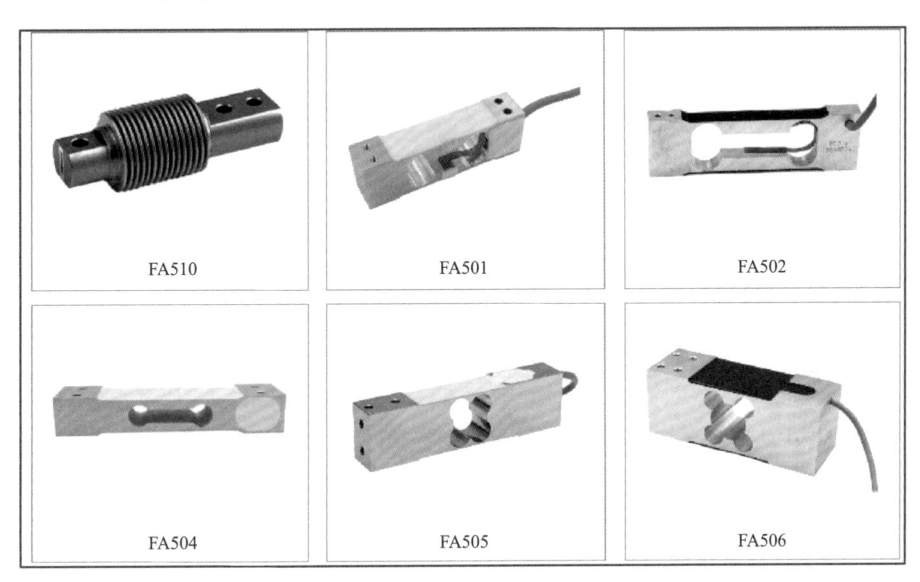

图 1－2－4　称重传感器

能够实现力/电转换的传感器有多种，常见的有电阻应变式、电磁力式和电容式等。电磁力式主要用于电子天平，电容式用于部分电子吊秤，而绝大多数衡器产品所用的还是电阻应变式称重传感器。电阻应变式称重传感器结构较简单，准确度高，适用面广，且能够在相对比较差的环境下使用，因此电阻应变式称重传感器在衡器中得到了广泛的运用。

3）电阻应变式传感器

传感器中的电阻应变片具有金属的应变效应，即在外力作用下产生机械形变，从而使电阻值随之发生相应的变化。电阻应变片主要有金属和半导体两类，金属应变片有金属丝式、箔式、薄膜式之分。半导体应变片具有灵敏度高（通常是丝式、箔式的几十倍）、横向效应小等优点。电阻应变式传感器如图 1－2－5 所示。

图 1－2－5　电阻应变式传感器

Note

4）压阻式传感器

压阻式传感器是根据半导体材料的压阻效应在半导体材料的基片上经扩散电阻而制成的器件。其基片可直接作为测量传感元件，扩散电阻在基片内接成电桥形式。当基片受到外力作用而产生形变时，各电阻值将发生变化，电桥就会产生相应的不平衡输出。

用作压阻式传感器的基片（或称膜片）材料主要为硅片和锗片，硅片为敏感材料而制成的硅压阻传感器越来越受到人们的重视，尤其是以测量压力和速度的固态压阻式传感器应用最为普遍。

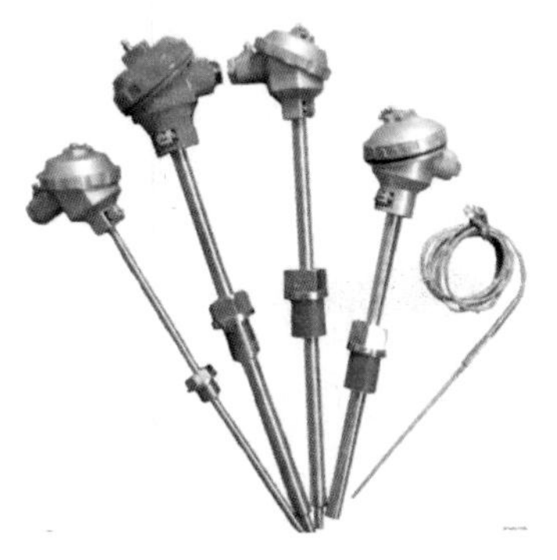

图 1-2-6　热电阻传感器

5）热电阻传感器

热电阻测温是基于金属导体的电阻值随温度的增加而增加这一特性来进行温度测量的，如图 1-2-6 所示。热电阻大都由纯金属材料制成，目前应用最多的是铂和铜，此外，现在已开始采用镍、锰和铑等材料制造热电阻。

热电阻传感器主要是利用电阻值随温度变化而变化这一特性来测量温度及与温度有关的参数。在温度检测精度要求比较高的场合，这种传感器比较适用。目前较为广泛的热电阻材料为铂、铜、镍等，它们具有电阻温度系数大、线性好、性能稳定、使用温度范围宽、加工容易等特点，用于测量 -200～+500 ℃的温度。

6）激光传感器

利用激光技术进行测量的传感器，如图 1-2-7 所示。它由激光器、激光检测器和测量电路组成。激光传感器是新型测量仪表，它的优点是能实现无接触远距离测量，速度快，精度高，量程大，抗光、电干扰能力强等。

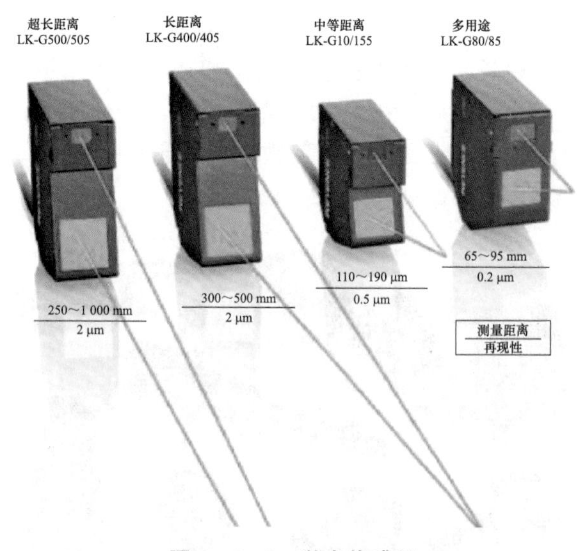

图 1-2-7　激光传感器

激光传感器工作时，先由激光发射二极管对准目标发射激光脉冲，经目标反射后，激光向各方向散射，部分散射光返回到传感器接收器，被光学系统接收后成像到雪崩光电二极管上。雪崩光电二极管是一种内部具有放大功能的光学传感器，因此它能检测极其微弱的光信号，并将其转化为相应的电信号。

利用激光的高方向性、高单色性和高亮度等特点可实现无接触远距离测量。激光传感器常用于长度（ZLS－Px）、距离（LDM4x）、振动（ZLDS10X）、速度（LDM30x）、方位等物理量的测量，还可用于探伤和大气污染物的监测等。

7）霍尔传感器

霍尔传感器是根据霍尔效应制作的一种磁场传感器，广泛地应用于工业自动化技术、检测技术及信息处理等方面。霍尔效应是研究半导体材料性能的基本方法。通过霍尔效应实验测定的霍尔系数，能够判断半导体材料的导电类型、载流子浓度及载流子迁移率等重要参数。常见的霍尔传感器如图1－2－8所示。

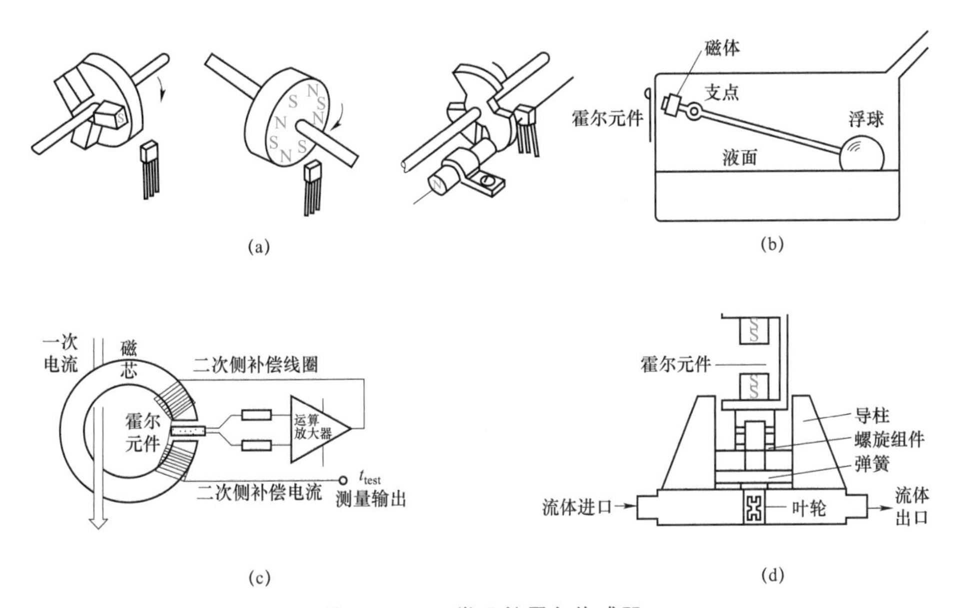

图1－2－8　常见的霍尔传感器

（a）霍尔转速传感器；（b）霍尔液位传感器；（c）精密电流传感器；（d）霍尔流速传感器

霍尔传感器分为线性型霍尔传感器和开关型霍尔传感器两种。

（1）线性型霍尔传感器由霍尔元件、线性放大器和射极跟随器组成，它输出模拟量。

（2）开关型霍尔传感器由稳压器、霍尔元件、差分放大器、斯密特触发器和输出极组成，它输出数字量。

霍尔电压随磁场强度的变化而变化，磁场越强，电压越高，磁场越弱，电压越低。霍尔电压值很小，通常只有几个毫伏，但经集成电路中的放大器放大，就能使该电压放大到足以输出较强的信号。若使霍尔集成电路起传感作用，需要用机械的方法来改变磁场强度。如图1－2－8（d）所示，用一个转动的叶轮作为控制磁通量的开关，当叶轮叶片处于磁铁和霍尔集成电路之间的气隙中时，磁场偏离集成片，霍尔电压消失。

8）温度传感器

（1）室温、管温传感器：室温传感器用于测量室内和室外的环境温度，管温传感器用

Note 于测量蒸发器和冷凝器的管壁温度。室温传感器和管温传感器的形状不同，但温度特性基本一致。按温度特性划分，目前美的使用的室温、管温传感器：常数 B 值为 4 100 K（1±3%），基准电阻为 25 ℃对应电阻 10 kΩ（1±3%）。温度越高，阻值越小；温度越低，阻值越大。离 25 ℃越远，对应电阻公差范围越大；在 0 ℃和 55 ℃对应电阻公差约为±7%；而 0 ℃以下及 55 ℃以上，对于不同的供应商，电阻公差会有一定的差别。温度越高，阻值越小；温度越低，阻值越大。离 25 ℃越远，对应电阻公差范围越大。

（2）排气温度传感器：排气温度传感器用于测量压缩机顶部的排气温度，常数 B 值为 3 950 K（1±3%），基准电阻为 90 ℃对应电阻 5 kΩ（1±3%）。

（3）模块温度传感器：用于测量变频模块（IGBT 或 IPM）的温度，目前用的感温头的型号是 602F－3500F，基准电阻为 25 ℃对应电阻 6 kΩ（1±1%）。几个典型温度的对应阻值分别是：－10 ℃→25.897～28.623 kΩ；0 ℃→16.324 8～17.716 4 kΩ；50 ℃→2.326 2～2.515 3 kΩ；90 ℃→0.667 1～0.756 5 kΩ。

温度传感器的种类很多，现在经常使用的有热电阻：PT100、PT1000、Cu50、Cu100；热电偶：B、E、J、K、S 等。温度传感器不但种类繁多，而且组合形式多样，应根据不同的场所选用合适的产品。常见的温度传感器如图 1－2－9 所示。

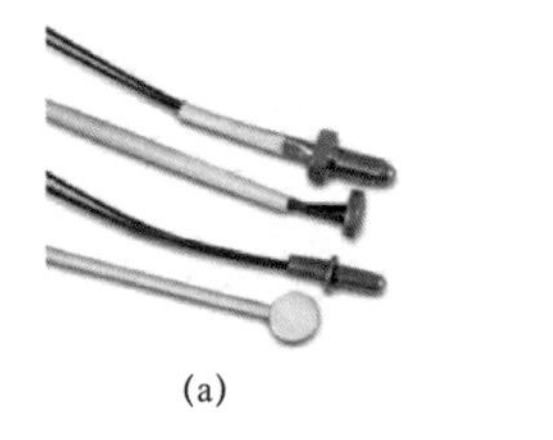
(a)

(b)

图 1－2－9 常见的温度传感器

（a）热敏电阻温度传感器；（b）半导体温度传感器

测温原理：根据电阻阻值、热电偶的电势随温度不同发生有规律的变化的原理，我们可以得到所需要测量的温度值。

9）光敏传感器

光敏传感器是最常见的传感器之一，它的种类繁多，主要有：光电管、光电倍增管、光敏电阻、光敏三极管、太阳能电池、红外线传感器、紫外线传感器、光纤式光电传感器、色彩传感器、CCD 和 CMOS 图像传感器等。它的敏感波长在可见光波长附近，包括红外线波长和紫外线波长。光敏传感器不只局限于对光的探测，它还可以作为探测元件组成其他传感器，对许多非电量进行检测，只要将这些非电量转换为光信号的变化即可。光传感器是目前产量最多、应用最广的传感器之一，它在自动控制和非电量电测技术中占有非常重要的地位。最简单的光敏传感器是光敏电阻，当光子冲击结合处就会产生电流。常见的光敏传感器如图 1－2－10 所示。

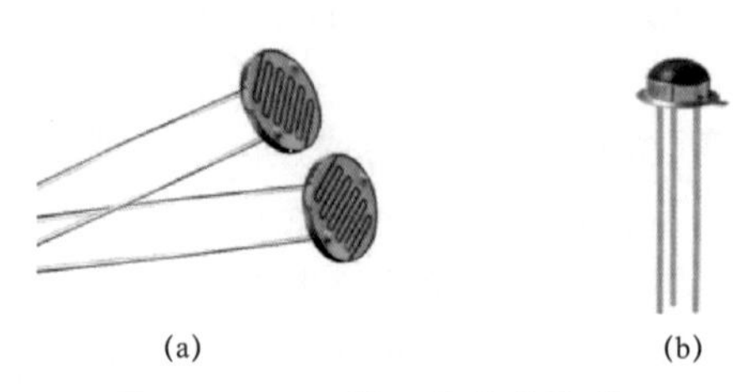
(a)　(b)

图 1－2－10 常见的光敏传感器

（a）光敏电阻；（b）光敏三极管

Note

1.2.2　传感器选型的原则

【1+X 证书考点】
1.1.1　熟知各种传感器的基本参数、特性和应用场景

传感器在原理和结构上千差万别，如何根据具体的测量目的、测量对象和测量环境合理选用传感器是传感器选型的关键步骤。测量结果的准确与否，在很大程度上取决于传感器选择的是否合理，在进行传感器选型时，主要考虑以下因素：

传感器特性与选型

1. 测量对象与环境

要进行具体的测量工作，首先考虑采用何种原理的传感器，这需要考虑多方面的因素，即使是测量相同的物理量，也有多种原理的传感器供选用，在进行选择时，要考虑以下问题：量程的大小；被测位置对传感器体积的要求；测量方式为接触式还是非接触式；信号的输出方法；传感器的来源；国产还是进口；价格是否合理。

2. 灵敏度

在一般看来，传感器的灵敏度越高越好。因传感器的灵敏度高时，与被测量变化对应的输出信号的值会比较大，有利于信号处理。但传感器的灵敏度较高时，与被测量无关的外界噪声也容易混入，也会被放大系统放大，从而影响测量精度，因此，在选用传感器时，应选择具有较高的信噪比的传感器，尽量减少从外界引入的干扰信号。

思考：灵敏度作为传感器的一项重要的性能指标，其数值是否越高越好请说明具体理由。

3. 频率响应特性

传感器的频率响应特性决定了被测量的频率范围，必须在允许频率范围内保持不失真的测量条件，实际上传感器的响应时间总有一定的延迟，通常希望延迟时间越短越好。传感器的频率响应越高，可测的信号频率范围也就越宽，由于受到结构特性的影响，机械系统的惯性较大，因而传感器频率低，可测信号的频率就较低。

4. 线性范围

传感器的线性范围是指输出与输入成线性的范围。从理论上看，在此范围内，灵敏度保持定值，传感器的线性范围越宽，则它的量程就越大，并且能保证一定的测量精度。在选择传感器时，当传感器的种类确定以后，首先需要看它的量程是否满足要求。

5. 稳定性

传感器在使用一段时间后，它的稳定性会受到影响，受影响的因素除了传感器本身结构外，使用环境也是一个重要因素，因此，要使传感器具有良好的稳定性，需要有较强的环境适应能力。在某些要求传感器能长期使用而又不能轻易更换或标定的场合，所选用传感器的稳定性要求会更严格，要能够经受住长时间的使用考验。

6. 精度

精度是传感器的一个重要性能指标，关系到整个测量系统测量准确程度，传感器的精

Note 度越高，其价格也就越贵。因此，在选择传感器时，其精度只要能满足测量要求即可，不必选择精度过高的传感器。

提示：在以前学习的概念中，“精度”一般是指数据的小数点位数，位数越多、精度越高；而对于传感器而言，“精度”是指实际测量值与真实值之间的误差，误差越小、精度越高。

任务实施

传感器是一种以一定的精确度把被测量的非物理量转换成为相应的某物理量的测量装置，传感器作为测量装置的输入端，是整个检测系统的重要环节，其性能将直接影响检测的精度。尽管可用的传感器类型很多，但是并不存在能直接检测零件是否合格的传感器，换句话说，只能采用混合型的传感器，对机械零件的不同参数逐个进行探测，才能正确判断机械零件是否合格。

1. 传感器性能参数分析

请根据具体型号和生产厂家信息查找资料，填写以下常见温度传感器、湿度传感器、光强度传感器的性能参数。

说明：请利用互联网资源进行信息检索，并筛选有价值信息。在此过程中，培养信息获取及评价的基本信息素养。

1）温度传感器

温度测量在环境监测、工业生产过程、农作物生产等各方面扮演着重要角色，通过温度传感器可以测量天气的温度，进而进行监测或进行控制等操作。

随着电子技术和材料科学的发展，温度传感器的种类和性能得到了很大的提高，它们从原理上大致可分为电阻式、PN 结式、热电阻式和辐射式等四类。在实际使用过程中，主要考虑的因素涉及传感器功耗、供电电压、测温精度、封装、与节点的兼容性和价格等。

表 1－2－1 所示为常见的温度传感器及其性能，表中所列的温度传感器功耗低、具有两线接口，与常用的微控制器具有很好的通信兼容性，温度的测量范围宽，测量精度高，常温下测量精度在 0.5 ℃以下。

表 1－2－1　常见的温度传感器及其性能

类型	生产厂家	功耗测量/μW	供电电压/V	数据接口	最大测量误差/ ℃
DS1621	MAXIM				
AD7418	Analog Devices				
TMP275	Texas Instruments				
MCP9800	Microchip				
LM92	National Semiconductor				

Note

2）湿度传感器

湿度传感器可以测量检测区域的湿度，进而作为执行某种操作（如开启加湿器）的依据，一般在使用过程中，主要考虑的因素包括传感器功耗、供电电压、湿度测量精度、响应时间、封装、信号调理电路功耗复杂度和传感器价格等。表 1－2－2 所示为常见的湿度传感器及其性能。

表 1－2－2　常见的湿度传感器及其性能

类型	生产厂家	响应时间/s	功耗	工作电压/V	集成温度传感器	信号输出形式	误差/RH
SHT15	Sensirion						
HIH4030	Honeywell						
HTS2030	Humirel						

3）光强度传感器

光强度传感器可以监测环境中光的强度，主要考虑的因素是传感器功耗、供电电压、光波长、强度测量范围、封装、信号调理电路功耗复杂度以及传感器价格等。表 1－2－3 所示为常见的光强度传感器及其性能。

表 1－2－3　常见的光强度传感器及其性能

<table>
<tr><th>类型</th><th>生产厂家</th><th>功耗/mW</th><th>供电电压/V</th><th>有效分辨力/位</th><th>数据接口</th><th>测量范围/lx</th></tr>
<tr><td>TLS2560</td><td>TAOS</td><td></td><td></td><td></td><td></td><td></td></tr>
<tr><td>ISL29002</td><td>Intersil</td><td></td><td></td><td></td><td></td><td></td></tr>
<tr><td>S1087－01</td><td>Hamamatsu</td><td colspan="2" rowspan="3">取决于光电二极管的信号调理电路</td><td colspan="2" rowspan="3">器件输出与光强信号呈线性关系的微弱电流信号</td><td></td></tr>
<tr><td>BWP33</td><td>SIMEMS</td><td></td></tr>
<tr><td>PDB－C171SM</td><td>Advanced Photonix</td><td></td></tr>
</table>

2. 传感器选型

根据功能需求，选择“机械零件在线检测系统”中需要使用的传感器并填于表 1－2－4 中。

表 1－2－4　机械零件在线检测系统的传感器选型

功能	传感器	型号	生产厂家	功耗	工作电压	测量范围
产品图像采集						
产品位置感知						
产品高度尺寸测量						
产品长度尺寸测量						
产品宽度尺寸测量						
生产环境温度采集						
生产环境湿度采集						
生产环境光照采集						

任务评价

任务评价表如表 1-2-5 所示，总结反思如表 1-2-6 所示。

表 1-2-5　任务评价表

评价类型	赋分	序号	具体指标	分值	得分		
					自评	组评	师评
职业能力	55	1	温度传感器性能参数填写正确	10			
		2	湿度传感器性能参数填写正确	10			
		3	光强传感器性能参数填写正确	10			
		4	产品图像采集模块选型正确	5			
		5	产品位置感知模块选型正确	5			
		6	产品高度测量模块选型正确	5			
		7	产品长度测量模块选型正确	5			
		8	产品宽度测量模块选型正确	5			
职业素养	20	1	坚持出勤，遵守纪律	5			
		2	协作互助，解决难点	5			
		3	按照标准规范操作	5			
		4	持续改进优化	5			
劳动素养	15	1	按时完成，认真填写记录	5			
		2	保持工位卫生、整洁、有序	5			
		3	小组分工合理性	5			
思政素养	10	1	完成思政素材学习	4			
		2	情景假设“假如班干部竞选失败，你会怎么想”	6			
总分				100			

表 1-2-6　总结反思

<table>
<tr><th colspan="2">总结反思</th></tr>
<tr><td colspan="2">● 目标达成：知识 □□□□□　　能力 □□□□□　　素养 □□□□□</td></tr>
<tr><td>● 学习收获：</td><td rowspan="2">● 教师寄语：

签字：____________</td></tr>
<tr><td>● 问题反思：</td></tr>
</table>

课后任务

1. 问答与讨论

（1）什么是传感器？

（2）列举传感器的种类。

（3）传感器选择的基本原则是什么？

（4）讨论在“智能工厂”环境监测中需哪些传感器。

2. 巩固与提高

了解传感器的工作原理，根据具体的应用案例选择合适的传感器类型，分析其基本参数、应用领域、价格、图片等信息。以智能家居或智慧工厂为应用案例，完成本次作业。案例撰写见任务模板。

工作任务单

《工业传感网应用技术》工作任务单

<table>
<tr><td>工作任务</td><td colspan="4"></td></tr>
<tr><td>小组名称</td><td colspan="2"></td><td>工作成员</td><td></td></tr>
<tr><td>工作时间</td><td colspan="2"></td><td>完成总时长</td><td></td></tr>
<tr><td colspan="5">工作任务描述</td></tr>
<tr><td colspan="5"></td></tr>
<tr><td rowspan="5">小组分工</td><td>姓名</td><td colspan="3">工作任务</td></tr>
<tr><td></td><td colspan="3"></td></tr>
<tr><td></td><td colspan="3"></td></tr>
<tr><td></td><td colspan="3"></td></tr>
<tr><td></td><td colspan="3"></td></tr>
<tr><td colspan="5">任务执行结果记录</td></tr>
<tr><td>序号</td><td colspan="2">工作内容</td><td>完成情况</td><td>操作员</td></tr>
<tr><td>1</td><td colspan="2"></td><td></td><td></td></tr>
<tr><td>2</td><td colspan="2"></td><td></td><td></td></tr>
<tr><td>3</td><td colspan="2"></td><td></td><td></td></tr>
<tr><td>4</td><td colspan="2"></td><td></td><td></td></tr>
<tr><td colspan="5">任务实施过程记录</td></tr>
<tr><td colspan="5"></td></tr>
</table>

上级验收评定		验收人签名	

任务模板

《工业传感网应用技术》
课后作业

内容：____________________

班级：____________________

姓名：____________________

____________________学院

作业要求

了解传感器的工作原理，根据具体的应用案例选择合适的传感器类型，分析其基本参数、应用领域、价格、图片等信息。

以智能工厂为应用案例，完成本次作业。

1. 应用案例概述

____

____

____

2. 各类传感器选型

填写下列各类传感器的选型表。

传感器名称	基本参数	应用领域	价格/元	图片
气敏传感器	环境温度：－20～+55 ℃； 湿度：≤95%RH； 环境含氧量：21%	用于家庭、商业、工业环境的一氧化碳、煤气探测装置	10	

任务 1.3　无线通信网络部署

学习目标

- 会根据项目实际选择合适的短距离通信方式。
- 会分析 ZigBee 协调器和终端节点程序。
- 会烧写 ZigBee 协调器和终端节点程序。
- 了解常见的短距离通信技术。
- 掌握 ZigBee 协议的特点。
- 了解 ZigBee 协议的各层规范。
- 了解 CC2530 芯片的相关参数开发。
- 掌握 ZigBee 项目开发的基本步骤。

思政目标

- 培养团队协作精神、树立核心意识。

“课程思政”链接
融入点：ZigBee 无线通信技术　思政元素：爱国、爱党——核心意识
通过大量传感器节点在协调器统一调度下，协同完成安防报警、状态监测、目标跟踪等工作任务，向学生传递核心意识和团队协作精神。第一，要以党中央为核心，要始终坚持、切实加强党的集中统一领导，更加紧密地团结在以习近平同志为核心的党中央周围，更加自觉地在思想上、政治上、行动上同党中央保持高度一致，为实现“中国梦”伟大理想而共同努力奋斗；第二，团队之间在相互信任、服务奉献、服从大局的前提下，充分发挥各自潜能、各尽其职、互补互助，为实现目标任务“心往一处想、劲往一处使”
参考资料：《党在新时期的新要求：“四个意识”》

任务要求

在机械零件在线检测系统中各工位都完成相应的检测功能，经检测后，数据通过传感器节点汇总到协调器，协调器再将数据发送到服务器与标准值进行比对，从而判断零件的合格与否。在此过程中，每个传感器节点发挥着检测与数据传输的功能，替代人工操作。在本任务中，要求会分析和理解 ZigBee 协调器和终端节点程序，理解协调器和传感器节点的控制程序，并完成 ZigBee 协调器和终端节点程序烧写等操作。

Note

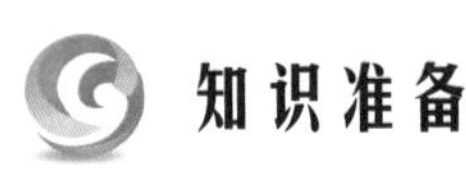

实训设备

（1）计算机一台，装有程序烧写软件。
（2）NEWLab 实训平台。
（3）CC2530 仿真器。

知识准备

近距离无线通信技术

1.3.1　常见通信技术

1. 5G 技术

■ 资料：《5G 助力“抗疫”》

新冠肺炎疫情暴发以来，在全国人民奋力抗击疫情的战役中，5G 远程会诊等远程医疗活动不断见诸媒体：一批 5G 远程医疗小推车在武汉火神山医院启用；中国移动在一些地方推出了“5G 红外热成像测温”应用，实现对多人同时扫描测体温；由钟南山院士领衔的医学专家组通过广东省远程医疗平台对广东 5 例新冠肺炎重症和危重症患者进行了第一次远程会诊；昆医大附一院联合中国移动云南公司推出了基于 5G 网络的“新型冠状病毒感染肺炎在线免费诊疗平台”。在 5G 网络的加持下，远程医疗主要可以运用于以下场景：

● 远程会诊

本次疫情中大家在互联网上看到的多数远程医疗活动都是远程会诊。所谓远程会诊，就是通过网络传输医疗信息，再由远端的专家来对病人的病况进行诊断。5G 网络状态下，传输质量大幅度提高，可支持 4K 高清音视频和 AR/VR 等新技术的应用。而建立在 5G 基础之上的远程超声、传感以及机器人技术，则使远程医疗上了一个大的台阶，在增加了可视度的同时，还减少了延迟风险，大大提高了远程诊断的准确性。

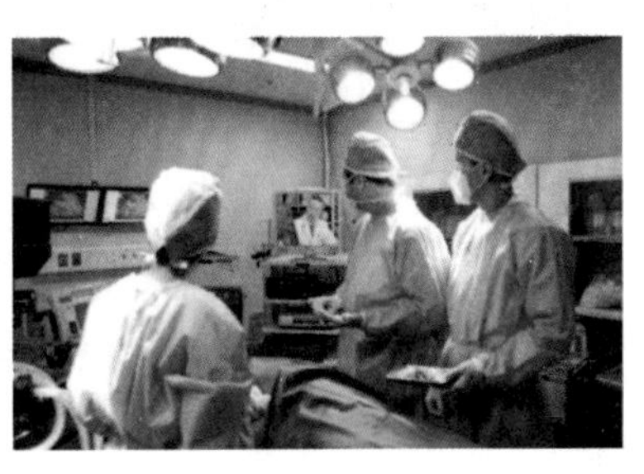

● 远程急救和远程手术

面对突发疾病，时间就是生命。在 5G 技术的支持下，不论是在救护车还是在偏远医院，都有可能实施远程急救。救护车内配备有支持 5G 网络的各种设备，医生一方面可以远程及时对患者实施急救，也可远程指导随车医生实施急救。对于偏远地区的民众来说，有了 5G，现场各类信息及当地手术室的影像资料可以适时呈现在远端专家的面前，当地医生在远端专家的指导下，可以完成之前无力完成的急救。

Note

在相关设备完备的条件下，由于5G网络的低延时性、高速性，远端医生可以确保看到当地手术室里最清晰的画面和手术动作的及时到位，医生甚至可以直接操纵当地设备实施急救和手术。

● 移动查房

本次新冠肺炎疫情中，在5G网络支持下，完全可以实施移动查房，减少医护人员与患者面对面的交流。医生、护士甚至可以利用机器人或自动移动推车实施日常的护理或治疗。在本次疫情中，武汉火神山医院送餐机器人、5G小推车已经投入使用。当然，这些机器人、小推车只是借助5G网络，实施的还是一些初级阶段的相关工作，但随着技术的进步，未来针对传染性比较强的疾病，完全可以实现远程查房和远程护理。

1）5G的概念

5G移动网络与早期的2G、3G和4G移动网络一样，5G网络是数字蜂窝网络，在这种网络中，供应商覆盖的服务区域被划分为许多被称为蜂窝的小地理区域。表示声音和图像的模拟信号在手机中被数字化，由模数转换器转换并作为比特流传输。蜂窝中的所有5G无线设备通过无线电波与蜂窝中的本地天线阵和低功率自动收发器（发射机和接收机）进行通信。收发器从公共频率池分配频道，这些频道在地理上分离的蜂窝中可以重复使用。本地天线通过高带宽光纤或无线回程连接与电话网络和互联网连接。与现有的手机一样，当用户从一个蜂窝穿越到另一个蜂窝时，他们的移动设备将自动“切换”到新蜂窝中的天线。

2）5G的发展历程

移动通信技术发展历程如图1－3－1所示。

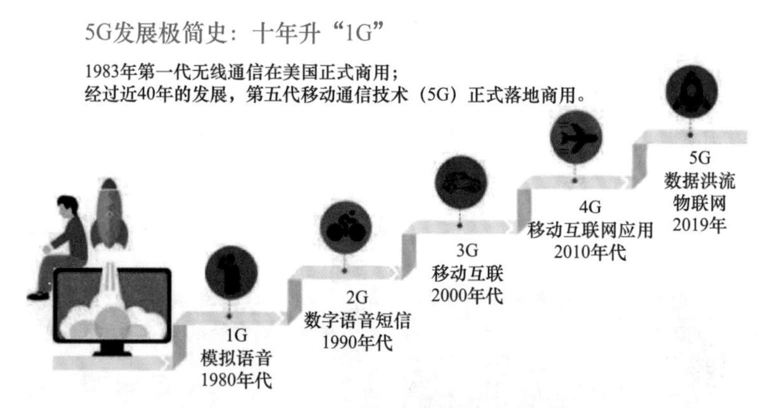

图1－3－1　移动通信技术发展历程

2019年10月，5G基站入网正式获得了工信部的开闸批准。工信部颁发了国内首个5G无线电通信设备进网许可证，标志着5G基站设备将正式接入公用电信商用网络。而运营商在2019年10月31日分别公布其5G套餐价格，并于2019年11月1日正式执行5G套餐。随着5G即将商用，北京移动副总经理李威介绍，在金融方面，市民能体验到建行等银行推出的5G+无人银行；交通方面，5G自动驾驶方兴未艾；在民生领域，远程医疗等5G+医疗和5G+环保等应用也已经闪亮登场。北京联通方面还特别表示，其将推出北京地区专属5G产品套餐，给予用户相关权益。2019年10月19日，北京移动助力301医院远程指导金华市中心医院完成颅骨缺损修补手术；在北京水源地密云水库，北京移动通过5G无人船实现

Note

了水质监测、污染通量自动计算、现场数据采集以及海量检测结果的分析和实时回传等。凡此种种，都是 5G 技术在各行各业落地的最新应用案例。5G 技术及产业链如图 1－3－2 所示。

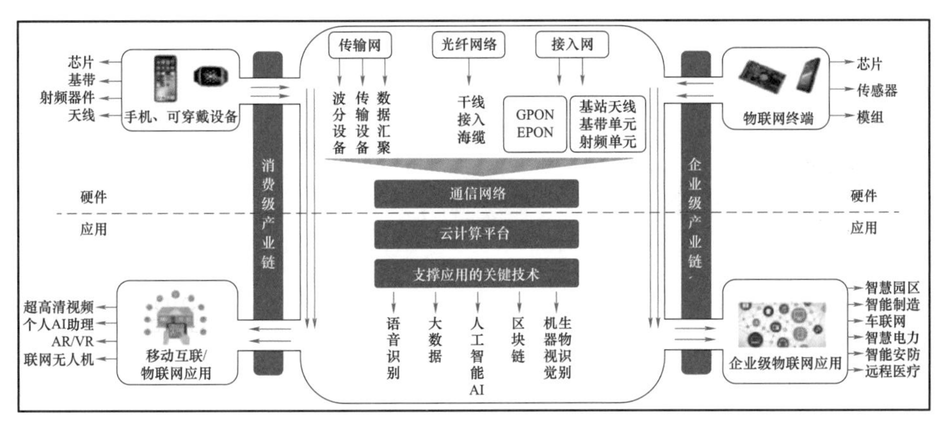

图 1－3－2 5G 技术及产业链

2020 年 6 月 30 日，在“GSMA Thrive·万物生晖”在线展会的“5G 独立组网部署指南产业发布会”上，中国电信副总经理刘桂清以《中国电信 5G SA 计划》为题，阐述中国电信 5G 独立组网、云网融合、5G 核心价值等发展思路，强调 5G SA 战略是云网融合的最佳实践。2020 年 9 月 15 日，以“5G 新基建，智领未来”为主题的 5G 创新发展高峰论坛在重庆举行。中国 5G 用户超过 1.1 亿，2020 年年底 5G 基站超过 60 万个，覆盖全国地级以上城市。中国 5G 对智能制造领域的变革如图 1－3－3 所示。

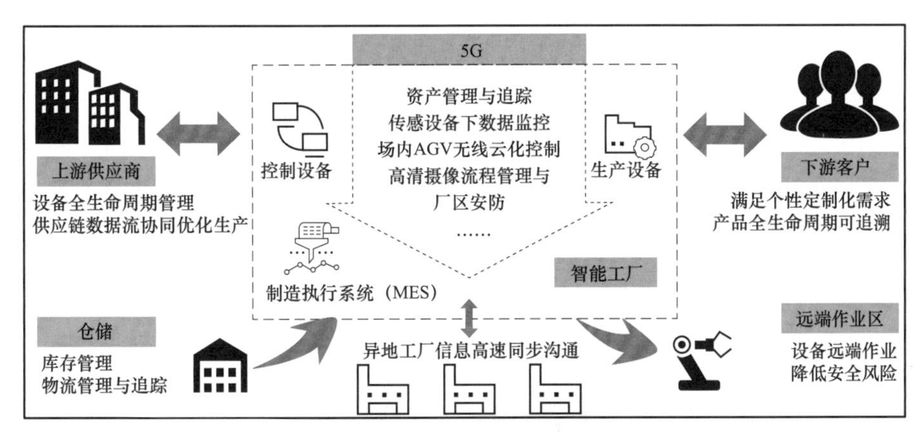

图 1－3－3 中国 5G 对智能制造领域的变革

■ 思考讨论：观看《5G 技术简介》和《5G 应用前景》视频，讨论 5G 未来主要应用领域有哪些？ 《5G 技术简介》 《5G 应用前景》	谈一谈你的感想：

Note

3）5G 关键技术

5G 架构图如图 1－3－4 所示。

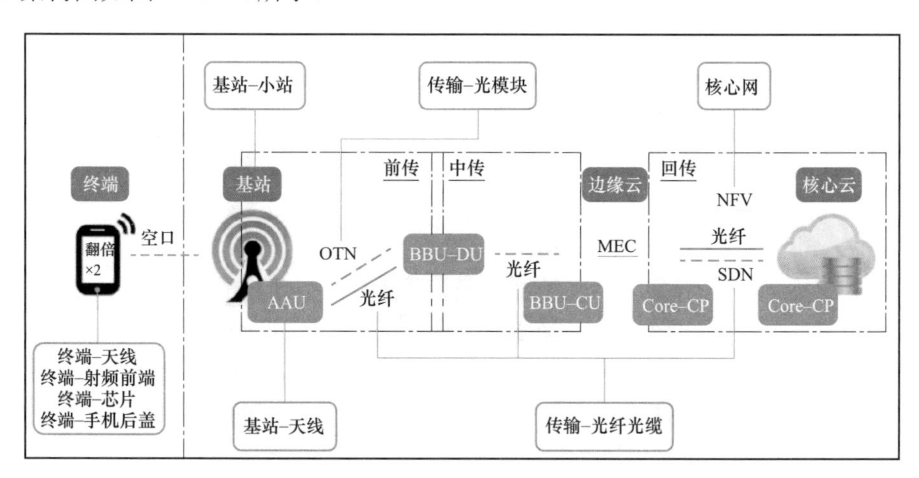

图 1－3－4　5G 架构图（二级市场版）

（1）超密集异构网络。

5G 网络正朝着网络多元化、宽带化、综合化、智能化的方向发展。随着各种智能终端的普及，2020 年以后，移动数据流量呈现爆炸式增长。在未来 5G 网络中，减小小区半径，增加低功率节点数量，是保证未来 5G 网络支持 1 000 倍流量增长的核心技术之一。因此，超密集异构网络成为未来 5G 网络提高数据流量的关键技术，如图 1－3－5 所示。

未来无线网络将部署超过现有站点 10 倍以上的各种无线节点，在宏站覆盖区内，站点间距离将保持 10 m 以内，并且支持在每 1 km^2 范围内为 25 000 个用户提供服务。同时也可能出现活跃用户数和站点数的比例达到 1∶1 的现象，即用户与服务节点一一对应。密集部署的网络拉近了终端与节点间的距离，使网络的功率和频谱效率大幅提高，同时也扩大了网络覆盖范围，扩展了系统容量，并且增强了业务在不同接入技术和各覆盖层次间的灵活性。在 5G 移动通信网络中，干扰是一个必须解决的问题。网络中的干扰主要有：同频干扰、共享频谱资源干扰、不同覆盖层次间的干扰等。现有通信系统的干扰协调算法只能解决单个干扰源问题，而在 5G 网络中，相邻节点的传输损耗一般差别不大，这将导致多个干扰源强度相近，进一步恶化网络性能，使现有协调算法难以应对。

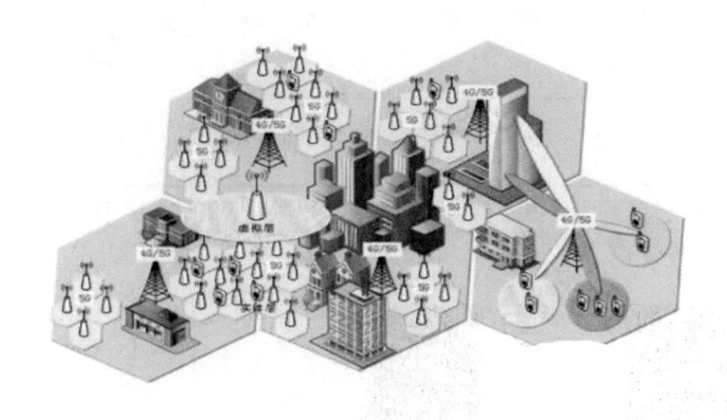

图 1－3－5　5G 超密集异构网络

Note

（2）自组织网络。

传统移动通信网络中，主要依靠人工方式完成网络部署及运维，既耗费大量人力资源又增加运行成本，且网络优化也不理想。在未来 5G 网络中，将面临网络的部署、运营及维护的挑战，这主要是由于网络存在各种无线接入技术，且网络节点覆盖能力各不相同，它们之间的关系错综复杂。因此，自组织网络（Self－Organizing Network，SON）的智能化将成为 5G 网络必不可少的关键技术。

（3）内容分发网络。

在 5G 中，面向大规模用户的音频、视频、图像等业务急剧增长，网络流量的爆炸式增长会极大地影响用户访问互联网的服务质量。如何有效地分发大流量的业务内容，降低用户获取信息的时延，成为网络运营商和内容提供商面临的一大难题。仅仅依靠增加带宽并不能解决问题，它还受到传输中路由阻塞和延迟、网站服务器的处理能力等因素的影响，这些问题的出现与用户服务器之间的距离有密切关系。内容分发网络（Content Distribution Network，CDN）会对未来 5G 网络的容量与用户访问具有重要的支撑作用，如图 1－3－6 所示。

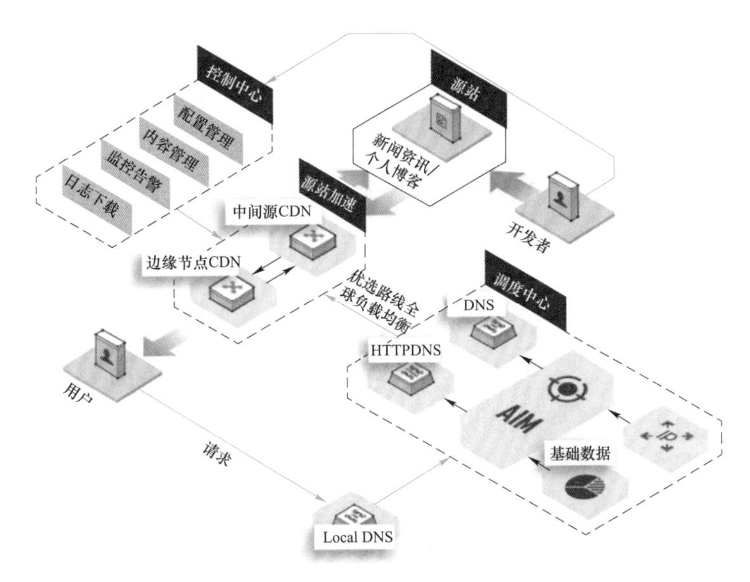

图 1－3－6　内容分发网络解决方案

（4）D2D 通信。

在 5G 网络中，网络容量、频谱效率需要进一步提升，更丰富的通信模式以及更好的终端用户体验也是 5G 的演进方向。设备到设备通信（Device－to－Device communication，D2D）具有潜在的提升系统性能、增强用户体验、减轻基站压力、提高频谱利用率的前景。因此，D2D 是未来 5G 网络中的关键技术之一。

D2D 通信是一种基于蜂窝系统的近距离数据直接传输技术。D2D 会话的数据直接在终端之间进行传输，不需要通过基站转发，而相关的控制信令，如会话的建立、维持、无线资源分配以及计费、鉴权、识别、移动性管理等仍由蜂窝网络负责。蜂窝网络引入 D2D 通信，可以减轻基站负担，降低端到端的传输时延，提升频谱效率，降低终端发射功率。当

Note 无线通信基础设施损坏或者在无线网络的覆盖盲区，终端可借助 D2D 实现端到端通信甚至接入蜂窝网络。在 5G 网络中，既可以在授权频段部署 D2D 通信，也可在非授权频段部署

（5）M2M 通信。

M2M（Machine to Machine，M2M）作为物联网最常见的应用形式，在智能电网、安全监测、城市信息化、环境监测等领域实现了商业化应用，如图 1－3－7 所示。3GPP 已经针对 M2M 网络制定了一些标准，并已立项开始研究 M2M 关键技术。M2M 的定义主要有广义和狭义 2 种。广义的 M2M 主要是指机器对机器、人与机器间以及移动网络和机器之间的通信，它涵盖了所有实现人、机器、系统之间通信的技术；从狭义上说，M2M 仅仅指机器与机器之间的通信。智能化、交互式是 M2M 有别于其他应用的典型特征，这一特征下的机器也被赋予了更多的“智慧”。

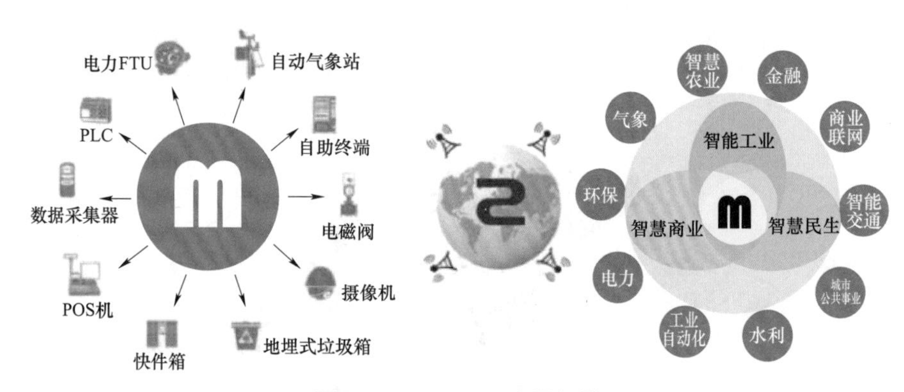

图 1－3－7　M2M 应用场景

（6）信息中心网络。

随着实时音频、高清视频等服务的日益激增，基于位置通信的传统 TCP/IP 网络无法满足数据流量分发的要求。网络呈现出以信息为中心的发展趋势。信息中心网络（Information－Centric Network，ICN）的思想最早是 1979 年由 Nelson 提出来的，后来被 Baccala 强化。作为一种新型网络体系结构，ICN 的目标是取代现有的 IP。

ICN 所指的信息包括实时媒体流、网页服务、多媒体通信等，而信息中心网络就是这些片段信息的总集合。因此，ICN 的主要概念是信息的分发、查找和传递，不再是维护目标主机的可连通性。不同于传统的以主机地址为中心的 TCP/IP 网络体系结构，ICN 采用的是以信息为中心的网络通信模型，忽略 IP 地址的作用，甚至只是将其作为一种传输标识。全新的网络协议栈能够实现网络层解析信息名称、路由缓存信息数据、多播传递信息等功能，从而较好地解决计算机网络中存在的扩展性、实时性以及动态性等问题。ICN 信息传递流程是一种基于发布订阅方式的信息传递流程。

2. Wi－Fi

1）定义

Wi－Fi 是一种可以将个人计算机，手持设备（如 PDA、手机）等终端以无线方式互相连接的技术。Wi－Fi 是一个无线网络通信技术的品牌，由 Wi－Fi 联盟（Wi－Fi Alliance）所持有，目的是改善基于 IEEE802.11 标准的无线网络产品之间的互通性。现时一般人会把

Note

Wi-Fi 及 IEEE802.11 混为一谈，甚至把 Wi-Fi 等同于无线网际网路。Wi-Fi 原先是无线保真的缩写，Wi-Fi 的英文全称为 Wireless Fidelity，读音为 waifai（拼音读法）。

2）Wi-Fi 网络组建

一般架设无线网络的基本配备就是无线网卡及一台 AP，如此便能以无线的模式，配合既有的有线架构来分享网络资源，架设费用和复杂程度远远低于传统的有线网络。Wi-Fi 网络架构如图 1-3-8 所示。如果只是几台计算机的对等网，也可不要 AP，只需要每台计算机配备无线网卡。AP 为 AccessPoint 简称，一般翻译为“无线访问接入点”或“桥接器”。它主要在媒体存取控制层 MAC 中扮演无线工作站及有线局域网络的桥梁。有了 AP，就像一般有线网络的 Hub 一样，无线工作站可以快速且轻易地与网络相连。特别是对于宽带的使用，Wi-Fi 更显优势，有线宽带网络（ADSL、小区 LAN 等）到户后，连接到一个 AP，然后在计算机中安装一块无线网卡即可。普通的家庭有一个 AP 已经足够，甚至用户的邻里得到授权后，则无须增加端口，也能以共享的方式上网。

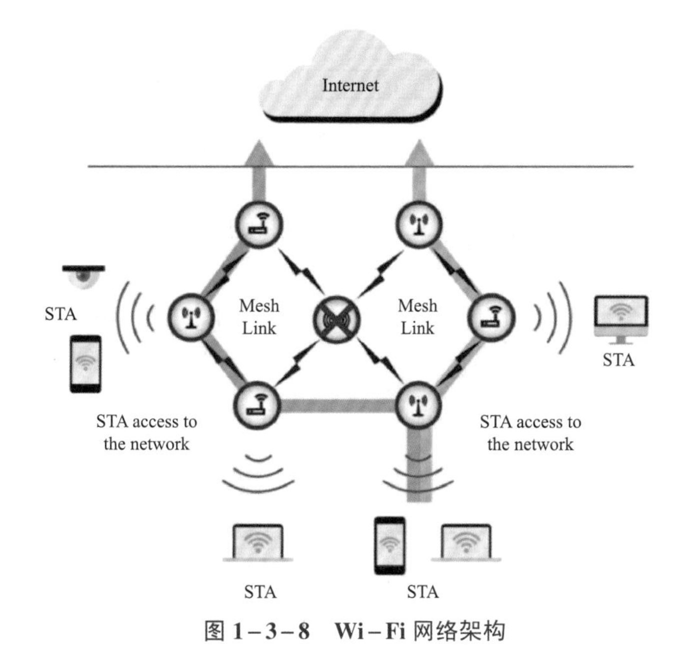

图 1-3-8　Wi-Fi 网络架构

3）Wi-Fi 应用

由于 Wi-Fi 的频段在世界范围内是无须任何电信运营执照的，因此 WLAN 无线设备提供了一个世界范围内可以使用的，费用极其低廉且数据带宽极高的无线空中接口。用户可以在 Wi-Fi 覆盖区域内快速浏览网页，随时随地接听拨打电话。而其他一些基于 WLAN 的宽带数据应用，如流媒体、网络游戏等。

现在 Wi-Fi 的覆盖范围在国内越来越广泛了，高级宾馆、豪华住宅区、飞机场以及咖啡厅之类的区域都有 Wi-Fi 接口。当我们去旅游、办公时，可以在这些场所使用我们的掌上设备尽情网上冲浪。厂商只要在机场、车站、咖啡店、图书馆等人员较密集的地方设置“热点”，并通过高速线路将因特网接入上述场所。这样，由于“热点”所发射出的电波可以达到距接入点半径数 10～100 m 的地方，用户只要将支持 Wi-Fi 的笔记本电脑、PDA、

Note 手机、PSP、iPod touch 等拿到该区域内，即可高速接入因特网。

3. 蓝牙

1）定义

蓝牙（Bluetooth），是一种支持设备短距离通信（一般 10 m 内）的无线电技术，能在包括移动电话、PDA、无线耳机、笔记本电脑、相关外设等众多设备之间进行无线信息交换。利用“蓝牙”技术，能够有效地简化移动通信终端设备之间的通信，也能够成功地简化设备与因特网之间的通信，从而数据传输变得更加迅速高效，为无线通信拓宽道路。蓝牙采用分散式网络结构以及快跳频和短包技术，支持点对点及点对多点通信，工作在全球通用的 2.4 GHz ISM（即工业、科学、医学）频段，其数据速率为 1 Mb/s。采用时分双工传输方案实现全双工传输。蓝牙基本架构如图 1－3－9 所示。

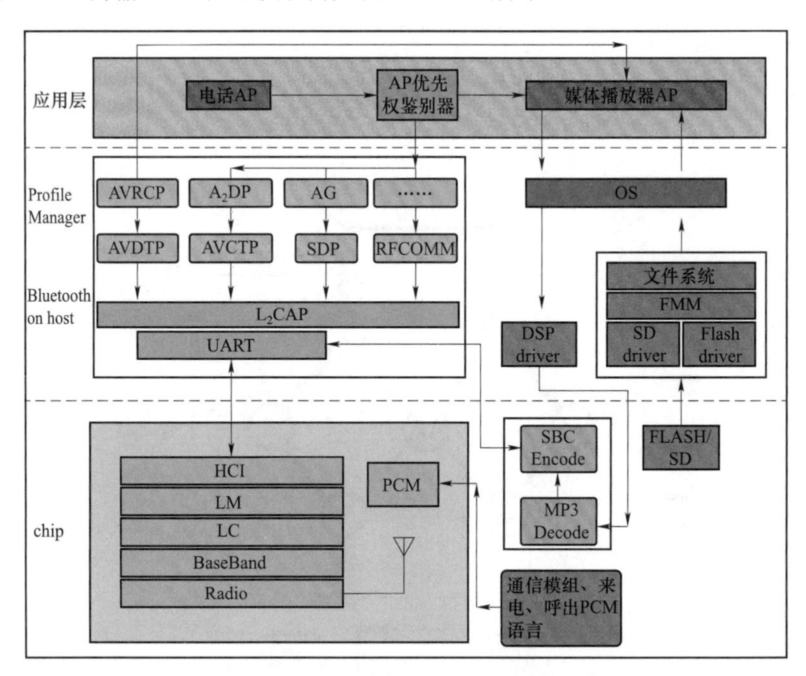

图 1－3－9　蓝牙基本架构

2）蓝牙技术的优势

（1）全球可用。

Bluetooth 无线技术规格供我们全球的成员公司免费使用。许多行业的制造商都积极地在其产品中实施此技术，以减少使用零乱的电线，实现无缝连接、流传输立体声，传输数据或进行语音通信。Bluetooth 技术在 2.4 GHz 波段运行，该波段是一种无须申请许可证的工业、科技、医学（ISM）无线电波段。正因如此，使用 Bluetooth 技术不需要支付任何费用。但必须向手机提供商注册使用 GSM 或 CDMA，除了设备费用外，不需要为使用 Bluetooth 技术再支付任何费用。

（2）易于使用。

Bluetooth 技术是一项即时技术，它不要求固定的基础设施，且易于安装和设置，不需要电缆即可实现连接。新用户使用亦不费力，只需拥有 Bluetooth 品牌产品，检查可用的配置文件，将其连接至使用同一配置文件的另一 Bluetooth 设备即可。后续的 PIN 码流程就如同在 ATM 机器上操作一样简单。外出时，可以随身带上个人局域网（PAN），甚至可以与其他网络连接。

（3）全球通用的规格。

Bluetooth 无线技术是当今市场上支持范围最广泛，功能最丰富且安全的无线标准。全球范围内的资格认证程序可以测试成员的产品是否符合标准。自 1999 年发布 Bluetooth 规格以来，总共有超过 4 000 家公司成为 Bluetooth 特别兴趣小组（SIG）的成员。同时，市场上 Bluetooth 产品的数量也成倍的迅速增长，产品数量已连续四年成倍增长。

思考：蓝牙在生活中有哪些应用？请列举 1～2 个实例。

4. NFC

1）定义

NFC 是 Near Field Communication 缩写，即近距离无线通信技术。由飞利浦公司和索尼公司共同开发的 NFC 是一种非接触式识别和互联技术，可以在移动设备、消费类电子产品、PC 和智能控件工具间进行近距离无线通信。NFC 提供了一种简单、触控式的解决方案，可以让消费者简单直观地交换信息、访问内容与服务。

NFC 基本工作原理如图 1－3－10 所示。

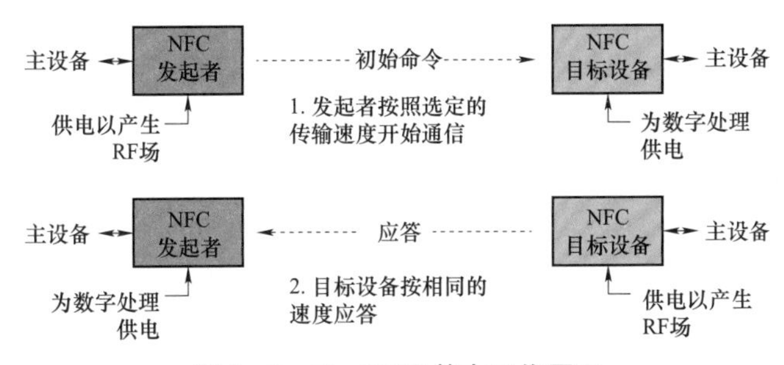

图 1－3－10　NFC 基本工作原理

2）技术特征

与 RFID 一样，NFC 信息也是通过频谱中无线频率部分的电磁感应耦合方式传递，但两者之间还是存在很大的区别。首先，NFC 是一种提供轻松、安全、迅速的通信的无线连接技术，其传输范围比 RFID 小，RFID 的传输范围可以达到几米、甚至几十米，但由于 NFC 采取了独特的信号衰减技术，相对于 RFID 来说 NFC 具有距离近、带宽高、能耗低等特点。其次，NFC 与现有非接触智能卡技术兼容，目前已经成为得到越来越多主要厂商支持的正式标准。再次，NFC 还是一种近距离连接协议，提供各种设备间轻松、安全、迅速而自动的通信。与无线世界中的其他连接方式相比，NFC 是一种近距离的私密通信方式。最后，RFID 更多地被应用在生产、物流、跟踪、资产管理上，而 NFC 则在门禁、公交、手机支付等领域发挥着巨大的作用。NFC 应用场景如图 1－3－11 所示。

Note

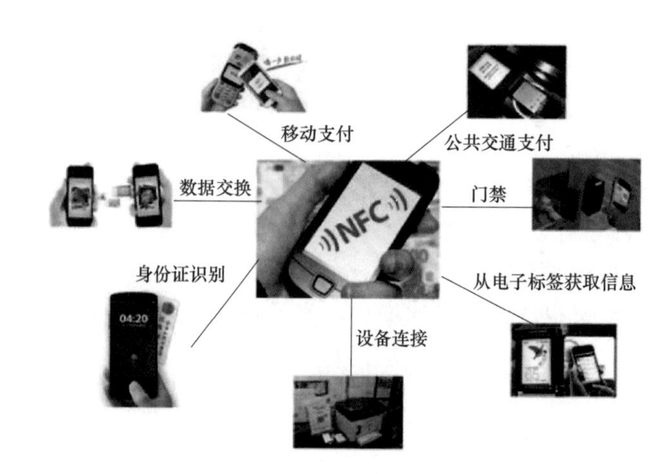

图 1-3-11　NFC 应用场景

NFC、红外、蓝牙同为非接触传输方式，它们具有各自不同的技术特征，可以用于各种不同的目的，其技术本身没有优劣差别。

NFC 手机内置 NFC 芯片，比原先仅作为标签使用的 RFID 更增加了数据双向传送的功能，这个进步使得其更加适合用于电子货币支付；特别是 RFID 所不能实现的，相互认证、动态加密和一次性钥匙（OTP）都能够在 NFC 上实现。NFC 技术支持多种应用，包括移动支付与交易、对等式通信及移动中信息访问等。通过 NFC 手机，人们可以在任何地点、任何时间，通过任何设备，与他们希望得到的娱乐服务与交易联系在一起，从而完成付款，获取海报信息等。NFC 设备可以用作非接触式智能卡、智能卡的读写器终端以及设备对设备的数据传输链路，其应用主要可分为以下四个基本类型：付款和购票、电子票证、智能媒体以及交换、传输数据。

3）发展前景

NFC 具有成本低廉、方便易用和更富直观性等特点，这让它在某些领域显得更具潜力。NFC 通过一个芯片、一根天线和一些软件的组合，能够实现各种设备在几厘米范围内的通信，而费用仅为 2～3 欧元。据 ABI Reasearch 有关 NFC 最新研究，NFC 市场可能发迹于移动手持设备。2005 年以后，市场出现了采用 NFC 芯片的智能手机和增强型手持设备。2009 年，这种手持设备将占一半以上的市场。至 2011 年全球基于移动电话的非接触式支付额将超过 360 亿美元。NFC 技术能普及，它在很大限度上改变人们使用许多电子设备的方式，甚至改变使用信用卡、钥匙和现金的方式。NFC 作为一种新兴的技术，大致总结了蓝牙技术协同工作能力差的弊病。不过，它的目标并非是完全取代蓝牙、Wi-Fi 等其他无线技术，而是在不同的场合、不同的领域起到相互补充的作用。因为 NFC 的数据传输速率较低，仅为 212 Kb/s，不适合诸如音视频流等需要较高带宽的应用。

5. 新兴无线通信技术

1）NB-IOT

窄带物联网（Narrow Band Internet of Things，NB-IOT）成为万物互联网络的一个重要分支。NB-IOT 构建于蜂窝网络，只消耗大约 180 kHz 的带宽，可直接部署于 GSM 网络、UMTS 网络或 LTE 网络，以降低部署成本、实现平滑升级。

NB－IOT 是 IOT 领域一个新兴的技术，支持低功耗设备在广域网的蜂窝数据连接，也被叫作低功耗广域网（LPWAN）。NB－IOT 支持待机时间长、对网络连接要求较高设备的高效连接。据说 NB－IOT 设备电池寿命可以提高至少 10 年，同时还能提供非常全面的室内蜂窝数据连接覆盖。

NB－IOT 具备四大特点：

（1）广覆盖，将提供改进的室内覆盖，在同样的频段下 NB－IOT 比现有的网络增益 20 dB，相当于提升了 100 倍覆盖区域的能力；

（2）具备支撑连接的能力，NB－IOT 一个扇区能够支持 10 万个连接，支持低延时敏感度、超低的设备成本、低设备功耗和优化的网络架构；

（3）更低功耗，NB－IOTT 终端模块的待机时间可长达 10 年；

（4）更低的模块成本，企业预期的单个接连模块不超过 5 美元。

NB－IOT 聚焦于低功耗广覆盖（LPWA）物联网（IOT）市场，是一种可在全球范围内广泛应用的新兴技术。其具有覆盖广、连接多、速率低、成本低、功耗低、架构优等特点。NB－IOT 使用 License 频段，可采取带内、保护带或独立载波三种部署方式，与现有网络共存。因为 NB－IOT 自身具备的低功耗、广覆盖、低成本、大容量等优势，使其可以广泛应用于多种垂直行业，如远程抄表、资产跟踪、智能停车、智慧农业等，如图 1－3－12 所示。

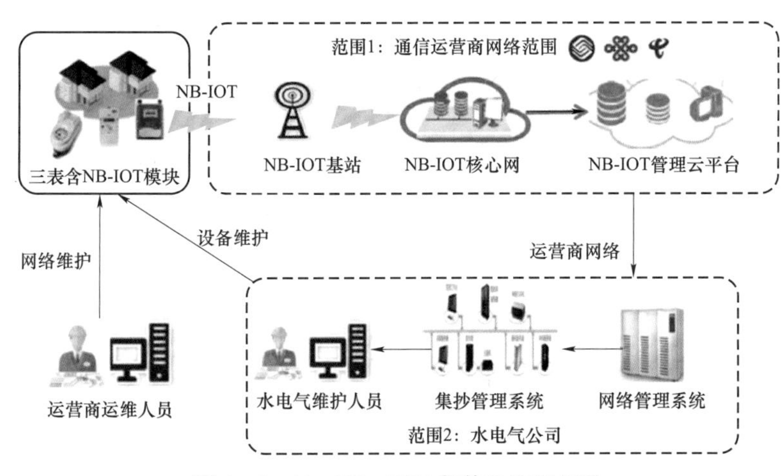

图 1－3－12 NB－IOT 架构及应用场景

2）LoRa

LoRa 是 Semtech 公司创建的低功耗局域网无线标准，低功耗一般很难覆盖远距离，远距离一般功耗高。LoRa 的名字就是远距离无线电（Long Range Radio），它最大特点就是在同样的功耗条件下比其他无线方式传播的距离更远，实现了低功耗和远距离的统一，它在同样的功耗下比传统的无线射频通信距离扩大 3～5 倍。

LoRa 传输距离：城镇可达 2～5 km，郊区可达 15 km。工作频率：ISM 频段包括 433 MHz、868 MHz、915 MHz 等。标准：IEEE802.15.4g。调制方式：基于扩频技术，线性调制扩频（CSS）的一个变种，具有前向纠错（FEC）能力，Semtech 公司私有专利技术。容量：一个 LoRa 网关可以连接上千上万个 LoRa 节点。电池寿命：长达 10 年。安全：AES128 加密。传输速率：几十到几百 kb/s，速率越低传输距离越长。LoRa 架构及应用场景如图 1－3－13 所示。

Note

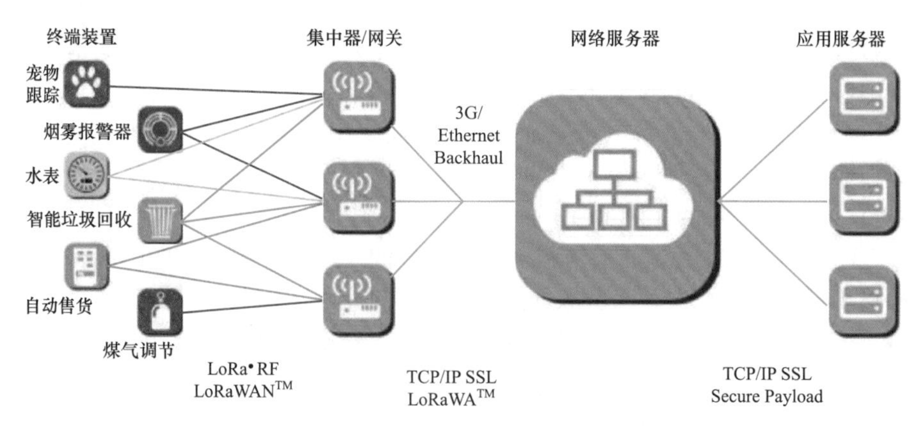

图 1-3-13　LoRa 架构及应用场景

6. ZigBee 无线通信

1）定义

ZigBee 是基于 IEEE802.15.4 标准的低功耗个域网协议。根据这个协议规定的技术是一种短距离、低功耗的无线通信技术。这一名称来源于蜜蜂的八字舞，由于蜜蜂（bee）是靠飞翔和“嗡嗡”（zig）地抖动翅膀的“舞蹈”来与同伴传递花粉所在方位信息，也就是说蜜蜂依靠这样的方式构成了群体中的通信网络。其特点是近距离、低复杂度、自组织、低功耗、低数据速率、低成本，主要适合用于自动控制和远程控制领域，可以嵌入各种设备。简而言之，ZigBee 就是一种便宜的、低功耗的近距离无线组网通信技术。

2）ZigBee 起源

ZigBee，在中国被译为“紫蜂”，是一种新兴的短距离无线技术。

2001 年 8 月，ZigBee Alliance 成立。

2004 年，ZigBee V1.0 诞生，它是 ZigBee 的第一个规范。

2006 年，推出 ZigBee 2006，比较完善。

2007 年底，ZigBee PRO 推出。

2009 年 3 月，ZigBee RF4CE 推出，具备更强的灵活性和远程控制能力。

ZigBee 的底层技术基于 IEEE802.15.4，物理层和 MAC 层直接引用了 IEEE802.15.4，在蓝牙技术的使用过程中，人们发现蓝牙技术尽管有许多优点，但仍存在许多缺陷。对工业、家庭自动化控制和工业遥测遥控领域而言，蓝牙技术显得太复杂，功耗大，距离近，组网规模太小等，而工业自动化，对无线数据通信的需求越来越强烈，而且，对于工业现场，这种无线数据传输必须是高可靠的，并能抵抗工业现场的各种电磁干扰。因此，经过人们长期努力，ZigBee 协议在 2003 年正式问世。另外，Zigbee 使用了之前所研究过的面向家庭网络的通信协议 Home RF Lite。

长期以来，低价、低传输率、短距离、低功率的无线通信市场一直存在着。自从 Bluetooth 出现以后，曾让工业控制、家用自动控制、玩具制造商等从业者雀跃不已，但是 Bluetooth 的售价一直居高不下，严重影响了这些厂商的使用意愿。如今，这些从业者都参加了 IEEE802.15.4 小组，负责制定 ZigBee 的物理层和媒体介质访问层。IEEE802.15.4 规范是一种经济、高效、低数据速率（<250 kb/s）、工作在 2.4 GHz 和 868/928 MHz 的无线技

Note

术，用于个人区域网和对等网络。它是 ZigBee 应用层和网络层协议的基础。ZigBee 是一种新兴的近距离、低复杂度、低功耗、低数据速率、低成本的无线网络技术，它是一种介于无线标记技术和蓝牙之间的技术提案，主要用于近距离无线连接。它依据 802.15.4 标准，在数千个微小的传感器之间相互协调实现通信。这些传感器只需要很少的能量，以接力的方式通过无线电波将数据从一个网络节点传到另一个节点，所以它们的通信效率非常高。

■ 【课程思政】思考感悟

通过大量传感器节点在协调器统一调度下，协同完成安防报警、状态监测、目标跟踪等工作任务，体现核心意识和团队协作精神。查看并学习以下文档。

《党在新时期的新要求："四个意识"》

谈一谈你的感想：

3）ZigBee 技术优势

（1）低功耗。在低耗电待机模式下，2 节 5 号干电池可支持 1 个节点工作 6～24 个月，甚至更长，这是 ZigBee 的突出优势。相比较，蓝牙能工作数周、Wi－Fi 可工作数小时。现在，TI 公司和德国的 Micropelt 公司共同推出新能源的 ZigBee 节点。该节点采用 Micropelt 公司的热电发电机给 TI 公司的 ZigBee 提供电源。

（2）低成本。通过大幅简化协议（不到蓝牙的 1/10），降低了对通信控制器的要求，按预测分析，以 8051 的 8 位微控制器测算，全功能的主节点需要 32 kB 代码，子功能节点少至 4 kB 代码，而且 ZigBee 免协议专利费。每块芯片的价格大约为 2 美元。

（3）低速率。ZigBee 工作在 20～250 kb/s 的较低速率，分别提供 250 kb/s（2.4 GHz）、40 kb/s（915 MHz）和 20 kb/s（868 MHz）的原始数据吞吐率，满足低速率传输数据的应用需求。

（4）近距离。传输范围一般介于 10～100 m，在增加 RF 发射功率后，亦可增加到 1～3 km，这指的是相邻节点间的距离。如果通过路由和节点间通信的接力，传输距离将可以更远。

（5）短时延。ZigBee 的响应速度较快，一般从睡眠转入工作状态只需 15 ms，节点连接进入网络只需 30 ms，进一步节省了电能。相比较，蓝牙需要 3～10 s、Wi－Fi 需要 3 s。

（6）高容量。ZigBee 可采用星状、片状和网状网络结构，由一个主节点管理若干子节点，最多一个主节点可管理 254 个子节点；同时主节点还可由上一层网络节点管理，最多可组成 65 000 个节点的大网。

（7）高安全。ZigBee 提供了三级安全模式，包括无安全设定、使用接入控制清单（ACL）防止非法获取数据以及采用高级加密标准（AES128）的对称密码，以灵活确定其安全属性。

（8）免执照频段。采用直接序列扩频在工业科学医疗（ISM）频段，2.4 GHz（全球）、915 MHz（美国）和 868 MHz（欧洲）。

Note

4）ZigBee 协议栈

完整的 ZigBee 协议栈自下而上由物理层、媒体访问控制层、网络层、应用支持子层和应用层构成，在每一层上分别执行数据传输等特定的服务，其中，数据传输服务主要由数据实体来完成，其他的所有服务主要由管理实体来完成。在 ZigBee 协议栈中，每一个服务实体都通过服务接入点（SAP）为上一层提供接口。IEEE802.15.4 标准只定义了两个层：物理层（PHY）和数据链路的媒体访问控制子层（MAC），在 ZigBee 协议中，基于这两个较低的层，又建立了网络层（NWK）和应用层（AF），其中，应用层主要由 ZigBee 设备对象（ZDO）、应用支持子层（APS）和制造商定义的应用对象组成。制造商定义的应用对象使用构架层和 ZDO 共享 APS 等服务。ZigBee 协议栈的架构如图 1-3-14 所示。

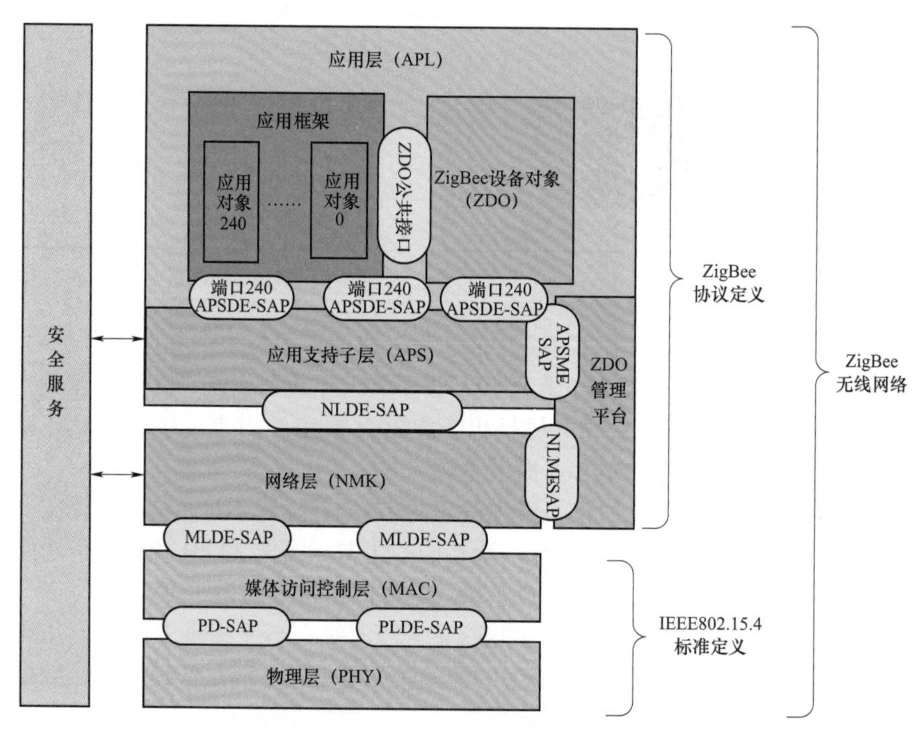

图 1-3-14　ZigBee 协议栈的架构

（1）应用层规范。

如图 1-3-14 所示，应用支持子层（APS）是网络层（NWK）和应用层（APL）之间的接口，该接口包括了一系列的可以被 ZigBee 设备对象（ZDO）和用户自定义应用对象所调用的服务，服务主要通过两个实体来提供：APS 数据实体（APSDE）和 APS 管理实体（APSME）。前者通过 APSDE 服务接入点（APSDE-SAP），主要在位于同一网络的多个应用实体之间提供数据传输的服务；后者通过 APSME 服务接入点（APSME-SAP），提供的服务主要有以下几项：

① 发出应用层 PDU（APDU）：ASPDE 会接收应用 PDU，并通过增加合适的协议开销发出有一个 APS PDU；

② 绑定：一旦两个设备绑定，APSDE 就可以从一个绑定设备传输一个信息给第二个设备；

③ 可靠传输：在网络层采用端到端重试，增加了事务的可靠性；

④ 重复拒绝：传输所提供的信息将不会被多次接收；

⑤ 分裂：可以分裂和重组于一个网络层帧负载的信息。

（2）网络层规范。

网络层必须从功能上为 IEEE802.15.4MAC 子层提供支持，并为应用层提供一个合适的服务接口。为了实现和应用层之间的通信，网络层主要通过数据服务和管理服务两种方式来提供必要的功能。这两种服务的服务实体分别是数据实体（NLDE）和管理实体（NLME），网络层数据实体通过其相关的 SAP 提供了数据传输服务，而管理实体通过其相关的 SAP 提供了管理服务。数据实体主要提供产生网络层协议数据单元、分配拓扑结构的路由策略等服务；管理实体主要提供配置新设备、网络建立、寻址、发现邻居、接受控制等服务。

（3）MAC 层规范。

MAC 层在物理层之上，为汇聚子层（SSCS）和物理层之间提供接口。MAC 层在概念上提供了一个调用 MAC 层管理功能的管理服务接口，主要提供两种服务，分别通过两个 SAP 进行访问：MAC 层数据服务和 MAC 层管理服务。MAC 层数据服务主要是数据传输服务，由公共部分子层服务接入点提供，通过提供一个物理层和上层协议之间的数据传输接口，从而实现数据的发送、接收等服务。MAC 层管理服务允许 MAC 层管理实体和上层进行传输管理指令。

（4）物理层规范。

物理层通过射频连接件和硬件提供 MAC 子层和物理无线信道之间的接口，从概念上提供了一个用于调用物理层管理功能的管理服务接口，主要提供物理层的数据服务和管理服务。物理层数据服务通过接入点从无线物理信道上进行数据收发，物理层管理服务通过接入点主要维护由物理层的相关数据所组成的数据库。物理层模型如图 1－3－15 所示。

物理层的数据服务主要有以下 5 个方面：

① 休眠、激活射频收发器；

② 发送链路质量的指示；

③ 当前信道的能量检测；

④ CSMA/CA 的空闲信道评估；

⑤ 数据的发送与接收。

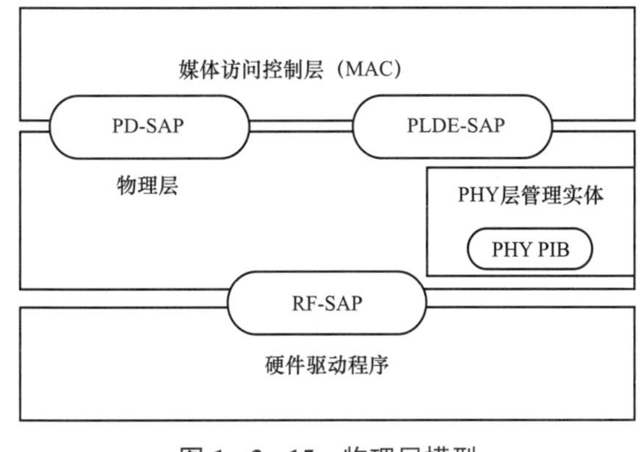

图 1－3－15　物理层模型

1.3.2 CC2530 芯片介绍

1. CC2530 芯片概况

CC2530 是 IEEE802.15.4、ZigBee 和 RF4CE 应用的一个真正的片上系统（SoC）解决方案，它结合了领先的 RF 收发器的优良性能，可以保证短距离通信的可靠性和有效性。CC2530 只需少量的外围元器件，外围电路主要包括射频输入/输出匹配电路、微控制器接口电路和晶振时钟电路等部分。芯片本振信号如果由内部电路来提供，则需外加两个负载电容和一个晶体振荡器，电容的大小取决于晶体频率及输入容抗等参数。射频 I/O 匹配电路主要用来匹配芯片的输入输出阻抗，使其输入输出阻抗为 50 Ω，同时为芯片内部的 PA 及 LNA 提供直流偏置。

CC2530 芯片可大致分为 3 类模块：CPU 和相关存储器模块，外设、时钟和电源管理模块，无线模块。常见 ZigBee 芯片及其性能参数如表 1－3－1 所示。

表 1－3－1　常见 ZigBee 芯片及及其性能参数

各厂商及芯片型号	Jennic（JN5148）	TI（Chipcon）（CC2530）	Freescal（MC13192）	EMBER（EM260）	ATMEL（LINK-23X）	ATMEL（Link－212）
工作频率/Hz	2.4～2.485 G	2.4～2.485 G	2.4～2.485 G	2.4～2.485 G	2.4～2.485 G	779～928 M
可用频段数/个	16	16	16	16	16	4
无线速率/（kbit • s^{-1}）	250	250	250	250	250～2 000	20～1 000
发射功率/dBm	+2.5	+4.5	+3.6	+3	+3	+10
接收灵敏度/dBm	－97	－97	－92	－97	－101	－110
最大发射电流/mA	15	35	35	37.5	21	30
最大接收电流/mA	18	24	42	41.5	20	14
休眠电流/μA	0.2	1	1	1	0.28	0.5
工作电压范围/V	2.0～3.6	2.0～3.6	2.0～3.4	2.1～3.6	1.8～3.6	1.8～3.6
硬件自动 CSMA－CA	有	有	无	无	有	有
硬件自动帧重发	有	无	无	无	有	有
硬件自动帧确认	有	无	无	无	有	有
硬件自动地址过渡	有	有	无	无	有	有
硬件 FCS 计算功能	有	有	有	有	有	有
硬件清除无线通道确认	有	有	无	无	有	有
硬件 RSSI 计算功能	有	有	有	有	有	有

Note

续表

各厂商及芯片型号	Jennic（JN5148）	TI（Chipcon）（CC2530）	Freescal（MC13192）	EMBER（EM260）	ATMEL（LINK-23X）	ATMEL（Link－212）
硬件 AES/DES	有	有		有	有	有
硬件开放度	不开放	部分开放	部分开放	部分开放	全开放	全开放

2. 增强型 8051 内核

CC2530 集成了增强工业标准 8051 内核 MCU 核心，该核心使用标准 8051 指令集。每个指令周期中的一个时钟周期与标准 8051 每个指令周期中的 12 个时钟周期相对应，并且取消了无用的总线状态，因此其指令执行速度比标准 8051 快。由于指令周期在可能的情况下包含了取指令操作所需的时间，故绝大多数单字节指令在一个时钟周期内完成。除了速度改进之外，增强的 8051 内核也包含了下列增强的架构：第二数据指针；扩展了 18 个中断源。

该 8051 内核的目标代码与工业标准 8051 微控制器目标代码兼容。但是，由于与标准 8051 使用不同的指令定时，现有的带有定时循环的代码可能需要修改。此外，由于外接设备单元比如定时器的串行端口不同于它们在其他的 8051 内核，包含有使用外接设备单元特殊功能寄存器 SFR 的指令代码将不能正常运行。

Flash 预取默认是不使能的，提高了 CPU 高达 33%的性能。这是以功耗稍有增加为代价的，但是因为它更快，所以在大多数情况下提高了能源消耗，可以在 FCTL 寄存器中使能 Flash 预取。

思考：传感器节点为什么要采用近距离低速协议进行通信？

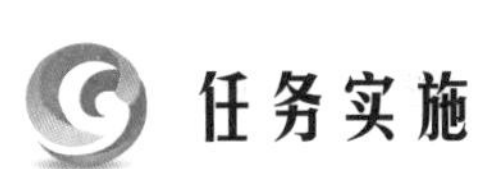

任务实施

节点程序分析与烧写

1.3.3　节点类型及结构分析

1. NEWLab 实训平台简介

本书配套实训设备为北京新大陆教育时代科技有限公司研制的 NEWLab 实训平台，该平台包括实验平台底板和若干模块。其中，实验平台底板如图 1－3－16 所示，至少支持 8 个通用实验模块插槽，支持 8 个不同模块同时联动实验；每个实验槽包含 2 路 DC 电源与 2 路 UART 通信通道；底板与模块的连接方式采用磁性吸合方式可方便拆装，不接受螺栓或针脚的固定方式；平台需能提供 3 组不同电压的电源，可以为外部设备及扩展电路供电。独立电源额定电流要求为：DC 3.3 V 1 000 mA、DC 5 V 1 000 mA、DC 12 V 1 000 mA。

其中，本书中所涉及的无线传感器网络系统相关模块如图 1－3－17 所示，具体包括：ZigBee 通信模块（协调器节点、终端节点）；采集模块——红外传感模块、湿度传感模块、温度/光照传感模块、超声波传感模块；执行模块——继电器模块、指示灯模块、风扇模块。

Note

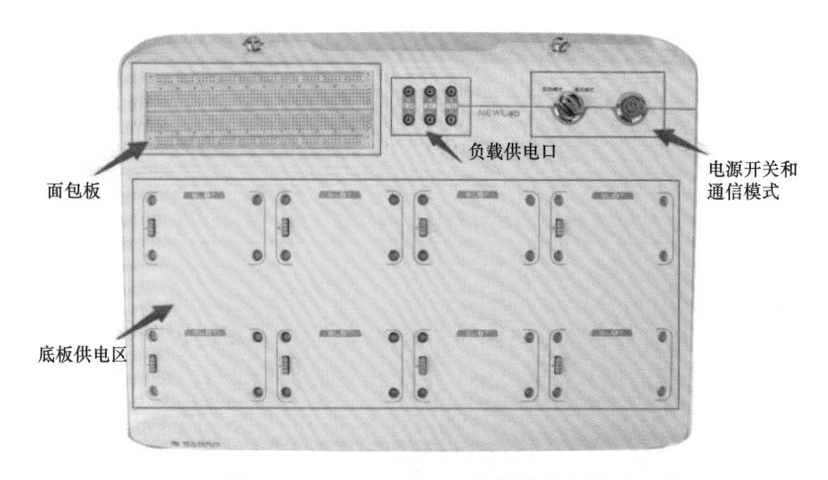

图 1-3-16　NEWLab 实训平台底板

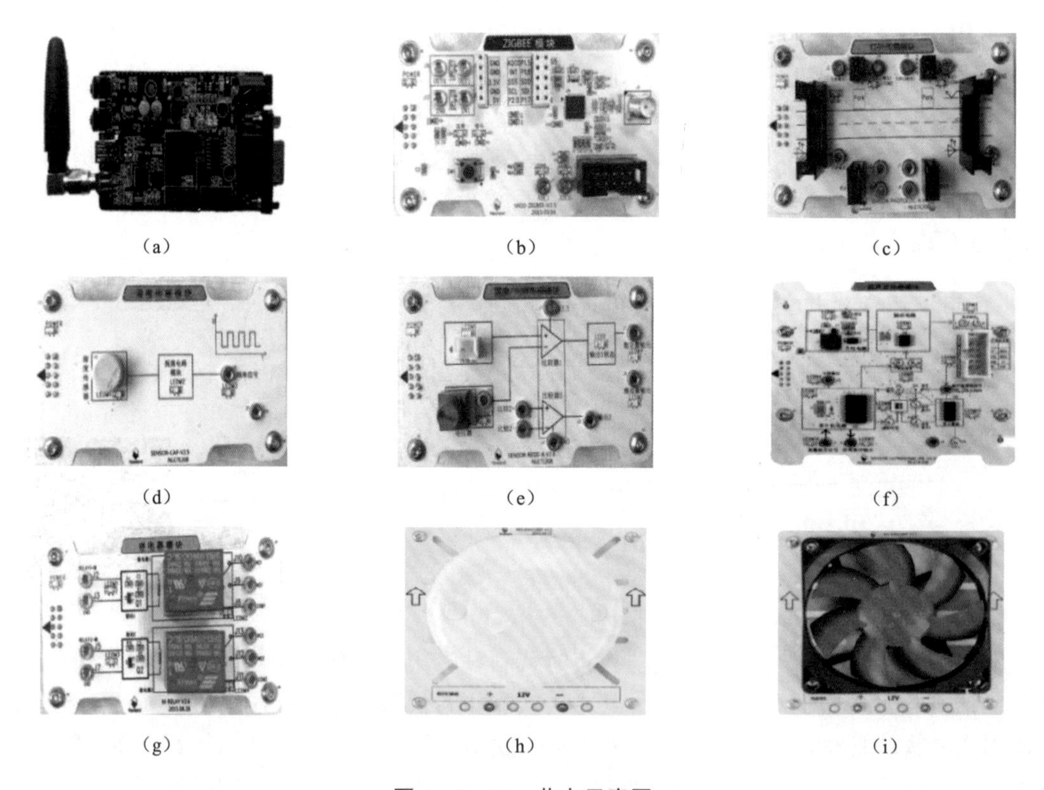

图 1-3-17　节点示意图

（a）ZigBee 协调器节点；（b）ZigBee 终端节点；（c）红外传感模块；（d）湿度传感模块；（e）温度/光照传感模块；（f）超声波传感模块；（g）继电器模块；（h）指示灯模块；（i）风扇模块

各模块功能如表 1-3-2 所示。

Note

表 1-3-2　模块功能

模块	名称	功能
ZigBee 通信模块	协调器节点	结构包含 CC2530 芯片、天线、串口、烧写口、指示灯、复位键、外部电路等； 实现 ZigBee 无线通信
	终端节点	
采集模块	红外传感模块	支持 2 路红外对射、2 路红外漫反射； 支持 4 路数字量输出、4 路指示灯显示
	湿度传感模块	内含电容型湿度传感器； 支持湿度值脉冲信号输出
	温度/光照传感模块	内含 NTC、PTC、光敏电阻型传感器； 支持模拟量 AD 输出功能
	超声波传感模块	内含 4 路线性霍尔传感器； 支持 4 路模拟量 AD 输出
执行模块	继电器模块	两路 5 V 控制继电器；支持在线控制功能； 相当于执行器模块的“开关”
	指示灯模块	DC12 V LED 照明灯
	风扇模块	DC12 V 散热风扇

2. 传感器节点结构分析

传感器节点的基本硬件功能模块如图 1-3-18 所示，主要有处理单元、无线收发单元、传感单元和电源管理单元等几部分组成。

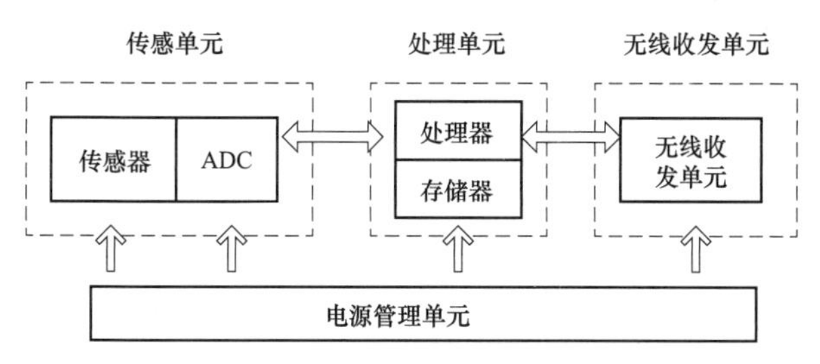

图 1-3-18　传感器节点的基本硬件功能模块

请根据结构图填空

（1）传感单元主要用于获取信息，并将其转化成________；

（2）传感单元主要由________、________等构成；

（3）处理单元是传感器节点的________，主要负责协调和控制传感节点各部分的工作，各层的通信协议、数据融合等数据处理也是处理单元来实现的；

（4）无线收发单元由________和________组成，主要负责收发数据和交换控制信息；

（5）电源管理单元是任何电子系统的________，为传感器节点提供正常工作所需的能源。

Note

1.3.4 传感器节点程序分析

【1+X 证书考点】

3.1.1 能根据 ZigBee 开发指南，运用 ZigBee 开发知识，熟练搭建开发环境并使用仿真器进行调试下载。

1. IAR 集成开发环境介绍

IAR Embedded Workbench 是一套完整的集成开发工具集合：包括从代码编辑器、工程建立到 C/C++编译器、连接器和调试器的各类开发工具。它和各种仿真器、调试器紧密结合，使用户在开发和调试过程中，仅仅使用一种开发环境界面，就可以完成多种微控制器的开发工作。

除上述的几点之外，在 IAR Embedded Workbench，IAR Systems 还提供了 visualSTATE 和 IAR MakeApp 两套图形开发工具帮助开发者完成应用程序的开发，它可以根据设计自动生成应用程序代码和自动生成驱动程序，使开发者摆脱这些耗时的任务同时保证了代码的质量。IAR 集成开发环境如图 1－3－19 所示。

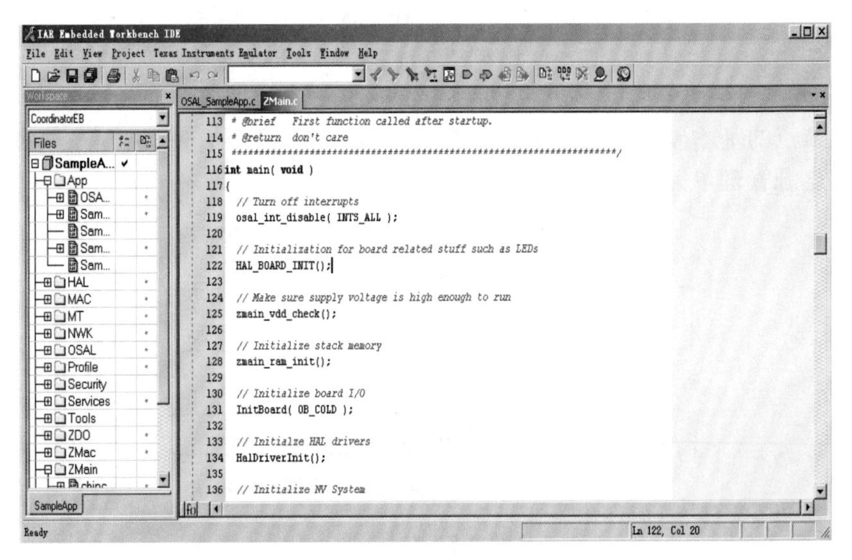

图 1－3－19 IAR 集成开发环境

IAR Embedded Workbench 集成的编译器主要产品特征：

（1）高效 PROMable 代码；

（2）完全标准 C 兼容；

（3）内建对应芯片的程序速度和大小优化器；

（4）目标特性扩充；

（5）版本控制和扩展工具支持良好；

（6）便捷的中断处理和模拟；

（7）瓶颈性能分析；

Note

（8）高效浮点支持；
（9）内存模式选择；
（10）工程中相对路径支持。

2. ZigBee 主程序结构分析

传感器节点中的程序是在 IAR 集成开发环境中进行编写的，主程序比较复杂，要理解和会编写 ZigBee 节点程序，需要有较好的 C 语言基础。在这里，我们分析下 ZigBee 主程序的基本组成部分，如需进一步了解全部程序，可到课程资源库中进行下载。

ZigBee 主程序的基本结构如图 1－3－20 所示。

【请根据程序流程，完成程序代码填空】

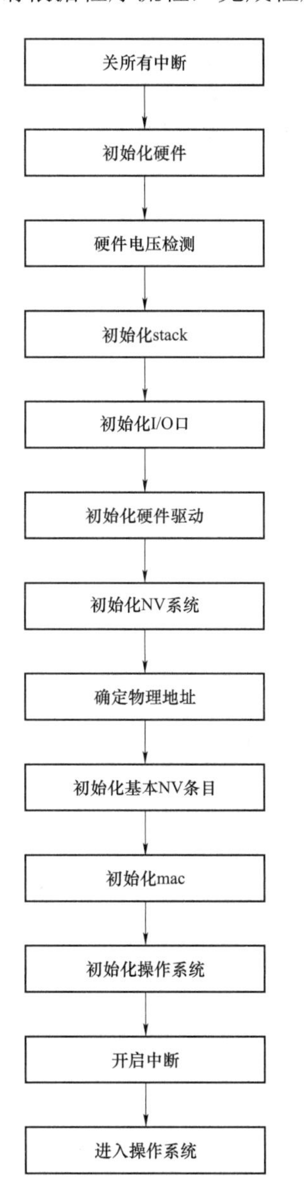


```
main( void )
//主函数的功能就是完成初始化任务，然后进入 OSAL
{
// Turn off interrupts/*关闭中断*/
osal_int_disable( 【________】 );
// Initialize HAL/*初始化硬件*/
HAL_BOARD_INIT(【________】);
// Make sure supply voltage is high enough to run
/*电压检测，确保芯片能正常工作的电压*/
zmain_vdd_check(【________】);
// Initialize stack memory
/*初始化 stack 存储区*/
zmain_ram_init( );
// Initialize board I/O
/*初始化板载 I/O*/
InitBoard( 【________】);
// Initialze HAL drivers
/*初始化硬件驱动*/
【________】( );
// Initialize NV System
/*初始化 NV 系统*/
osal_nv_init( 【________】);
// Determine the extended address
/*确定扩展地址（64 位 IEEE/物理地址）*/
zmain_ext_addr( );
// Initialize basic NV items
/*初始化基本 NV 条目*/
【________】( );
// Initialize the MAC
/*初始化 MAC*/
ZMacInit( );
// Initialize the operating system
/*初始化操作系统*/
osal_init_system(【________】);
// Allow interrupts
/*开启中断*/
osal_int_enable( 【________】);
// Final board initialization
/*最终板载初始化*/
InitBoard( 【________】);
// Display information about this device
/*显示设备信息*/
zmain_dev_info( );
【________】( );//没有返回，即进入操作系统，应用程序在此运行!!!
}
```

图 1－3－20　ZigBee 主程序的基本结构

Note

1.3.5 节点程序烧写

【1+X 证书考点】

3.1.1 能根据 ZigBee 开发指南，运用 ZigBee 开发知识，熟练搭建开发环境并使用仿真器进行调试下载。

1. CC2530 仿真器连接

利用 CC2530 仿真器连接协调器节点和计算机，其连接方式如图 1－3－21 所示。

图 1－3－21 仿真器连接方式

2. CC2530 多功能仿真器驱动安装

（1）按照图 1－3－21 完成连接后，Windows7 以上系统找到新硬件并跳出如下自动安装对话框，会根据新硬件自动安装所需驱动，如图 1－3－22 所示。

图 1－3－22 系统找到仿真器

（2）如果系统自动安装失败，可以下载驱动精灵或者驱动人生，搜索硬件驱动并安装，如图 1－3－23 所示。

（3）安装完驱动后提示完成对话框，单击“完成”按钮结束驱动程序的安装。

3. SmartRF Flash Programmer 软件安装

SmartRF 闪存编程器可用于对德州仪器（TI）射频片上系统器件中的闪存进行编程，并

Note

图 1－3－23　找到驱动路径并安装驱动文件

对 SmartRF04EB、SmartRF05EB 和 CC2430DB 上找到的 USB MCU 中的固件进行升级。此外，闪存编程器还可通过 MSP－FET430UIF 和 eZ430 软件狗对 MSP430 器件的闪存进行编程。

（1）单击 Setup_SmartRFProgr_1.7.1.exe 进行安装，出现如图 1－3－24 所示界面。

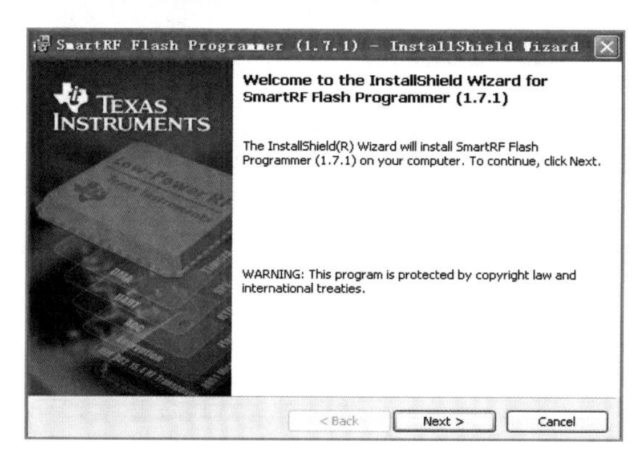

图 1－3－24　SmartRF 安装界面

（2）单击“Next”至下一步，出现如图 1－3－25 所示界面。

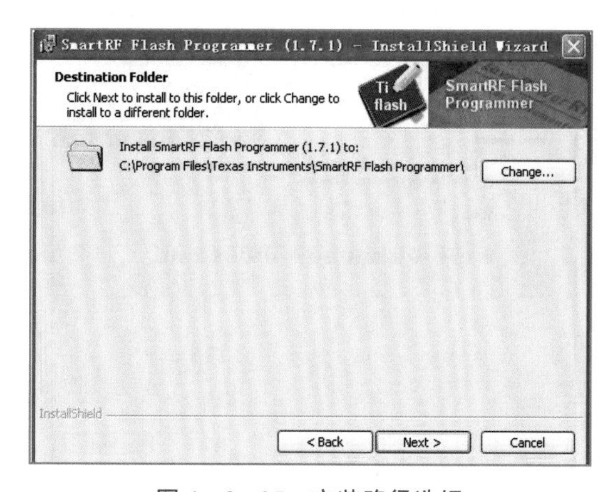

图 1－3－25　安装路径选择

Note

（3）选择安装路径，单击“Next”到下一步。如图 1－3－26 所示，需要选择完全安装或是自定义安装，一般选择完全安装。

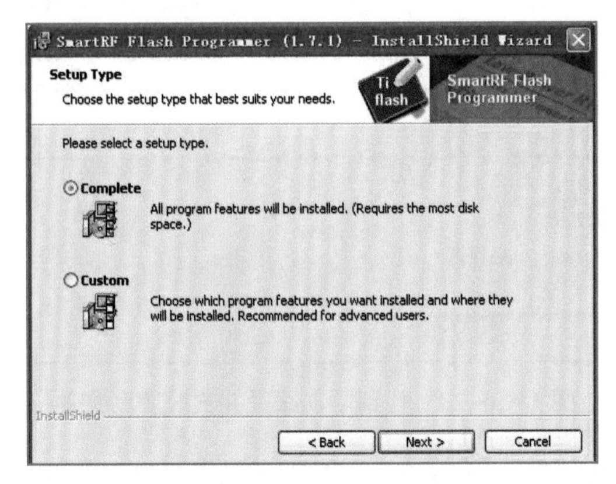

图 1－3－26　选择完全安装

（4）单击“Next”到下一步，出现如图 1－3－27 所示界面。

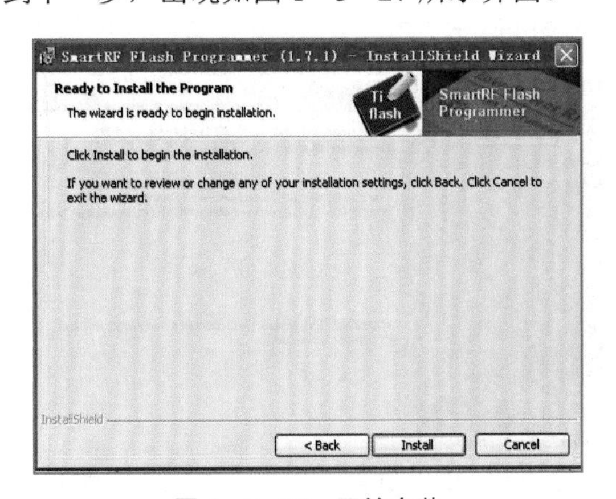

图 1－3－27　开始安装

（5）单击 Install 开始安装，如图 1－3－28 所示，显示安装进度。当进度到 100%时，它将跳到下一个界面，如图 1－3－29 所示，选择是否创建桌面快捷方式，安装完成。

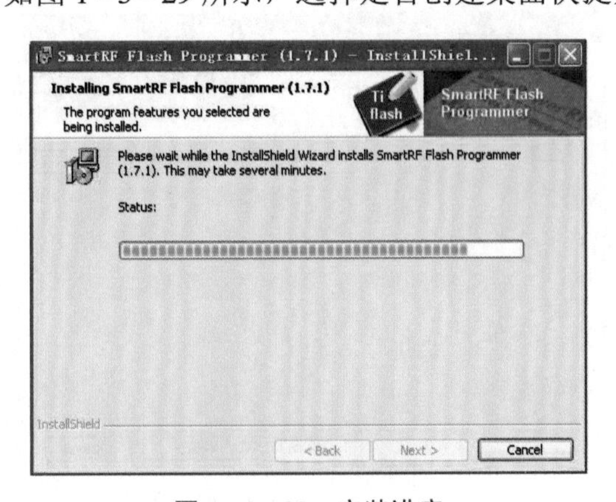

图 1－3－28　安装进度

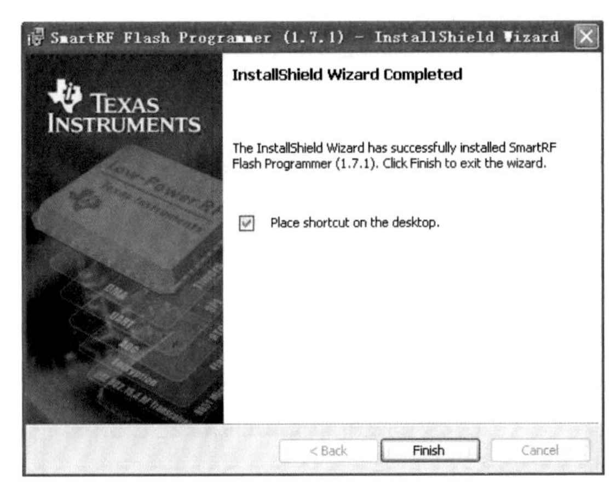

图 1－3－29　安装完成

4. 传感器节点程序烧写

（1）双击桌面快捷按钮，打开 SmartRF Flash Programmer，如图 1－3－30 所示。

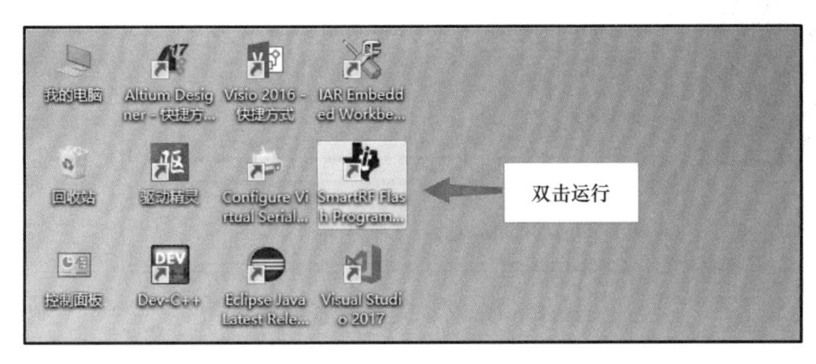

图 1－3－30　打开 SmartRF Flash Programmer

（2）单击仿真器上复位按钮，会提示软件找到 CC2530 芯片，如图 1－3－31 所示。

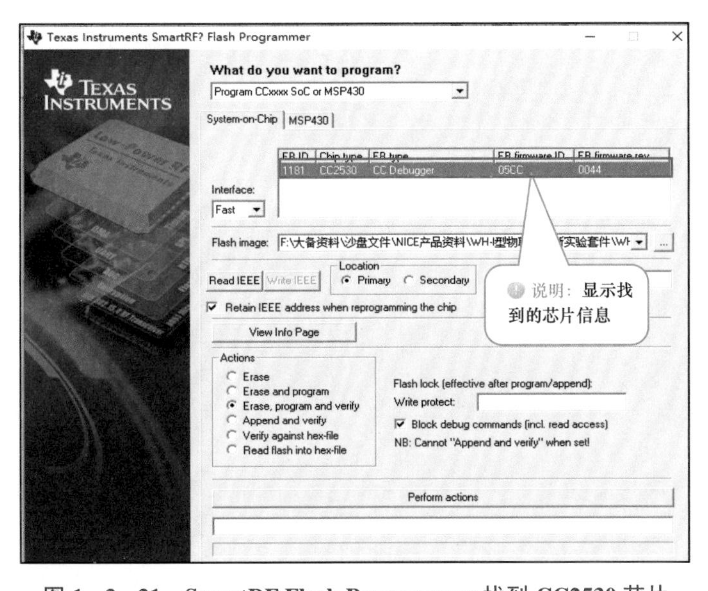

图 1－3－31　SmartRF Flash Programmer 找到 CC2530 芯片

Note

思考：如果单击仿真器上的复位按钮，却始终无法找到CC2530芯片，应该如何解决和处理？

（3）找到所要烧写文件的路径，选择已编写好的.Hex 文件，单击 Perform actions 开始进行文件的烧写，如图1-3-32所示。

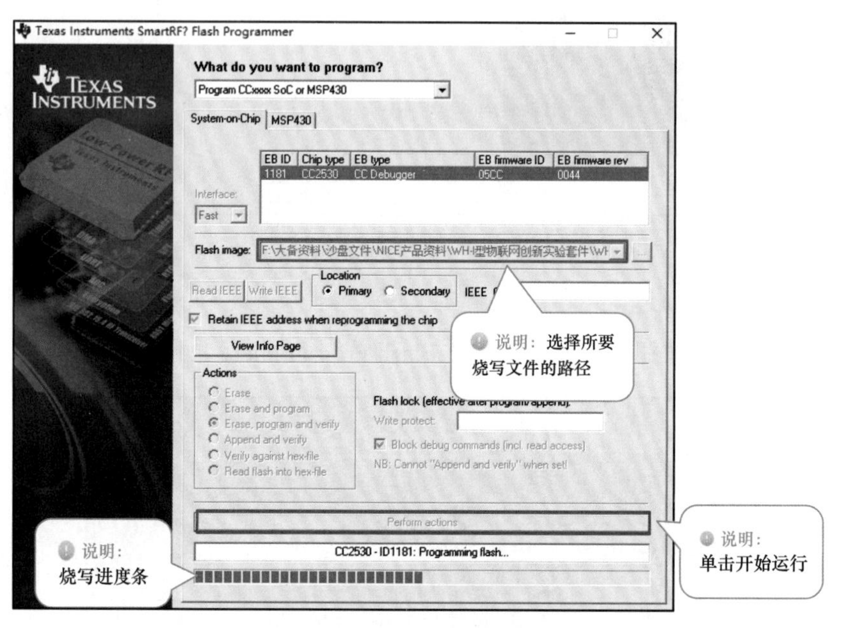

图1-3-32　文件烧写进展

提示：在本实训平台中，ZigBee各类终端节点和协调器节点烧录的程序不同，如果烧写错误将导致节点无法正常通信。

（4）程序烧写完毕后，节点即可通过ZigBee协议进行数据传输。

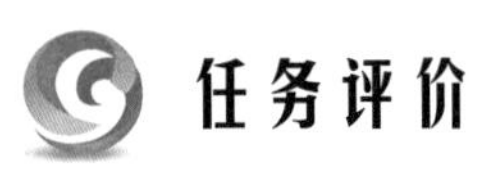

任务评价

任务评价表如表1-3-3所示，总结反思如表1-3-4所示。

表1-3-3　任务评价表

评价类型	赋分	序号	具体指标	分值	得分		
					自评	组评	师评
职业能力	55	1	传感器结构功能填写正确	10			
		2	传感器节点代码编写正确	10			
		3	协调器节点代码编写正确	10			
		4	烧录器连接正确	5			
		5	烧录器驱动安装正确	5			
		6	烧写软件安装正确	5			
		7	节点程序烧写正确	10			
职业素养	20	1	坚持出勤，遵守纪律	5			
		2	协作互助，解决难点	5			
		3	按照标准规范操作	5			
		4	持续改进优化	5			
劳动素养	15	1	按时完成，认真填写记录	5			
		2	保持工位卫生、整洁、有序	5			
		3	小组分工合理性	5			
思政素养	10	1	完成思政素材学习	5			
		2	对“四个意识”的认识（从层次深度进行主观评价）	5			
总分				100			

表1-3-4　总结反思

总结反思	
• 目标达成：知识 □□□□□　　能力 □□□□□　　素养 □□□□□	
• 学习收获：	• 教师寄语： 签字：＿＿＿＿＿＿
• 问题反思：	

课后任务

（1）ZigBee 传输速率低，传输数据量少，信号的收发时间短。在非工作状态下，节点处于______。而由睡眠模式启动至工作模式，设备搜索时间仅需____。通过上述机制，普通电池就可支持 ZigBee 节点运转长达________。

（2）在没有协调器的情况下，一个无线传感器网络最多可容纳___个网络节点。若是有协调器的加入，无线传感器网络最多可扩充到____个 ZigBee 节点，再加上各个网络协调器相互连接，则可使整个无线传感器网络节点数目变得十分可观。

（3）ZigBee 技术是一种__________________的双向无线通信技术或无线网络技术，是一组基于 IEEE802.15.4 无线标准研制开发的有关组网、安全和应用软件方面的通信技术。

（4）ZigBee 协议规范使用了_________定义的________和__________，并在此基础上定义了网络层（NWK）和应用层（APL）架构。

（5）随着通信技术的迅速发展，人们提出了在自身附近几米范围内通信的要求，因此就出现了个人区域网络（Personal Area Network，PAN）和无线个人区域网络（Wireless Personal Area Network，WPAN）的概念。IEEE802.15.4 是 IEEE 针对_______制定的无线通信标准。

（6）IEEE802.15.4 支持两种网络拓扑，即_____或当通信线路超过 10 m 时的_______。

（7）IEEE802.15.4 工作在工业科学医疗（ISM）频段，它定义了两种物理层，即____和___物理层。两种物理层都基于直接序列扩频（Direct Sequence Spread Spectrum，DSSS），使用相同的物理层数据包格式，区别在于工作频率、调制技术、扩频码片长度和传输速率。免许可证的_____全世界都有，而 868 MHz 和 915 MHz 的 ISM 频段分别只在欧洲和北美有。

（8）在 IEEE802.15.4 中定义了两种器件：_______和______。对全功能器件，要求它支持所有的 49 个基本参数。而对简化功能器件，在最小配置时只要求它支持 38 个基本参数。

（9）_____是 IEEE802.15.4 最重要的特点。因为对电池供电的简单器件而言，更换电池的花费往往比器件本身的成本还要高。在有些应用如嵌在汽车轮胎中的气压传感器或高密度布设的大规模传感器网中，更换电池不仅麻烦，而且实际上是不可行的。

（10）在 IEEE802.15.4 的数据传输过程中引入了几种延长器件电池寿命或节省功率的机制多数是基于信标使能的方式，主要是________________________。

（11）安全性是 IEEE802.15.4 的另一个重要问题。为了提供灵活性和支持简单器件，IEEE802.15.4 在数据传输中提供了__________。第一级实际是________，对于某种应用，如果安全性并不重要或者上层已经提供足够的安全保护，器件就可以选择这种方式来转移数据。对于第二级安全性，__________。第三级安全性在_____。AES 可以用来保护数据净荷和防止攻击者冒充合法器件，但它不能防止攻击者在通信双方交换密钥时通过窃听来截取对称密钥。为了防止这种攻击，可以采用公钥加密。

（12）物理层定义了_______________。物理层数据服务是从无线物理信道上收发数据，物理层管理服务维护一个由物理层相关数据组成的数据库。

（13）IEEE802.15.4 规范的物理层定义了三个载波频段用于收发数据：868～868.6 MHz、902～928 MHz 和 2 400～2 483.5 MHz。在这三个频段上发送数据使用的速率、信号处理过程以及调制方式等方面都存在着一定的差异，其中 2 400 MHz 频段的数据传输速率为_________，915 MHz、868 MHz 分别为 40 kbit/s 和 20 kbit/s。

（14）IEEE802.15.4 规范定义了____个物理信道，信道编号从___至____，每个具体的信道对应着一个中心频率，这 27 个物理信道覆盖了以上 3 个不同的频段。其中，2 400 MHz 频段定义了 16 个信道（11～26 号信道）。

（15）ZigBee 硬件设备不能同时兼容两个工作频段，在选择时，应符合当地无线电管理委员会的规定。由于 868～868.6 MHz 频段主要用于欧洲，902～928 MHz 频段用于北美，而 2 400～2 483.5 MHz 频段可以用于全球，因此在中国所采用的都是____MHz 的工作频段。

（16）MAC 层提供两种服务：_____________。前者保证 MAC 协议数据单元在物理层数据服务中的正确收发，而后者从事 MAC 层的管理活动，并维护一个信息数据库。

（17）____年____月成立的 ZigBee 联盟就是一个针对 LR－WPAN 网络而成立的产业联盟。该联盟致力于近距离、低复杂度、低数据速率、低成本的无线网络技术。他们开发的技术被称为 ZigBee 技术，该技术希望被部署到商用电子、住宅及建筑自动化、工业设备监测、PC 外设、医疗传感设备、玩具以及游戏等其他无线传感和控制领域当中。

（18）ZigBee 技术是一组基于______无线标准研制开发的有关组网、安全和应用软件方面的通信技术。

（19）ZigBee 技术的命名主要来自人们对蜜蜂采蜜过程的观察，蜜蜂在采蜜的过程中跳着优美的舞蹈，形成 ZigZag 的形状，以此来相互交流信息，以便获取共享食物源的方向、距离和位置等信息。又因蜜蜂自身体积小，所需的能量少，又能传送所采集的花粉，因此，人们用 ZigBee 技术来代表具有成本低、体积小、能量消耗小和传输速率低的无线通信技术。ZigBee 中文译名通常为“智蜂”“紫蜂”等。

（20）IEEE802.15.4—2003 标准定义了底层协议：物理层（Physical Layer，PHY）和媒体访问控制层（Medium Access Control sub—layer，MAC）。ZigBee 联盟在此基础上定义了____________架构。在应用层内提供了应用支持子层（Application Support Sub—Layer，APS）和 ZigBee 设备对象（ZigBee Device Object，ZDO）。应用框架中则加入了用户自定义的应用对象。

（21）ZigBee 的网络层采用基于________，除了具有通用的网络层功能外，还应该与底层的 IEEE802.15.4 标准一样功耗小，同时要实现网络的自组织和自维护，以最大限度方便消费者使用，降低网络的维护成本。

（22）为了与应用层进行更好的通信，网络层中定义了两种服务实体来实现必要的功能。这两个服务实体是__________和__________。

（23）在 ZigBee 协议中应用层是由__________来组成的。应用层提供高级协议栈管理功能，用户应用程序由各制造商自己来规定，它使用应用层来管理协议栈。

（24）ZigBee 网络根据应用的需要可以组织成______、_______和_______3 种拓扑结构。

（25）在进行 ZigBee 应用开发的时候，往往还需要理解下面几个基本术语：_________。如果不能很好地区分这些术语之间的关系就不能够很好的使用 ZigBee 协议进行应用开发。

在 ZigBee 网络中存在三种逻辑设备类型：_________、_________和_________。

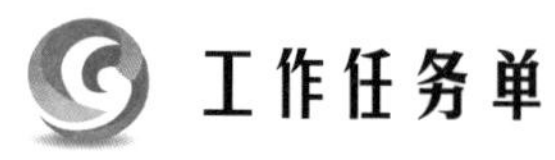

工作任务单

《工业传感网应用技术》工作任务单

<table>
<tr><td>工作任务</td><td colspan="4"></td></tr>
<tr><td>小组名称</td><td colspan="2"></td><td>工作成员</td><td></td></tr>
<tr><td>工作时间</td><td colspan="2"></td><td>完成总时长</td><td></td></tr>
<tr><td colspan="5">工作任务描述</td></tr>
<tr><td colspan="5"></td></tr>
<tr><td rowspan="5">小组分工</td><td>姓名</td><td colspan="3">工作任务</td></tr>
<tr><td></td><td colspan="3"></td></tr>
<tr><td></td><td colspan="3"></td></tr>
<tr><td></td><td colspan="3"></td></tr>
<tr><td></td><td colspan="3"></td></tr>
<tr><td colspan="5">任务执行结果记录</td></tr>
<tr><td>序号</td><td colspan="2">工作内容</td><td>完成情况</td><td>操作员</td></tr>
<tr><td>1</td><td colspan="2"></td><td></td><td></td></tr>
<tr><td>2</td><td colspan="2"></td><td></td><td></td></tr>
<tr><td>3</td><td colspan="2"></td><td></td><td></td></tr>
<tr><td>4</td><td colspan="2"></td><td></td><td></td></tr>
<tr><td colspan="5">任务实施过程记录</td></tr>
<tr><td colspan="5"></td></tr>
</table>

上级验收评定		验收人签名	

任务 1.4　系统总体方案撰写

学习目标

- 进一步了解工业传感网体系结构。
- 熟悉无线传感器网络的应用领域。
- 会进行文献检索。
- 会撰写工业传感网组网方案。
- 具备团队合作能力。
- 具备较好的语言表达能力。
- 具备较好的组织协调能力。

思政目标

- 培养规范自律意识，遵守规范、严格自律。

“课程思政”链接
融入点：组网方案撰写规范　思政元素：职业素养、优秀文化——规范意识
整体嵌入规范自律意识教育，观看微视频“不以规矩，不能成方圆”，教育学生在工作中要遵守职业规范，严格按照工艺流程、操作规范实施岗位工作任务。无论何时何地都要遵守纪律和规则：大到国家法律法规、社会准则，小到企业规章制度；同时，也要树立个人的道德规范、行为准则，严格自律，做到“守礼仪、讲规矩、有原则、能担当”。特别是党员要遵守党章和党的各项纪律规定，牢固树立纪律意识
参考资料：《不以规矩，不能成方圆》微视频

任务要求

通过前三个任务的学习，了解了工业传感器网的体系结构。本任务的学习要求如下：

（1）根据不同应用系统的需求和功能，撰写工业传感网组网方案，能清晰地描述项目的背景、功能、系统的流程及设计过程。

（2）讲解分析所设计的系统组网方案。

实训设备

计算机一台，能上网进行资料搜索。

Note

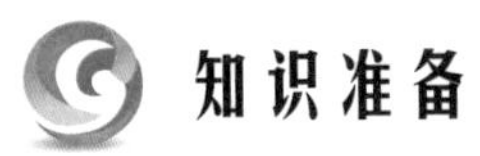

知识准备

1.4.1　工业传感网组网方案规范模板

无线传感器网络在机械零件检测系统中的组建方案

1. 项目背景

机械零件尺寸检测在制造企业生产过程中有着非常重要的地位与作用，传统的手工测量方法不仅效率低，而且易存在错检、漏检等问题，已经很难满足现代生产企业高效率、高标准、高精度等要求。无线传感器网络是物联网技术应用与推广的核心技术之一，无论在国家安全还是国民经济等诸方面均有着广泛的应用前景。

本方案针对机械零件检测领域的无线传感器网络应用展开研究，利用传感器节点获取机械零件生产过程中的参数，通过 ZigBee 网络传输至汇聚节点，再通过与数据库中的零件标准参数进行比对，最后通过分拣系统分离出不合格的零件产品。与传统的人工抽检方式相比，本系统精确度高，能把工人从烦琐的零件抽检工作中解放出来，提高工作效率。

2. 机械零件检测系统总体设计

本系统是为麦格纳动力总成（常州）有限公司开发的，在动力总成零部件的生产及装配过程中，往往会因为某个工位的漏操作导致零件的不合格，目前该公司对精密零件的检测主要引进英国雷尼绍公司的测量仪，对毛坯件的质量检测主要采用人工方式，基于精密仪器价格昂贵而人工方式效率低、检测工作量大等现状，该公司提出了智能化的汽车零部件生产流水线检测的实际需求。在构建机械零件检测系统时，需考虑多方面的技术要求，如拓扑控制、通信机制、节点部署、能量管理等。在无线传感器网络的组建中，通常至少需要一个全功能设备，完成网络的启动和分配其他设备角色与之通信，称之为协调器，传感节点可以是精简功能设备，加入网络协调器已组建好的网络中进行数据的采集工作，其实现较为简单，可以降低系统的成本。

1）无线传感器网络拓扑结构选择

在 ZigBee 网络的组建过程中，可以根据应用的需要组建三种不同类别的网络拓扑结构：分别为星形网络结构（Star）、簇树状网络结构（Cluster－Tree）和网状网络结构（Mesh）。这三种拓扑结构可以组成简单或者复杂的多种网络。本方案选用簇树状网络结构，以公司的生产车间为单位，每一个生产车间作为一个簇，簇之间的通信通过每个车间的簇头节点的转发来完成数据通信，簇头节点在采集检测设备信号时还要收集成员节点采集到的信号，并发送至汇聚节点，最后发送至嵌入式网关。

2）无线传感器网络系统拓扑结构设计

机械零件检测系统的拓扑图可参照任务 1.1 的介绍。每个车间都有一个独立的在线检测系统，通过传感器获取检测数据，利用 ZigBee 网络发送至汇聚节点，汇聚节点通过 4G、Wi－Fi 等无线网络将数据发送至嵌入式网关，再由网关将数据发送至服务器，每个车间的检测系统组成了一个无线传感器网络。客户端用户可以通过计算机、手机等终端设备，通过 Internet 访问数据中心，从而可以实现对检测系统的实时监测。

Note

3）机械零件检测系统流程设计

在机械零件检测系统中，当产品进入检测工序时，通过扫描枪获取到产品的 ID，从数据库产品类型表中查询出该产品的名称、产品类型以及该产品应该达到的标准，并保存到服务器，在数据采集工位，通过影像传感器捕获产品的图像信息，位移传感器测量产品的长度等信息，通过 ZigBee 协议将数据传送至汇聚节点，然后汇聚节点将采集到的数据发送至网关，并保存到服务器的临时表中，系统会对采集的数据和该产品应该具有的标准特征进行分析比较，检测完毕后将信息通过 RFID 读卡器写入产品标签，最终经过分拣系统分离出合格品与不合格品。系统流程图如图 1－4－1 所示。

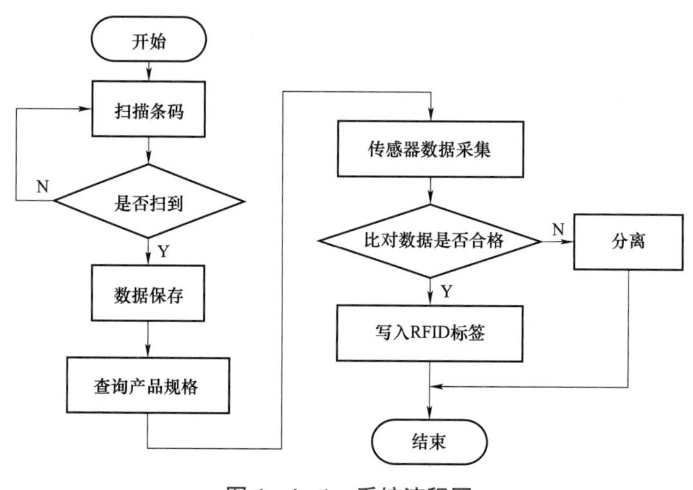

图 1－4－1 系统流程图

3. 传感器节点设计

1）传感器节点的结构

传感器节点的基本硬件功能模块如图 1－4－2 所示，主要有处理单元、无线收发单元、传感单元和电源管理单元等几部分组成。传感单元主要用于获取信息，并将其转化成数字信号，传感单元主要由传感器、数/模转换模块等构成；处理单元是传感器节点的核心模块，主要负责协调和控制传感节点各部分工作，各层的通信协议、数据融合等数据处理也是处理单元来实现的；无线收发单元由无线射频电路和天线组成，主要负责收发数据和交换控制信息；电源管理单元是任何电子系统的必备基础模块，为传感器节点提供正常工作所需能源。

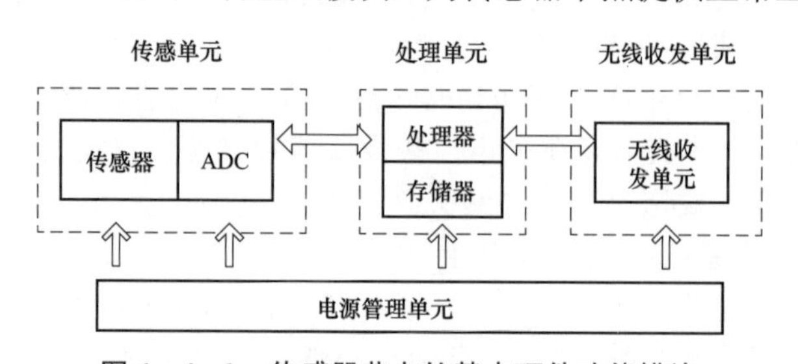

图 1－4－2 传感器节点的基本硬件功能模块

2）传感器节点硬件选型

从处理器的角度来看，无线传感器网络节点可以分为两大类：其中一类是采用 ARM 处

Note

理器为代表的高端处理器，此类节点大多数支持 DVS（动态电压调节）或 DFS（动态频率调节）等节能策略，它的处理能力较强，一般采用高端处理器作为网络汇聚节点或网关节点，因此能量消耗比较大；另一类是采用低端微控制器为代表的节点，常见的有采用 8/16 位的单片机，该类节点的处理能力相对较弱，但能量消耗功率很小，一般用作前端数据采集节点。本方案中选择的美国德州仪器公司 CC2530 芯片，该芯片含有一个高性能的 2.4 GHz DSSS（直接序列扩频）射频收发器和一个增强型的 8 位 8051 微控制器内核。

传感器是一种以一定的精确度把被测量的非物理量转换成为相应的某物理量的测量装置，传感器作为测量装置的输入端，是整个检测系统的重要环节，其性能将直接影响检测的精度，在本系统中，主要传感器有位移传感器和影像传感器。位移传感器选择的是日本精工 KTC 传感器，该传感器的测量行程为 75～1 250 mm，精度可达 0.01 mm；影像传感器选用三星公司的 ST50 CCD。

天线的设计选用 50 Ω 2.4 GHz 贴片陶瓷天线，与同频段的单极柱状天线相比，陶瓷贴片天线的长度大约 7 mm，为前者的十分之一，大大减小了天线的体积。

3）传感器节点内置程序设计

传感器节点的主要任务是将采集的数据发送给协调器，在设计过程中，传感器节点的软件程序设计比较复杂，节点应用程序包括主程序、串口接收回调函数、路由层接收回调函数、发送数据任务和发送规范任务。串口接收回调函数仅仅负责收到节点的实时数据或规范 ACK 时置信号量，具体处理过程在应用任务中进行，路由层接收反向路由的回调函数，接收到下传的规范时由发送规范任务将规范发给节点，详细的流程如图 1－4－3 所示。

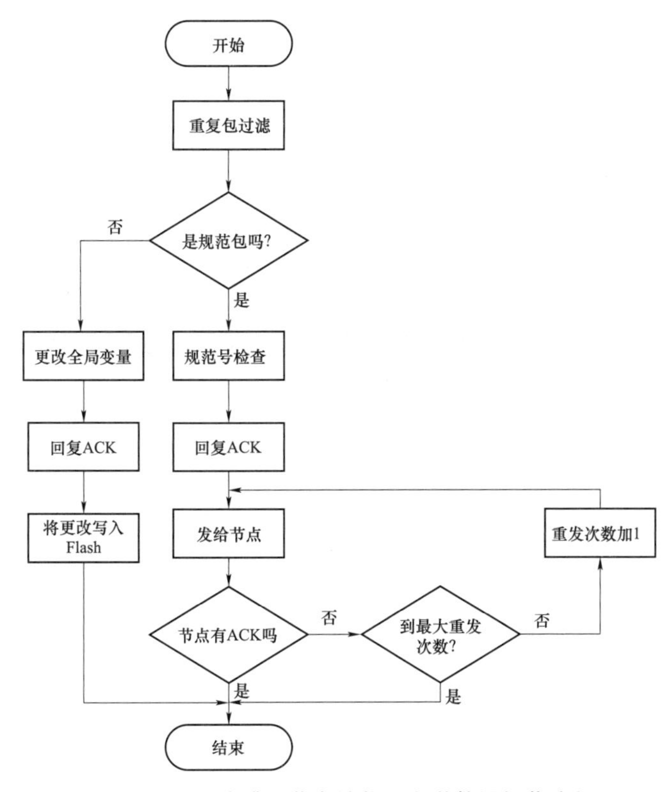

图 1－4－3　传感器节点接收和发送数据规范流程

Note

4）传感器节点的测试

传感器节点的测试主要分三方面：接收灵敏度的测试（RSSI）、误码率的测试、数据丢包率的测试。本方案采用的测试方法如下：测试软件通过计算机串口与测试模块进行通信，传感器节点接收数据后以 4 dBm 的功率发送，信号通过 2.4 GHz 90 dB 衰减器衰减，被协调器接收节点接收，数据通过串口返回至测试软件，测试软件通过对数据帧的分析对比，得到测试结果。

根据测试结果，发送 100 个字符，间隔 100 ms，速度为 178 b/s，RSSI 为 – 98 dBm，误码率、丢包率均达到设计要求。

4. 系统应用

课题组经过一年多的研究与实践，目前已完成了基于无线传感器网络的机械零件检测系统的模型设计。该模型实现了传感器节点的数据采集与传输功能，通过后台软件对检测数据进行比对，并完成自动分拣功能，检测系统的 Web 界面如图 1–4–4 所示。经在实验室测试，组建的无线传感器网络较稳定，检测精度也能达到企业产品的要求。

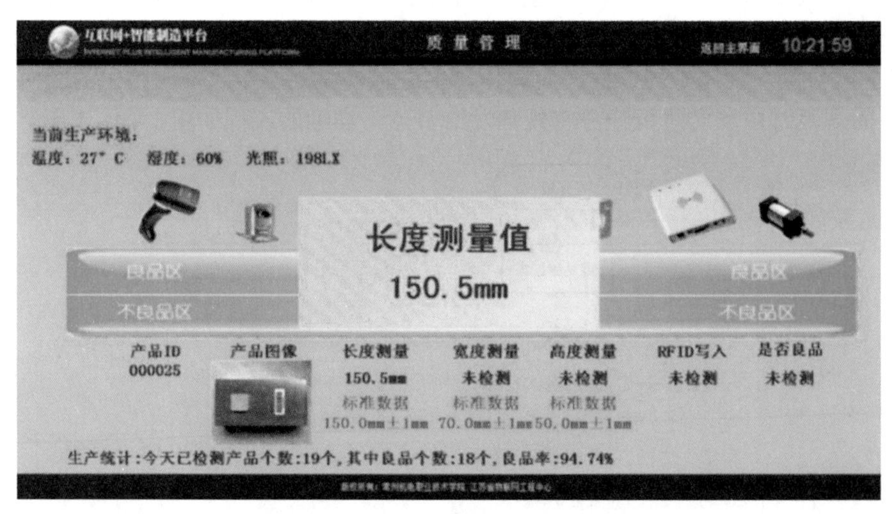

图 1–4–4　检测系统的 Web 界面

5. 总结

在工业化生产过程中，产品质量检测是企业保障产品质量的重要手段，传统的人工检测方法效率低、精度低，已无法满足现代产品生产的需求。无线传感器网络技术是当今 IT 技术的一个研究热点，具有非常广阔的应用前景。下一步，主要是对传感器节点进行完善，提高传感器节点的数据采集精度及传输效果，同时，扩展机械零件检测系统功能，与企业的 ERP 等其他系统进行对接，完成企业整个生产流程的智能化。

■ 【课程思政】学习思考

按照工业传感网组网方案模板中的规范要求撰写文档。阅读以下“因违反操作规程导致的安全事故”案例并观看微视频“不以规矩，不能成方圆”。

《不以规矩，不能成方圆》

谈一谈你的感想：

Note

■ 案例：因违反操作规程导致的安全事故

案例一：从湖北省安全生产委员会办公室获悉，仙桃市蓝化有机硅有限公司闪爆事故原因已初步查明。据初步分析，导致事故的直接原因是操作工在清理分层塔内积液时，没有全面辨识风险，没有严格按停车安全规程操作。8 月 3 日 17 时 30 分左右，仙桃市西流河镇蓝化有机硅有限公司甲基三丁酮肟基硅烷车间发生闪爆事故，致 6 人死亡，4 人受伤。据湖北省安全生产委员会办公室介绍，当前高温酷暑，暴雨、雷电等极端天气较多，极易导致危险化学品行业生产安全事故。

案例二：2020 年 8 月 26 日，黑龙江省某合金公司精整车间副主任陈某在经过清洗机列时，发现挤水辊前面从清洗箱出来的一块（2 mm×1 820 mm×2 080 mm）板片倾斜卡住，陈某在没有通知主操纵手停机的情况下，将戴手套的左手伸入挤水辊与清洗箱间的空隙(约 350 mm)调整倾斜的板片，由于挤水辊在高速旋转，将陈某的左手带入旋转的挤水辊内，造成陈某左手无名指、小指近关节粉碎性骨折，手掌大部分肌肉挤碎，最后将无名指、小指切掉。

● 事故原因分析

由于违反安全操作规程而引起的事故。

（1）戴手套操作旋转设备。

（2）不停机处理故障。

（3）主操纵手工作不负责，未及时发现故障。

（4）未对陈某的行为进行制止，监护不到位。

（5）该分厂对安全工作监管不严、对职工安全教育不够。

● 事故防范措施

（1）加强安全管理，将安全责任层层分解落实到具体人员，促进安全工作齐抓共管。

（2）对职工进行安全技术操作规程的教育培训和考核，组织职工进行事故分析，用事故教训给职工敲响警钟，解决存在的思想隐患。

（3）加强现场安全检查力度，纠正作业中的习惯性违章操作行为，杜绝类似事故重复发生。

（4）认真查找设备隐患，落实隐患整改责任人，并在重复发生和易发生事故部位设立安全警示标志。

Note

1.4.2 中国知网介绍

1. 中国知网简介

中国知网是国家知识基础设施（National Knowledge Infrastructure，NKI）的概念，由世界银行于 1998 年提出。CNKI 工程是以实现全社会知识资源传播共享与增值利用为目标的信息化建设项目，由清华大学、清华同方发起，始建于 1999 年 6 月。在党和国家领导以及教育部、中宣部、科技部、新闻出版总署、国家版权局、国家计委的大力支持下，在全国学术界、教育界、出版界、图书情报界等社会各界的密切配合和清华大学的直接领导下，CNKI 工程集团经过多年努力，采用自主开发并具有国际领先水平的数字图书馆技术，建成了世界上全文信息量规模最大的“CNKI 数字图书馆”，并正式启动建设《中国知识资源总库》及 CNKI 网格资源共享平台，通过产业化运作，为全社会知识资源高效共享提供最丰富的知识信息资源和最有效的知识传播与数字化学习平台。

2. 中国知网的服务内容

1）中国知识资源总库

提供 CNKI 源数据库、外文类、工业类、农业类、医药卫生类、经济类和教育类等多种数据库。其中综合性数据库为中国期刊全文数据库、中国博士学位论文数据库、中国优秀硕士学位论文全文数据库、中国重要报纸全文数据库和中国重要会议论文全文数据库。每个数据库都提供初级检索、高级检索和专业检索三种检索功能。高级检索功能最常用。

2）数字出版平台

数字出版平台是国家“十一五”重点出版工程。数字出版平台提供学科专业数字图书馆和行业图书馆。个性化服务平台有个人数字图书馆、机构数字图书馆、数字化学习平台等。

3）文献数据评价

2010 年推出的《中国学术期刊影响因子年报》在全面研究学术期刊、博硕士学位论文、会议论文等各类文献对学术期刊文献的引证规律基础上，研制者首次提出了一套全新的期刊影响因子指标体系，并制定了我国第一个公开的期刊评价指标统计标准——《〈中国学术期刊影响因子年报〉数据统计规范》。一系列全新的影响因子指标体系，全方位提升了各类计量指标的客观性和准确性。

本系统的主要统计内容包括：

（1）中国正式出版的 7 000 多种自然科学、社会科学学术期刊发表的文献量及其分类统计表。

（2）各期刊论文的引文量、引文链接量及其分类统计表。

（3）期刊论文作者发文量、被引量及其机构统计表。

（4）CNKI 中心网站访问量及分 IP 地址统计表。

4）知识检索

提供以下检索服务：

（1）文献搜索。

（2）数字搜索。

Note

（3）翻译助手。
（4）图形搜索。
（5）专业主题。
（6）学术资源。
（7）学术统计分析。

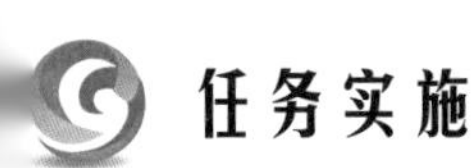

任务实施

1.4.3　工业传感网组网方案框架设计

在工业传感网组网方案中第一部分应包含项目的背景信息，主要阐述项目的基本情况，解决的主要问题；第二部分是整个方案的总体设计，描述清楚系统实施的拓扑结构、关键技术和系统流程等内容；第三部分是项目的开发过程，包括传感器节点设计、协调器设计等内容；第四部分是项目的调试运行状态，展示系统演示效果；最后第五部分进行总结。

1.4.4　文献检索与阅读

说明：利用专业数据库进行文献检索，并筛选有价值信息。在此过程中，培养信息获取及评价的基本信息素养。

文献的检索可通过互联网进行，百度等搜索引擎是常用的查阅资料的方法，但一些专业的文献在百度中进行搜索效果并不理想，因此，必须学会在中国知网等数据库中进行文献搜索，具体步骤如下：

（1）打开中国知网首页，网址为：www.cnki.net，如图 1－4－5 所示。

图 1－4－5　知网首页

① 一般学校均购买了知网数据库，因此可以单击首页右上角的“登录”，在跳出的界

Note

面中再单击“IP 登录”。

② 输入要检索资料的关键词，可以是一个关键词，也可以是几个关键词的组合，如输入“无线传感器网络组建”，出现如下检索页面，如图 1-4-6 所示。

图 1-4-6　检索页面

③ 选择相关文献，进行下载，如果没有购买知网账号，则无法下载，一般高校都购买了知网账号，通过校园网可免费下载。

(2) 组网方案撰写。

经过文献查阅后，根据机械零件在线检测系统的实际功能撰写组网方案。

任务评价

任务评价表如表1-4-1所示，总结反思如表1-4-2所示。

表1-4-1 任务评价表

评价类型	赋分	序号	具体指标	分值	得分		
					自评	组评	师评
职业能力	55	1	文献检索方法正确	5			
		2	能够根据关键词检索到正确内容	10			
		3	项目结构完整、合理	10			
		4	项目背景和功能描述清晰	10			
		5	系统设计过程描述清晰	10			
		6	系统应用描述清晰	10			
职业素养	20	1	坚持出勤，遵守纪律	5			
		2	协作互助，解决难点	5			
		3	按照标准规范操作	5			
		4	持续改进优化	5			
劳动素养	15	1	按时完成，认真填写记录	5			
		2	保持工位卫生、整洁、有序	5			
		3	小组分工合理性	5			
思政素养	10	1	完成思政素材学习	4			
		2	规范意识（从文档撰写的规范性考量）	6			
总分				100			

表1-4-2 总结反思

总结反思	
● 目标达成：知识 □□□□□　　能力 □□□□□　　素养 □□□□□	
● 学习收获：	● 教师寄语： 签字：__________
● 问题反思：	

课后任务

通过对本任务的学习，已掌握了撰写工业传感网组网方案的一般方法。要求阅读文献，并讨论无线传感器网络的其他应用领域，选择自己熟悉或感兴趣的领域进行深入了解，自行选择传感网应用系统在实际中的某一案例，撰写构建具体的组网方案。案例撰写见任务模板。

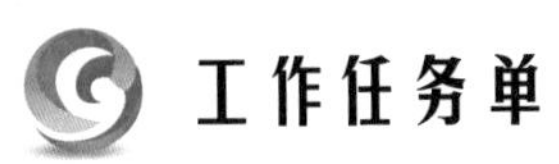

工作任务单

《工业传感网应用技术》工作任务单

<table>
<tr><td>工作任务</td><td colspan="4"></td></tr>
<tr><td>小组名称</td><td colspan="2"></td><td>工作成员</td><td></td></tr>
<tr><td>工作时间</td><td colspan="2"></td><td>完成总时长</td><td></td></tr>
<tr><td colspan="5">工作任务描述</td></tr>
<tr><td colspan="5"></td></tr>
<tr><td rowspan="5">小组分工</td><td>姓名</td><td colspan="3">工作任务</td></tr>
<tr><td></td><td colspan="3"></td></tr>
<tr><td></td><td colspan="3"></td></tr>
<tr><td></td><td colspan="3"></td></tr>
<tr><td></td><td colspan="3"></td></tr>
<tr><td colspan="5">任务执行结果记录</td></tr>
<tr><td>序号</td><td colspan="2">工作内容</td><td>完成情况</td><td>操作员</td></tr>
<tr><td>1</td><td colspan="2"></td><td></td><td></td></tr>
<tr><td>2</td><td colspan="2"></td><td></td><td></td></tr>
<tr><td>3</td><td colspan="2"></td><td></td><td></td></tr>
<tr><td>4</td><td colspan="2"></td><td></td><td></td></tr>
<tr><td colspan="5">任务实施过程记录</td></tr>
<tr><td colspan="5"></td></tr>
</table>

上级验收评定		验收人签名	

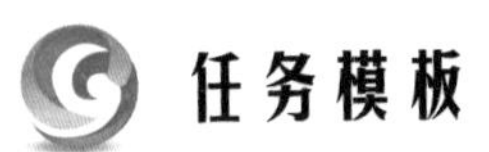

《工业传感网应用技术》
课后作业

内容：________________

班级：________________

姓名：________________

________________学院

作业要求

无线传感器网络在______系统中的组建方案

1. 项目背景

2. ________系统总体设计

3. 传感器节点设计

4. 无线传感器网络组建

5. 总结

项目 1 教学评价

亲爱的同学，本项目学习结束了，感谢你始终如一地努力学习和积极配合。为了能使我们不断地做出改进，提高专业教学效果，我们珍视各种建议、创意和批评。为此，我们很乐于了解你对本项目学习的真实看法。当然，这一过程中所收集的数据采用不记名的方式，我们都将保密且不会透漏给第三方。对于有些问题只需做出选择，有些问题，则请以几个关键词给出一个简单的答案。

项目名称：　　　　　　　　　　教师姓名：　　　　　　　　　　授课地点：

课程时间：年　月　日一　日　第　周	很满意	满意	一般	不满意	很不满意
一、项目教学组织评价					
1. 你对课堂教学秩序是否满意	☐	☐	☐	☐	☐
2. 你对实训室的环境卫生状况是否满意	☐	☐	☐	☐	☐
3. 你对课堂整体纪律表现是否满意	☐	☐	☐	☐	☐
4. 你对你们这一小组的总体表现是否满意	☐	☐	☐	☐	☐
5. 你对这种理实一体的教学模式是否满意	☐	☐	☐	☐	☐
二、授课教师评价					
1. 你如何评价授课教师	☐	☐	☐	☐	☐
2. 教师组织授课通俗易懂，结构清晰	☐	☐	☐	☐	☐
3. 教师非常关注学生的反应	☐	☐	☐	☐	☐
4. 教师能认真指导学生，因材施教	☐	☐	☐	☐	☐
5. 你对培训氛围是否满意	☐	☐	☐	☐	☐
6. 你认为理论和实践的比例分配是否合适	☐	☐	☐	☐	☐
7. 你对教师在岗情况是否满意	☐	☐	☐	☐	☐
三、授课内容评价					
1. 你对授课涉及的题目及内容是否满意	☐	☐	☐	☐	☐
2. 课程内容是否适合你的知识水平	☐	☐	☐	☐	☐
3. 授课中使用的各种设备是否丰富	☐	☐	☐	☐	☐
4. 你对发放的学习资料和在线资源是否满意	☐	☐	☐	☐	☐

请回答下列问题

1. 在教学组织方面，哪些还需要进一步改进？

2. 哪些授课内容你特别感兴趣，为什么？

3. 哪些授课内容你不感兴趣，为什么？

4. 关于授课内容，是否还有你想学但老师没有涉及的？如有，请指出：

5. 你对哪些授课内容比较满意？哪些方面还需要进一步改进？

6. 你希望每次活动都给小组留有一定讨论时间吗？如果有，你认为多长时间合适？

7. 通过这个项目的学习，你最想对自己说些什么？

8. 通过这个项目的学习，你最想对教授本项目的教师说些什么？

项目 2

智能车间产品质量在线监测与分拣系统设计与实施

项目介绍

由于“智能车间产品质量在线监测与分拣系统”为复杂的综合性系统，直接开发具有一定难度。因此，本项目中将按照各个功能模块的不同，将原系统划分为若干子系统，包括执行器控制及状态监测系统、环境数据采集与智能监控系统、超声波实时测距系统、红外双通道状态监测系统等；先针对各子系统进行设计开发，再于项目 3 中集成为完整系统。通过实施各系统开发任务，掌握工业传感网应用系统开发的一般步骤和方法，培养工业传感网应用系统的设计和研发能力。

知识图谱

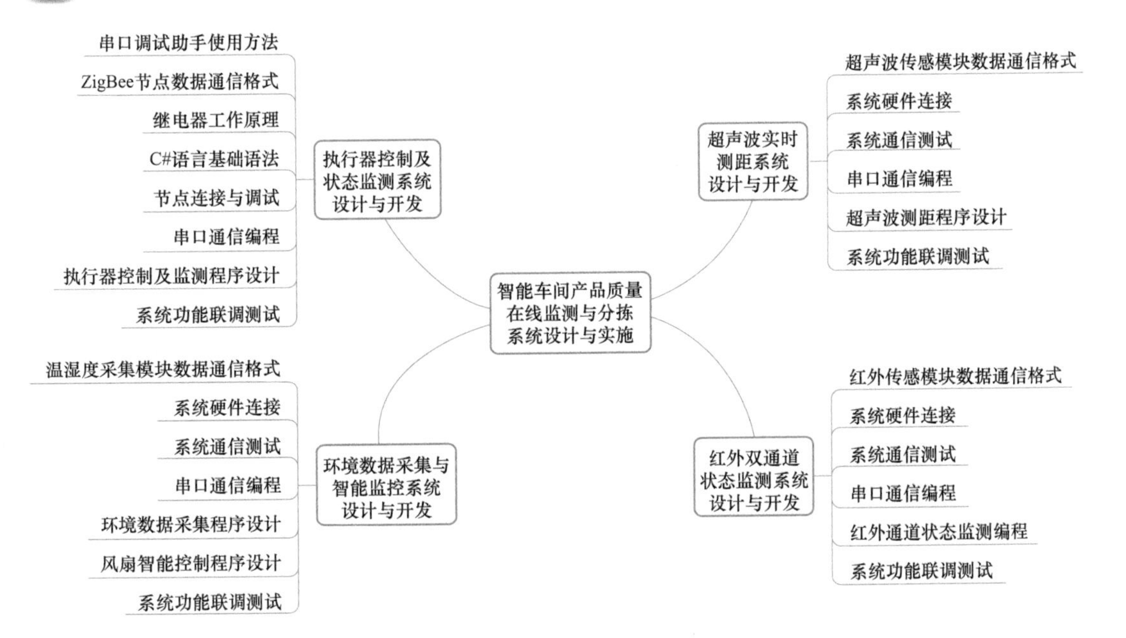

学习要求

● 根据课程思政目标要求，实现系统方案不断优化完善、系统性能持续提升改进，从而养成精益求精、追求卓越的工匠精神。

● 在系统开发过程中，需要按照 1+X 证书“传感网应用开发”中相应的硬件电路搭建和软件编程规范要求，实施系统开发任务，养成规范严谨的职业素养。

● 通过各任务学习中，利用微课进行课前自主学习、课中分组成果实施汇报，培养信息利用和信息创新的进阶信息素养。

● 使用实训设备时，需要按照 1+X 证书“传感网应用开发”的职业素养考核要求，佩戴防静电手套、禁止带电热插拔设备，布线需要整洁美观，保持工位卫生、完成后及时收回工具并按位置摆放，树立热爱劳动、崇尚劳动的态度和精神，养成良好的劳动习惯。

1+X 证书考点

“传感网应用开发”职业技能等级标准（中级）

工作领域	工作任务	职业技能	课程内容
5. 通信协议应用	5.2 读配置参数指令的开发	5.2.1 能根据通信协议，运用编程知识，独立编程生成读配置参数的指令。 5.2.2 能根据通信协议，运用编程知识，独立编程实现解析指令，从存储介质中提取目标参数或读取输出设备的状态	任务 2.2 环境数据采集与智能监控系统设计与开发 任务 2.3 超声波实时测距系统设计与开发 任务 2.4 红外双通道状态监测系统设计与开发
	5.3 控制设备指令的开发	5.3.1 能根据通信协议，运用编程知识，独立编程生成控制指令。 5.3.2 能根据通信协议，运用编程知识，独立编程实现解析指令，将解析结果执行出来，实现设备的控制。 5.3.3 能根据通信协议，运用编程知识，独立编程生成响应控制的指令	任务 2.1 执行器控制及状态监测系统设计与开发 任务 2.2 环境数据采集与智能监控系统设计与开发

Note

任务 2.1　执行器控制及状态监测系统设计与开发

学习目标

- 会连接实训平台中的执行器节点和 ZigBee 通信模块。
- 会使用串口调试助手软件进行通信测试。
- 会编写基于 C#的串口通信程序。
- 会编写基于 C#的执行器控制程序。
- 会编写基于 C#的输出状态反馈程序。
- 掌握执行器节点和协调器间的 ZigBee 数据通信格式。
- 了解继电器的工作原理。

思政目标

- 培养尊重宽容、团结友善、推己及人的优良品质。

“课程思政”链接
融入点：小组合作完成系统设计开发任务　**思政元素：爱集体——**友善精神、团队协作
学生通过在任务准备和实施过程中的沉浸式体验：协调任务分工，相互沟通、倾听交流、相互帮助、相互配合，合理理性地解决问题和意见冲突，从而养成相互尊重、欣赏、平等、宽容、谦逊、推己及人的品格和团队协作精神。在协作劳动的过程中，培养尊重宽容、团结友善、和睦友好的品质，学会换位思考、设身处地为他人着想，努力形成社会主义的新型劳动关系
参考资料：《社会主义核心价值观》文档及微视频

任务要求

机械零件在线检测系统中，在图像采集等工位上，会根据外界光线的强弱来选择是否需要开启 LED 灯进行照明，也会根据温度选择是否开启风扇。在本任务中，主要完成通过程序人为控制执行器 LED 灯的亮灭和风扇的开关，为实现自动控制提供基础。具体要求如下：

（1）学会连接实训平台中的执行器、继电器节点和 ZigBee 通信模块，实现 ZigBee 无线通信，并利用串口调试助手进行通信测试。

（2）在.Net 平台下，利用 C#语言编写串口设置程序，实现串口数据通信；编写执行器

Note 控制程序，实现手动控制与继电器模块相连接的 LED 灯和风扇；编写输出状态反馈程序，根据控制命令返回值，将 LED 灯和风扇的状态在程序中实时显示，确保控制命令的正确性。

实训设备

（1）NewLab 实训平台底板。
（2）ZigBee 通信模块（协调器和终端节点各一）、继电器模块、LED 灯和风扇模块。
（3）计算机一台，装有 Visual Studio 软件、串口调试助手软件。
（4）USB 转串口线一根、协调器电源适配器一个。

知识准备

2.1.1 串口调试助手软件

串口调试助手可以实现的功能包括发送接收十六进制数、字符串、传输文件、搜索出空闲串口等，此外，还可以搜索用户自定义设置其他的项目。

1. 串口调试助手的安装

安装串口调试助手需要 Windows 操作系统中的任一种，串口调试助手为绿色软件，下载后只需要复制到硬盘上的指定目录中即安装完成。

2. 十六进制调试设置

使用十六进制调试串口的数据，用于检验其他软件的包文。在左侧找到 Hex 显示和 Hex 发送的文字，并单击两个复选框，如图 2-1-1 所示。打开串口后接收到的信息即以十六进制显示，发送的信息也按照十六进制格式解析发送。

3. 使用字符串收发

如果取消了 Hex 显示复选框和 Hex 发送复选框，则进入 ASCII 码传送方式。该模式下，收到和发送的字符串将原本不变的显示与发送。注：如果有非 ASCII 码字符，可能不会正确显示。

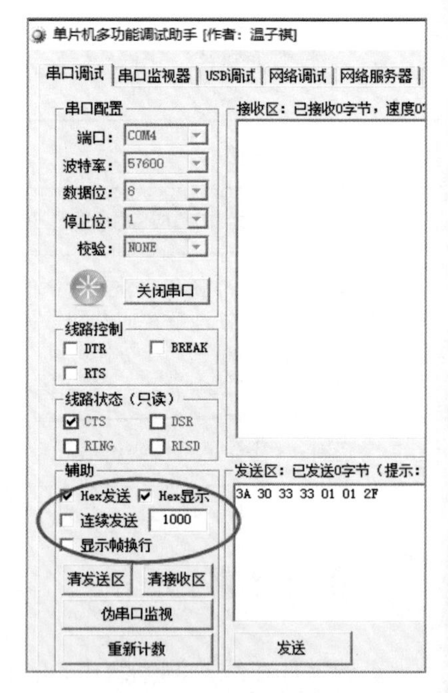

图 2-1-1 使用十六进制调试设置

2.1.2 数据通信的格式

进行串口通信编程之前，先要约定双方的通信数据格式。在 NewLab 无线传感器网络实训平台中，传感器节点和协调器之间的通信数据格式已经确定，由于扩展模块较多，相应的指令也比较繁杂，但我们只关心对模块的控制、读取数据及全网的搜索（在线节点的

查询），所以每个模块只需用到一条指令。下面我们来分析这些指令。

获取每一条指令的前提就是协调器正常工作，传感器节点与其连通，并可进行无线通信。若协调器没有正常工作，则传感器节点的无线通信模块的 LED 灯的状态是一个为长亮而另一个为一直闪烁。若协调器正常工作，则在传感器节点上的 LED 灯的状态为循环闪烁两次，最后为长亮，表示节点已连上网络，可进行通信。若底板没有放置扩展模块，则 LED 灯为双灯闪烁。

使用的每一条指令都为十六进制数，主要分为三类：

1. 节点连通指令

在传感器节点通电或复位时，节点会向协调器模块发送一条指令，表示该节点已和网络连通，可以通信，LED 灯表示为双灯长亮。因该指令为标准格式，所以扩展模块通电或复位时返回的数据格式一致。节点连通指令格式如表 2－1－1 所示。

表 2－1－1　节点连通指令格式

起始符	节点地址	帧功能	节点功能	截止符
0x3A	0x00 0x00	0x2A（“*”）	0x00	0x2F

该指令由六个十六进制数组成，第一个十六进制数表示起始符，第二个和第三个表示地址，第四个表示帧功能，第五个表示节点功能，第六个表示截止符。在本实训平台中，各模块对应的指令如表 2－1－2 所示。

表 2－1－2　各模块对应的指令

节点名称	节点地址	帧功能	节点功能
红外传感模块（DI）	0x30 0x30	*	11
超声波传感模块（AI）	0x30 0x35	*	22
继电器模块（DO）	0x30 0x33	*	33
温、湿度传感模块（AI）	0x30 0x37	*	66

例如：把继电器模块通电或复位，这时串口调试助手中会返回指令：“3A30 33 2A 33 2F”，表示有节点连接到协调器上，其具体含义为：“3A”表示指令的开始，“30 33”表示该继电器模块（DO）的地址，它的功能代码为“33”，帧功能为 2A（即符号“*”），“2F”表示该指令结束。

提示：在模块复位前，首先要将协调器通电，并将协调器连接到计算机上使其正常工作，然后打开串口调试助手，并进行设置。

2. 全网搜索指令（查看在线节点）

该指令的功能是查看在无线传感器网络中有多少节点是连通的，其指令格式如表 2－1－3 所示。

Note

表 2–1–3　全网搜索指令格式

起始符	节点地址	帧功能	节点功能	截止符
0x3A	0xFF 0xFF	0x2A（“*”）	0xFF	0x2F

例如：指令“3A FF FF 2A FF 2F”进行全网搜索，查看所有在线节点，根据返回指令就可以判断出无线传感器网络中有多少节点已连通，并做出相应的控制命令。

3. 数据控制指令（继电器模块）

由程序控制扩展模块发送指令实现继电器的开、关等动作。指令发送完成子节点会返回一条指令即协调器的控制命令执行是否成功，同时该指令中还包含扩展模块的实时状态。继电器模块控制指令格式如表 2–1–4 所示。

表 2–1–4　继电器模块控制指令格式

:	AA	G	N	C	/
表示指令的前导字符，十六进制 0x3A	表示指令接收方的地址。本实训平台中继电器模块的地址为 0x30 0x33	表示节点的功能。实训中节点功能代码设置为 0x33	表示模块控制命令的状态。0x00 表示读，0x01 表示写。本模块应为写，即 0x01	表示模块的控制通道，取值为 00～03，本实训平台中共两路输出，可同时控制	表示指令结束，为 0x2F

例如：发送指令“3A 30 33 33 01 02 2F”，表示要求地址“30 33”的继电器模块将第二路继电器吸合。发送该指令后，将接收到返回指令“3A 30 33 33 01 01 2F”，表示指令执行成功。

2.1.3　继电器工作原理

1. 继电器的概念

继电器是一种电控制器件，是当输入量（激励量）的变化达到规定要求时，在电气输出电路中使被控量发生预定的阶跃变化的一种电器。它具有控制系统（又称输入回路）和被控制系统（又称输出回路）之间的互动关系。通常应用于自动化的控制电路中，它实际上是用小电流去控制大电流运作的一种“自动开关”，故在电路中起着自动调节、安全保护、转换电路等作用。

2. 继电器的原理

继电器一般是由铁芯、线圈、衔铁、触点簧片等组成的。只要在线圈两端加上一定的电压，线圈中就会流过一定的电流，从而产生电磁效应，衔铁就会在电磁力吸引的作用下克服返回弹簧的拉力吸向铁芯，从而带动衔铁的动触点与静触点（常开触点）吸合。当线圈断电后，电磁的吸力也随之消失，衔铁就会受弹簧的反作用力返回原来的位置，使动触点与原来的静触点（常闭触点）释放。这样吸合、释放，从而达到了在电路中的导通、切断的目的。对于继电器的“常开、常闭”触点，可以这样来区分：继电器线圈未通电时处于断开状态的静触点，称为“常开触点”；处于接通状态的静触点称为“常闭触点”。继电

Note

器一般有两股电路，为低压控制电路和高压工作电路。继电器工作原理如图 2－1－2 所示。

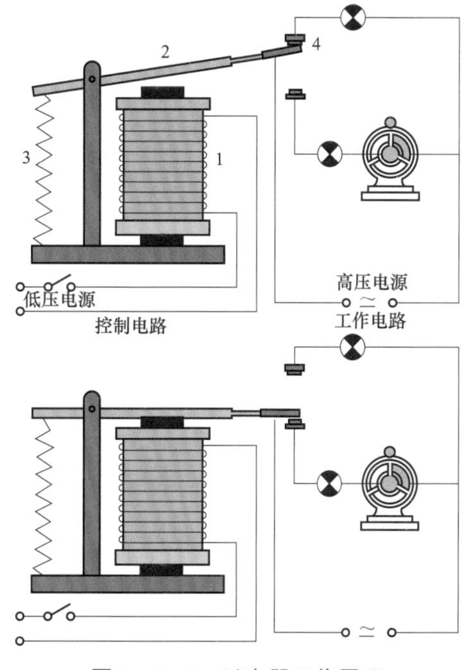

图 2－1－2　继电器工作原理

1—电磁铁；2—衔铁；3—弹簧；4—触点

3. 继电器的应用领域

1）汽车领域

汽车工业正在越来越广泛地使用继电器。比较常见的继电器有：起动电动机的起动继电器、喇叭继电器、电动机或发电机断路继电器、充电电压和电流调节继电器、转变信号闪光继电器、灯光亮度控制继电器以及空调控制继电器、推拉门自动开闭控制继电器；玻璃窗升降控制继电器。汽车中的电源现在多用 12 V，线圈电压大都设计为 12 V。由于是蓄电池供电、电压不稳定；加以环境条件恶劣，吸动电压 $V \leqslant 60\% V_H$（定额工作电压）；线圈过电压允许达 $1.5V_H$。线圈功耗较大，一般为 1.6～2 W，温升较高。环境要求相当苛刻：环境温度范围为 −40～100℃；在发动机箱里使用的继电器要能经受沙尘、水、盐、油的侵害；振动、冲击无疑是相当苛刻的，冲击强度达 100 *g*，冲击稳定性达 10 *g*；振动有 10～40 Hz，双振幅 1.27 mm；40～70 Hz，0.5 *g*；70～100 Hz，0.5 mm（双振幅）；100～500 Hz，10 *g* 等几个等级。

2）家电领域

空调继电器主要用于控制压缩机电动机、风扇电动机和冷却泵电动机，以执行相关的控制功能。家电压缩机电动机的功率一般为 1～3 hp[①]；风扇电动机和冷却泵电动机为 1/4～2 hp。由于负载启动瞬间，出现很大的浪涌电流，约为满载运行电流的 6 倍。压缩机电动机达到全速所需时间较长，这对继电器触点构成严重的威胁，于是，要求继电器的负载能力留有充分裕量；要求尽可能消除继电器吸动时触点回跳；要求继电器释放快，尽可能减少触点回跳。安全性要求严格，需经安全认证机构的认定。产品环境条件：环境温度 −40～55℃；相对湿度达 95%；防雨水渗入；沿海地区要求防盐雾。因为质量和尺寸不是重要指标，所以要求继电器设计坚固、耐冲击。

3）工业控制领域

在工业控制上，主要的控制功能由通用交流继电器完成。通常由按钮或限位开关驱动继电器。继电器的触点可以控制电磁阀、较大的启动电动机以及指示灯。电压一般为 24 VDC、220 VAC。数字控制领域扩大了继电器的应用。仿形铣和坐标镗孔由数据编程操作，信号送入机床控制器、记忆单元和其他逻辑元件，对坐标伺服电动机 2～5 个轴向进行控制。用这种自动控制方法很容易控制钻床、六角车床、普通车床和自动仿形校验机。数字控制系统要求继电器具备适应低电平信号的能力、中等灵敏度、快速动作和高的切换可靠性。工业机械安装的环境条件必须考虑，运转着的工业机械及附近的设备总是要把一些冲

① 马力，1 hp = 745.699 872 W。

Note 击、振动传到控制柜里；也存在沾上飞溅的切削冷却液的可能。通常设备制造者对控制元件采取一定的保护措施，但在选择和设计继电器时仍要考虑这些不利的环境条件。安全性要求严格，对电气绝缘、耐压、阻燃性有较高要求。

2.1.4 C#语言基础语法

1. 分支结构

1）if 语句

if 语句的基本格式：

```
if（布尔表达式）
{
语句块
}
```

只有当 if 后的布尔表达式的值是 true 时，才执行语句块；否则，跳过大括号里的语句块，执行后面的代码。“语句块”可以是一条语句或多条语句，当只有一条语句时，大括号可以省略。

2）if...else...语句

if...else...语句的基本格式：

```
if（布尔表达式）
{
    语句块 1
}
else
{
    语句块 2
}
```

只有当 if 后面的布尔表达式的值为 true 时，才执行语句块 1；否则，执行 else 后面的语句块 2。

3）switch 语句

switch 语句的基本格式：

```
switch（表达式）
{
    case 常量表达式 1：
        语句 1；
        break；
    case 常量表达式 2：
        语句 2；
        break；
    …
```

```
    default:
        语句 n;
        break;
}
```

执行 switch 语句时，首先计算 switch 表达式，然后与 case 后面的常量表达式的值进行比较，如果相等，则执行 case 后面的语句，语句执行完毕，执行 break 语句，跳出 switch 结构；如果结果不相等，则执行 default 后面的语句，语句执行完毕，执行 break 语句，跳出 switch 结构。

2. 循环结构

1）for 语句

for 语句循环重复执行一个语句或语句块，直到指定的表达式计算为 false。语法格式如下：

```
for（初始化表达式；条件表达式；迭代表达式）
{
语句块
}
```

“初始化表达式”是用来初始化变量的，由一个变量声明或由一个逗号分隔的表达式组成；“条件表达式”是用来判断能否进入循环的条件，是一个布尔表达式；“迭代表达式”用来改变循环变量的值，由一个表达式或由一个逗号分隔的表达式列表组成。

2）foreach 语句

foreach 语句是 C#语言新引入的语句，在 C 和 C++中没有这个语句，它用于列举集合中的每一个元素，并通过执行循环体对每个元素进行操作。语句的格式为：

```
foreach（数据类型  变量名  in  集合表达式）
{
    语句块
}
```

数据类型和变量用来声明循环变量，集合表达式对应集合，该表达式必须是一个数组或其他集合类型，每一次循环从数组或其他集合中逐一取出数据，赋值给指定类型的变量，该变量可以在循环语句中使用、处理，但不允许修改变量的值，该变量的指定类型必须和表达式所代表的数组或其他集合中的数据类型一致。

3. 数组

1）数组的定义

将具有相同类型的若干个变量，按有序的形式组织起来，这些数据元素的集合称为数组，在数组中，每一个成员称为数组元素，数组元素的类型称为数组类型。

2）数组定义的语法

一维数组定义的格式如下：

数组类型[ ]数组名=new 数组类型[ ]{数组元素初始化列表}

数组类型可以是 C#中的任何类型，数组定义时[ ]不能少，否则就变成定义普通变量了，数组名只要符合普通变量的命名规范，并且不与其他变量发生冲突即可。

Note

4. 字符串

在提取子字符串时，可以用 string 类的 Substring( )方法提取子字符串，该方法有两个原型：

（1）public string Substring（int startIndex），只有一个参数，即从第几个位置开始截取；

（2）public string Substring（int startIndex，int length），第一个参数指从第几个位置开始截取，第二个参数是指要截取的字符的个数。

5. 异常处理

try…catch…finally 的用法：

使用 try…catch…finally 结构进行异常处理时需要把代码重新组织，把有可能出现异常或错误的代码放在 try 块中，而把处理异常的代码放入 catch 块中，finally 块将在执行完 try 和 catch 块之后执行。即当程序流离开 try 控制块后，如果没有发生错误，将执行 finally 语句块；当执行 try 时发生错误，程序流就会跳转到相应的 catch 语句块，再执行 finally 语句块。所以，程序中一些必须执行的代码，就可以放在 finally 块中。语句的基本格式如下：

```
try
{
    //可能出现异常的代码
}
catch（异常类名 异常变量名）
{
    //异常处理代码
}
…
finally
{
    //程序代码
}
```

任务实施

■【课程思政】体验探究

小组合作完成系统设计开发任务：在任务准备和实施过程中协调任务分工，相互沟通、配合，合理解决问题，养成相互尊重、宽容、友善的品格和团队协作精神。

《社会主义核心价值观》

谈一谈你的感想：

Note

2.1.5　系统硬件连接与调试

1. 节点硬件连接

系统硬件连接与调试

在本项目组建的无线传感器网络中，包含 ZigBee 终端节点、协调器节点、继电器、执行器（LED 灯和风扇），协调器需通过 USB 转串口线与计算机相连，并单独供电，其连接示意图如图 2-1-3 所示。将 ZigBee 终端节点、继电器和执行器节点放置在 NewLab 平台底板的通用实验模块插槽上（底板与模块的连接方式采用磁性吸合），通过底板为模块自动供电。

图 2-1-3　协调器连接示意图

（1）ZigBee 终端节点与继电器模块的连接方式：用导线连接 ZigBee 终端节点中的 OUT0 端口和继电器模块的 J2 端口、ZigBee 终端节点中的 OUT01 端口和继电器模块的 J5 端口。

（2）继电器模块与执行器模块的连接方式：继电器模块中 J8 和 J11 端口接 12 V 电源，J9 端口接风扇正极、J12 端口接 LED 正极，风扇和 LED 负极接地。

节点连接示意图如图 2-1-4 所示。在连接过程中，根据传输信号强弱，适当调整协调器与传感器节点的距离，确保通信顺畅。如果协调器是第一次与计算机连接，则需按提示安装驱动程序，步骤见下文。

2. 连接状态判断

ZigBee 协调器与终端节点连接完成后，观察两个指示灯的情况，如果协调器的两个指示灯长亮，说明协调器连接正常；如果终端节点的两个指示灯长亮，说明该节点连接正常；如果一个灯长亮一个灯连续闪烁，说明节点与协调器连接异常，如图 2-1-5 所示。

Note

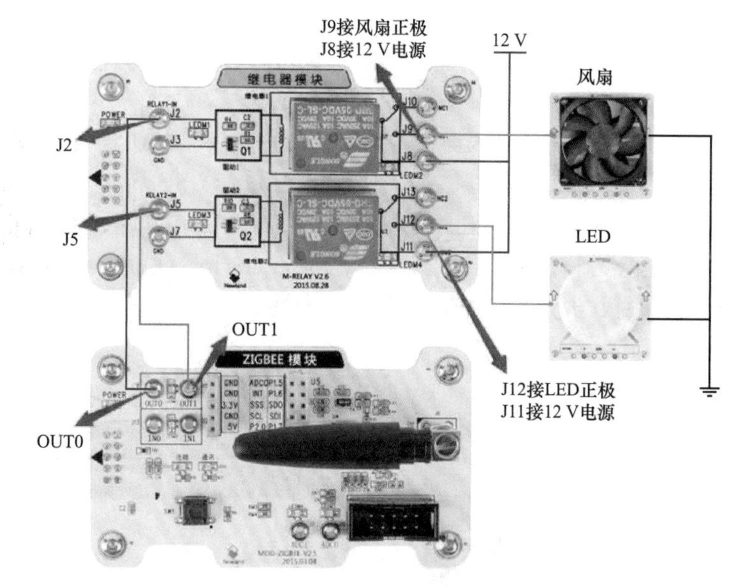

图 2-1-4　节点连接示意图

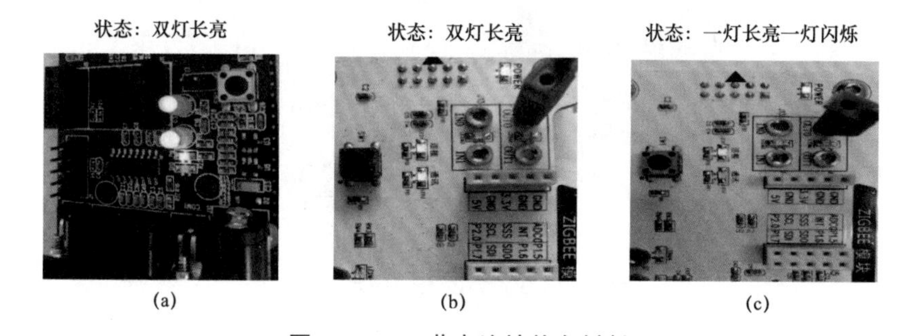

(a)　(b)　(c)

图 2-1-5　节点连接状态判断

（a）协调器节点工作正常；（b）终端节点工作正常；（c）终端节点工作异常

3. 驱动程序安装

（1）协调器连接到计算机后，Windows7 以上的系统会自动检测到新硬件，并提示安装驱动程序，如图 2-1-6 所示。如果自动安装失败或者无法自动安装可以下载驱动精灵（图 2-1-7）或者驱动人生自动安装驱动。

图 2-1-6　系统自动安装驱动

Note

图 2－1－7　驱动精灵

（2）打开设备管理器查看安装情况，这时显示“Prolific USB to Serial Comm Port（COM4）”，如图 2－1－8 所示，说明驱动安装成功。

说明：“COM4”是编者计算机上的安装结果，读者在实际安装过程中，有可能出现其他端口，属正常情况。

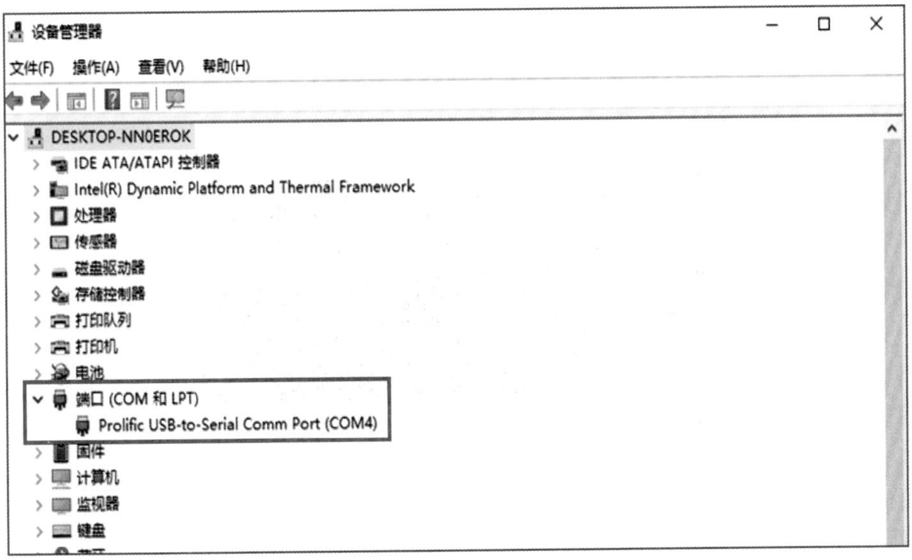

图 2－1－8　串口驱动安装完成后的效果

Note

4. 串口调试助手设置

串口驱动安装完成后，下一步就是测试节点是否可以正常通信。本书借助串口调试助手软件进行通信测试。打开串口调试助手软件，进行“端口号”和“波特率”的设置。“端口号”的设置以本机实际情况为准，查看方法为右击“计算机”，单击“属性”，查看“设备管理器”中的“端口”。如图 2－1－9 所示，把“端口”设置成“COM4”，“波特率”设置成“57600”，其他设置选择默认值，然后单击“打开串口”按钮。

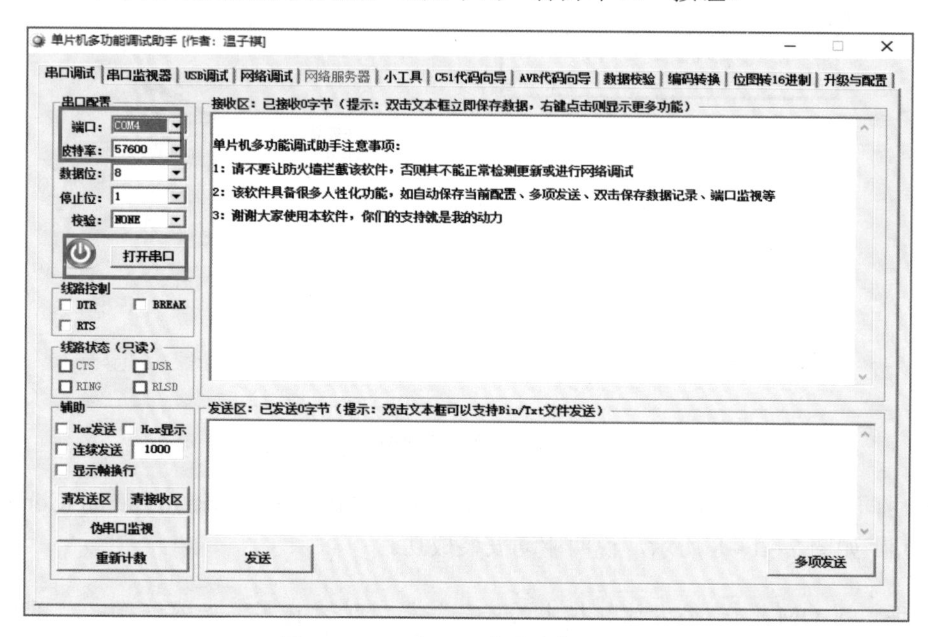

图 2－1－9　串口调试助手参数设置

5. 协调器串口通信测试

按下协调器上的复位按钮，如图 2－1－10 所示，这时，串口调试助手窗口中显示“****Welcome****”字样，说明协调器通信正常，如图 2－1－11 所示。

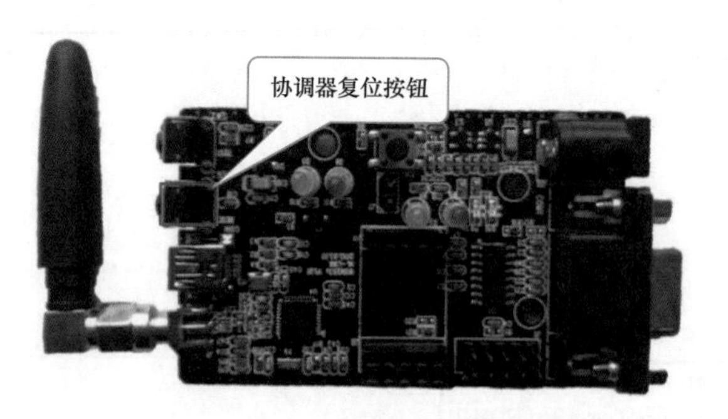

图 2－1－10　协调器复位按钮

6. 终端节点通信测试

按两下 NewLab 平台电源按钮，对平台上的节点进行上电复位，如图 2－1－12 所示。这时，串口调试助手窗口中显示字符串“：03*3 数字量输出 OK/”，说明数字量输出节点所连接的终端节点通信正常，如图 2－1－13 所示。

Note

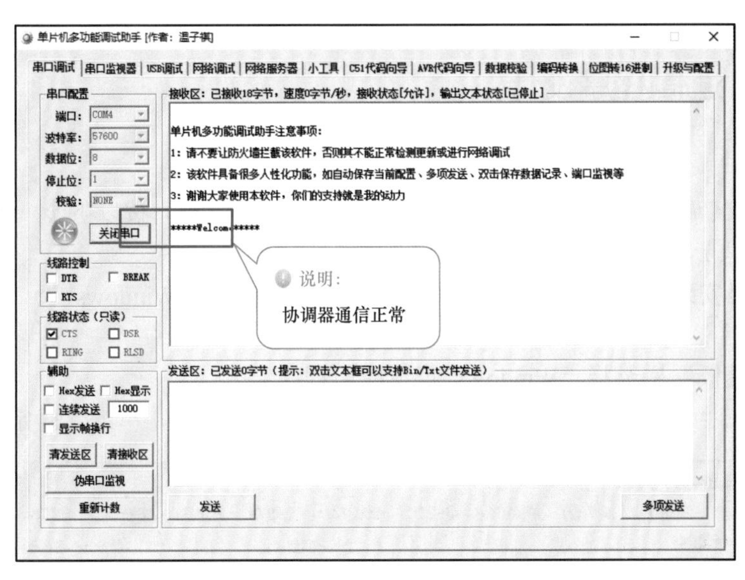

图 2-1-11　协调器通信正常

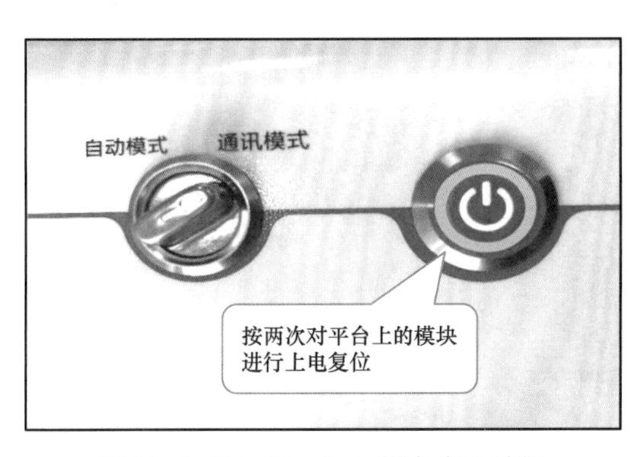

图 2-1-12　NewLab 平台电源按钮

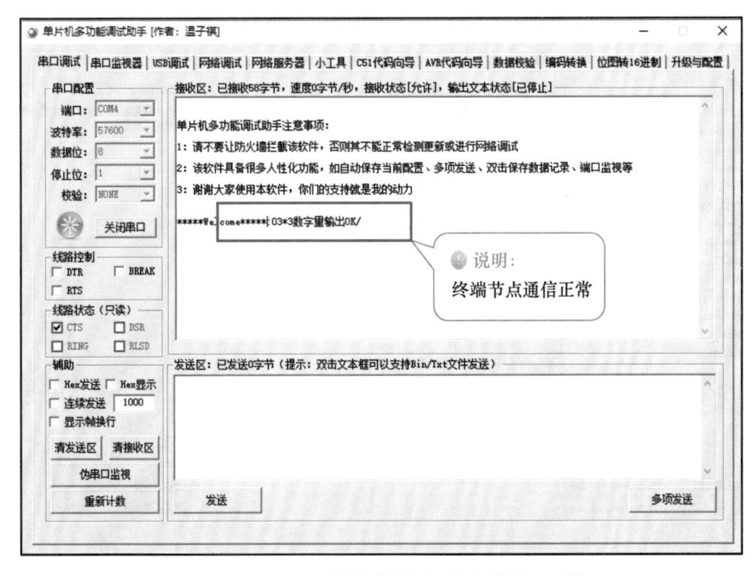

图 2-1-13　数字量输出节点通信正常

Note

2.1.6 串口通信程序设计

1. 新建项目

串口通信编程

启动 Visual C#集成开发环境，会显示“新建项目”对话框，按以下步骤完成项目的建立，如图 2-1-14、图 2-1-15 所示。

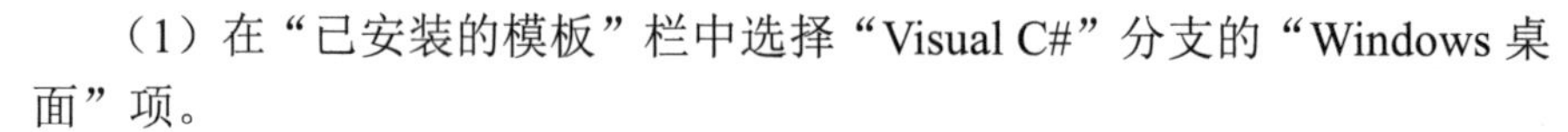

（1）在“已安装的模板”栏中选择“Visual C#”分支的“Windows 桌面”项。

（2）在“模板”栏选择“Windows 窗体应用程序”。

（3）最后在“名称”后输入项目名称（例：DigitalOutPut），单击“确定”按钮。

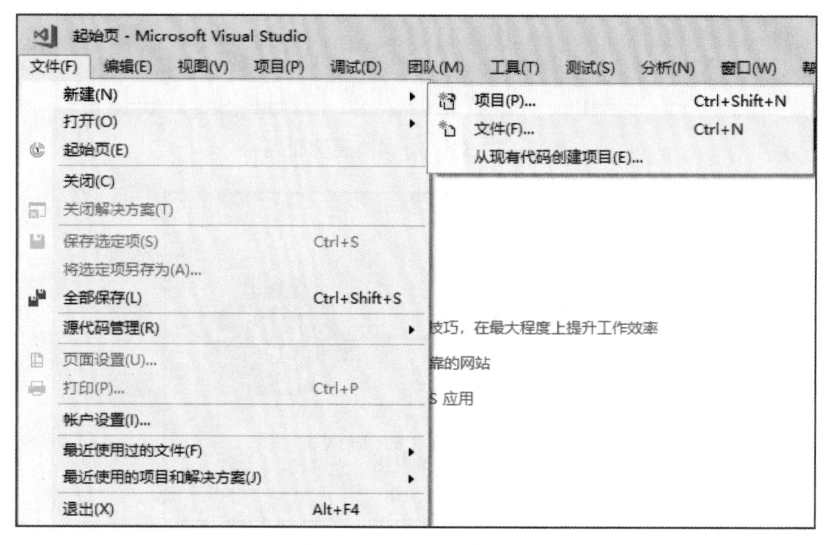

图 2-1-14 新建项目

图 2-1-15 输入项目名称

2. 串口控件添加与设置

1）添加串口控件

从工具箱中将串口控件 SerialPort 拖到窗体上，如图 2－1－16 所示，由于该控件为不可见控件，所以不会出现在窗体上，而是列在窗体下方。

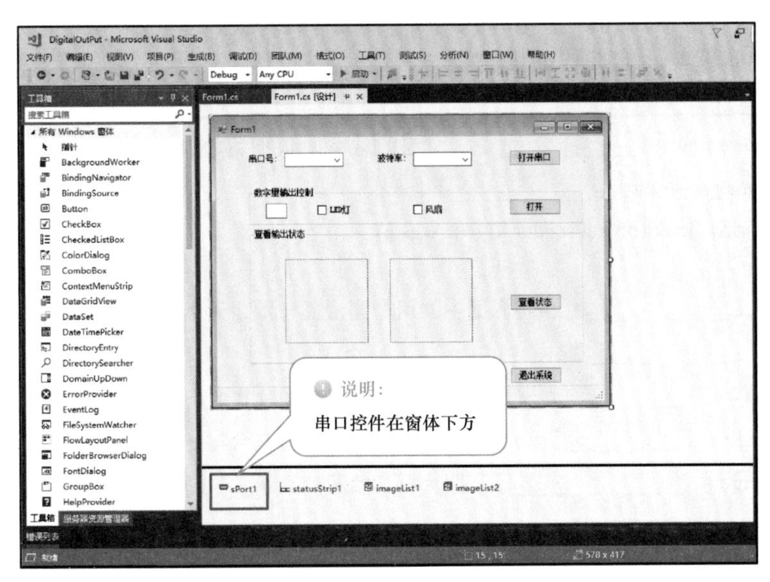

图 2－1－16　添加串口控件

2）串口控件属性设置

在串口通信程序开发中，应对 SerialPort 控件进行属性设置，主要的属性参数如表 2－1－5 所示。

表 2－1－5　SerialPort 控件的主要属性参数

属性	含义	默认值
BaudRate	通信速率	9 600
DataBits	数据位的位数	8
Parity	校验方式	None（表示无校验）
PortName	开发套件使用的串口名称	COM1
StopBits	停止位的位数	One（表示 1 位）

各属性（除 PortName 以外）的实际取值应该是通信的双方预先约定好的。本实训平台的各个数据设备的默认通信参数是：速率为 57 600 b/s，数据位数为 8 位，校验方式为无校验，停止位数为 1 位。

说明：本实训平台所选用的协调器只有一个串口，但是当连接到计算机上，因为串口名称是随机的，所以程序会选中本地计算机现有的串口，然后选择与协调器相连的串口即可。

Note

3. 初始化代码编写

1）添加串口类的引用

using System.IO.Ports;

2）初始化代码编写

双击 Form1 会自动生成“Form1_Load”方法，在其中进行初始设置：

【请根据程序框架，完成代码填空】

```
PictureBox[ ] pi = new 【____________】；  //定义图片框和图片集合控件数组
ImageList [ ] images = new 【____________】；
private void Form1_Load(object sender, EventArgs e)
{
      pi[0] = 【____________】; //将界面中的两个图片框与数组元素对应
      pi[1] = 【____________】;
      images[0] = 【__________】; //将存放LED灯状态的图片集合与images[0]对应
      images[1] = 【__________】; //将存放风扇状态的图片集合与images[1]对应
      pi[0].Image = 【______________】;//图片框初始图片显示
      pi[1].Image = 【______________】;
       //获取设置串口号并设置默认的波特率
       string[ ] ports = SerialPort.【____________】;//字符串数组：当前计算机串口名称
       sportsName.Items.【____________】; //将括号中的字符串数组添加到下拉列表中
                                      //所选下拉列表中项目索引值（从0开始，未选为-1）
       sportsName.SelectedIndex = sportsName.Items.【__________】? 0 : -1;
       sportsBaudRate.Text = 【____________】;//设置默认波特率
   }
```

程序说明：该段程序主要完成图片的初始化加载，串口默认端口号的显示与默认波特率的显示。

4. 串口通信编程

1）编写“sPort1_DataReceived”事件代码

串口的工作过程主要有三个步骤：打开串口；串口通信，包括发送、接收数据；关闭串口。这三个步骤分别由 SerialPort 控件的相应方法完成，如表 2-1-6 所示。

表 2-1-6 SerialPort 控件的主要方法和属性

控件成员		功能
方法	void Open( )	打开串口
	void Close( )	关闭串口

续表

Note

控件成员		功能
方法	void DiscardInBuffer( )	清除接收缓冲区的剩余数据
	string ReadExisting( )	读取串口中现有的数据，以字符串形式返回
	string ReadTo（string end）	等待读取串口数据，直至收到 end 字符串
	void Write（string text）	向串口发送字符串数据
属性	bool IsOpen	串口是否已经打开
	int ReadTimeout	超时时间

提示：利用 Open 方法可以打开串口，但是否已经正常打开，则可以用 IsOpen 属性判断。没有打开串口，不能调用 ReadExisting、Write 方法，否则会抛出异常。

在 SerialPort 控件中，需要添加一个“sPort1_DataReceived”事件，参考代码如下：

【请根据程序框架，完成代码填空】

```
StringBuilder Builder= new StringBuilder( );//全局变量，创建一个可变字符串
    /// <summary>
    /// 串口的接收方法，用于接收硬件设备返回的数据
    /// </summary>
    /// <param name="sender"></param>
    /// <param name="e"></param>
    private void sPort1_DataReceived(object sender, SerialDataReceivedEventArgs e)
    {
        try
        {
            int n = sPort1.【____________】; //获取串口接收缓冲区的字节数
            byte[ ] buf = 【____________】;
            sPort1.【____________】; //获取串口接收缓冲区读取从0开始的n 个字节
                                  //存入 buf数组中
            this.Invoke((EventHandler)(delegate
            {
              foreach(byte b in 【______】)
              {
                Builder.Append(b.【_________】 + " ");//"X2"为大写十六进制格式
              }
            }));
```

Note

```
        }
        catch(【____________】)
        {
            MessageBox.Show(ex.Message,"提示");
        }
    }
```

程序说明：这是一个存放串口回传数据的过程，读取串口缓冲区的数据，将数据转换存放到可变字符串中。

2）编写“打开串口”功能代码

双击“打开串口”按钮，添加 button1_Click 事件，参考代码如下：

【请根据程序框架，完成代码填空】

```
private void button1_Click(object sender, EventArgs e)
{
    if(sPort1.【_________】)
    {
        sPort1.【_________】;
    }
    else
    {
        try
        {
            sPort1.PortName = sportsName.【_________】;
            sPort1.BaudRate = 【_________】.ToInt32(sportsBaudRate.Text);
            sPort1.【_________】;
        }
        catch
        {
            MessageBox.Show("串口打开失败！");
        }
    }
    button1.Text = sPort1.【_________】 ? "关闭串口" : "打开串口";
    }
```

程序说明：本段程序主要完成打开和关闭串口功能，并对按钮的 text 值进行切换。

Note

2.1.7　LED 灯和风扇控制及监测程序设计

1. 界面设计

1）控件选择

从工具箱中依次拖入表 2-1-7 所列控件，并按照表中的内容修改控件属性。

表 2-1-7　控件属性设置

控件名	控件属性	属性值	备注
Form1	Text	数字量输出实训	窗体标题文本
	Size	580，420	窗体宽、高
label1	Text	选择串口	标签文本
label2	Text	波特率	标签文本
label3	Text	输入命令符	标签文本
label5	Text	控制成功	标签文本
	ForeColor	Red	文本颜色
checkBox1～checkBox2	Text	LED 灯、风扇	复选框控件
groupBox1	Text	数字量输出控制	容器标题文本
groupBox2	Text	查看输出状态	容器标题文本
button1	Text	打开串口	按钮标题文本
button2	Text	打开	按钮标题文本
button3	Text	查看状态	按钮标题文本
button4	Text	退出系统	按钮标题文本
comboBox1	Name	sportsName	对象名称
	Text	空	获取的串口名称
comboBox2	Name	sportsBaudRate	对象名称
	Text	空	获取的串口波特率
statusStrip1	Items	单击[...]添加一个栏目	状态行栏目

Note

续表

控件名	控件属性	属性值	备注
pictureBox1～pictureBox2	Size	100，120（仅供参考）	图片高宽
	SizeMode	Zoom	按比例缩放
imageList1～imageList2	Image	单击...添加项目资源文件（图2-1-17），注意选择图片顺序	图片集合

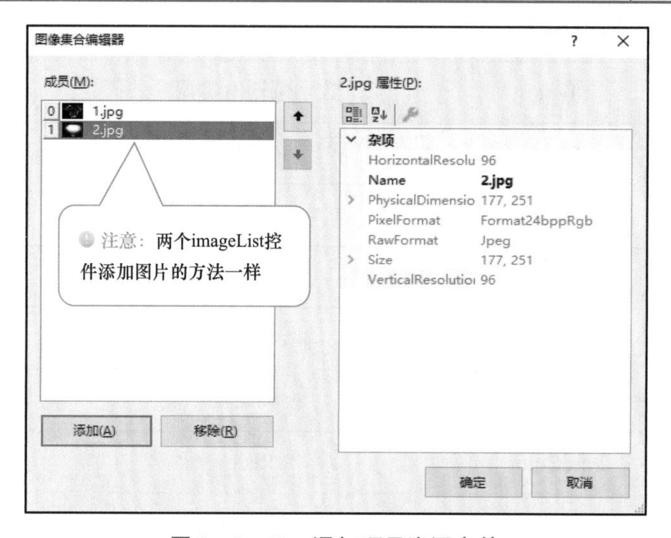

图 2-1-17　添加项目资源文件

提示：imageList1 图片集合中添加的为 LED 灯状态图片；imageList2 图片集合中添加的为风扇状态图片。此外，还要调整 Image Size 属性适应图片的大小来适应最后显示的清晰性。

2）界面布局

对所添加的控件进行布局，形成如图 2-1-18 所示界面。

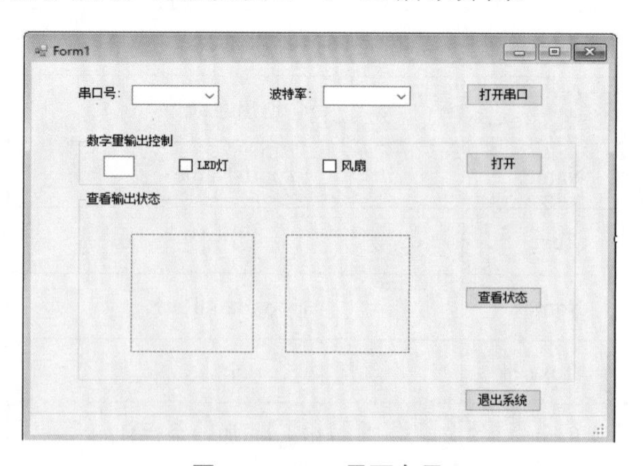

图 2-1-18　界面布局

打开功能

Note

2.“打开”功能代码编写

双击“打开”按钮，添加 button2_Click 事件，参考代码如下：

【1+X 证书考点】

5.3.1　能根据通信协议，运用编程知识，独立编程生成控制指令。

5.3.2　能根据通信协议，运用编程知识，独立编程实现解析指令，将解析结果执行出来，实现设备的控制。

【请根据程序框架，完成代码填空】

```
string xx;
        private void button2_Click(object sender, EventArgs e)
        {
            if(checkBox1.【__________】)
            {
                xx = "1";
            }
            else
            {
                xx =【________】;
            }
            if (checkBox2.Checked)
            {
                xx = 【________】;
            }
            if (checkBox1.Checked&& checkBox2.Checked)
            {
                xx = 【________】;
            }
            textBox1.Text = xx;
            if(textBox1.Text.【_________】) //判断输入命令符是否为1位
            {
                try
                {
                    string ii = textBox1.【________】;
                    //在字节数组中，按照数字量输出节点通信格式设置控制指令
                      byte[ ] z = new byte[ ] {【___________________________】};
                    switch(ii.【_________】)
```

Note

```
                {
                    case "0": z[5] = 【________】; break;
                    case "1": z[5] = 【________】; break;
                    case "2": z[5] = 【________】; break;
                    case "3": z[5] = 【________】; break;
                }
                sPort1.【__________】; //通过串口发送数组z中的全部数据
                sPort1.ReadTimeout = 【________】;
            }
            catch(Exception ex)
            {
                MessageBox.Show(ex.Message);
            }
            finally
            {
                //每次发送完要清空Builder中的数据
                Builder.Remove(0, 【_____________】);
            }
        }
        else
        {
            MessageBox.Show("请输入控制符命令");
            statusStrip1.Items[0].Text = "控制失败";
        }
        }
```

程序说明：在此事件中会先判断命令符是不是一位，如果是则把一位命令符转换为十六进制数，添加到执行命令中，经串口发送到继电器所在的无线接收模块中，实现控制目的。

3. "查看状态"功能代码编写

双击"查看状态"按钮，添加 button3_Click 事件，参考代码如下：

查看状态功能

【1+X 证书考点】

5.3.3 能根据通信协议，运用编程知识，独立编程生成响应控制指令。

Note

【请根据程序框架，完成代码填空】

```
private void button3_Click(object sender, EventArgs e)
        {
            if(Builder.【________】&&Builder.ToString( ).【______________】)
            {
                int index=0;
                string s = textBox1.【________】;
                byte data = Convert.【________】;
                for(int i=0;【__________】;i++)
                {
                    index = (【________】) & 1;
                    //根据开关状态切换图片框所显示的图片
                    pi[i].Image = images[i].【__________】;
                }
            }
            else
            {
                pi[0].Image = imageList1.【________】;
                pi[1].Image = 【________】.Images[0];
                statusStrip1.Items[0].Text = "控制失败";
            }
        }
        private void button4_Click(object sender, EventArgs e)
        {
            this.【________】;
        }
```

2.1.8　系统运行与调试

程序编写完毕，运行检查有没有语法错误，如运行正常，则可进行系统整体调试。选择“串口”和“波特率”两个参数，然后单击“打开串口”按钮；在“数字量输出控制”单元选择“LED 灯”，然后单击“打开”按钮，如图 2-1-19 所示，观察与继电器模块相连的 LED 灯是否被点亮，如果运行正确，则效果如图 2-1-20 所示。

Note

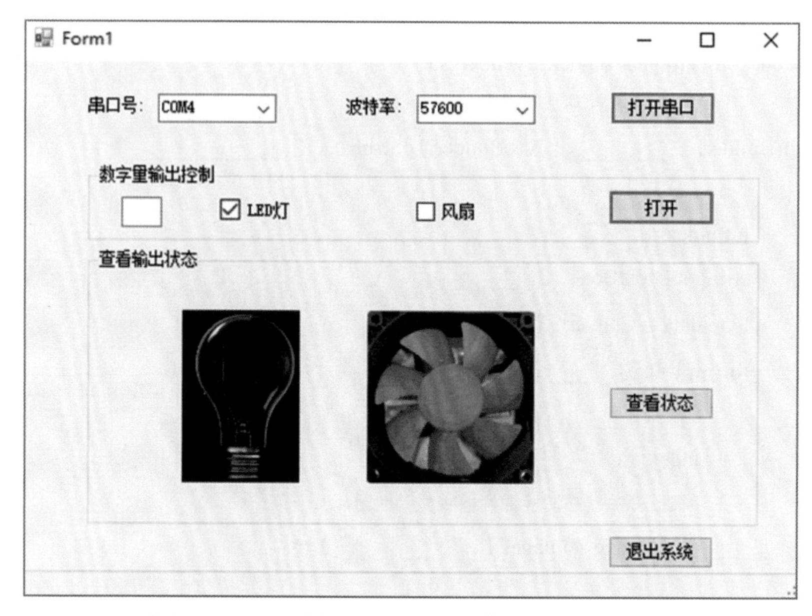

图 2-1-19　选择“LED 灯”，单击“打开”按钮

再单击“查看状态”按钮，这时，LED 灯的当前状态会以图片形式在界面中显示，如图 2-1-20 所示。

程序说明：根据继电器模块的返回数据信息，判断控制是否成功，并进行相应的图片显示，从而实现状态实时反馈。

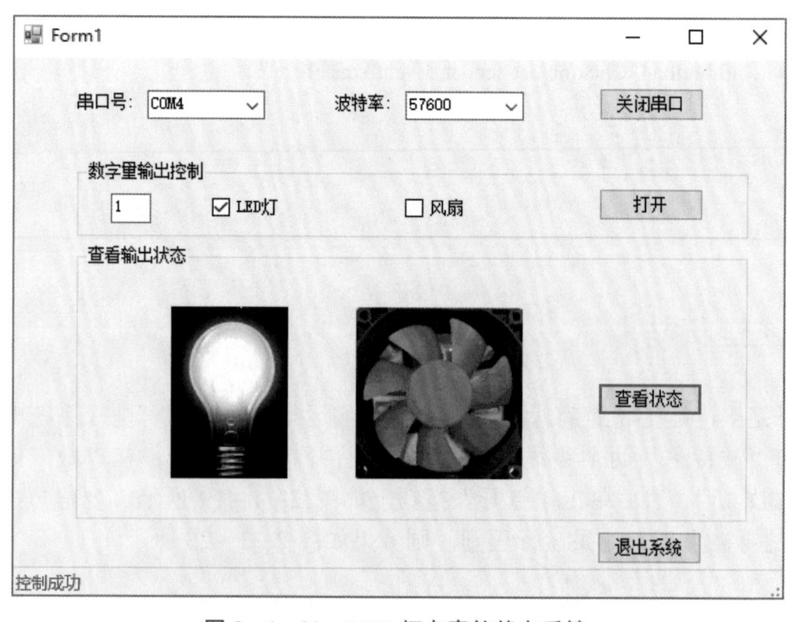

图 2-1-20　LED 灯点亮的状态反馈

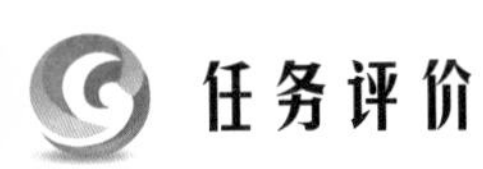

任务评价

任务评价表如表2-1-8所示，总结反思如表2-1-9所示。

表2-1-8　任务评价表

评价类型	赋分	序号	具体指标	分值	得分		
					自评	组评	师评
职业能力	55	1	硬件节点连接正确	5			
		2	串口驱动安装正确	5			
		3	协调器串口通信成功	5			
		4	继电器通信成功	5			
		5	界面设计合理美观	5			
		6	串口通信编程正确	5			
		7	执行器控制编程正确	10			
		8	状态反馈编程正确	10			
		9	系统整体功能实现	5			
职业素养	20	1	坚持出勤，遵守纪律	2			
		2	编程规范性	5			
		3	佩戴防静电手套	5			
		4	布线整洁美观	5			
		5	及时收回工具并按位置摆放	3			
劳动素养	15	1	按时完成，认真填写记录	5			
		2	保持工位卫生、整洁、有序	5			
		3	小组分工合理性	5			
思政素养	10	1	完成思政素材学习	4			
		2	协作互助、团结友善（从小组任务实施过程考量）	6			
总分				100			

表 2-1-9 总结反思

<table>
<tr><th colspan="2">总结反思</th></tr>
<tr><td colspan="2">● 目标达成：知识 □□□□□　能力 □□□□□　素养 □□□□□</td></tr>
<tr><td>● 学习收获：</td><td rowspan="2">● 教师寄语：

签字：________</td></tr>
<tr><td>● 问题反思：</td></tr>
</table>

课后任务

1. 问答与讨论

（1）如何根据指示灯判断协调器与数字量输出节点连接是否正常？

（2）串口调试助手的用途。

（3）数据通信格式中各字段的含义。

（4）数字量输入、模拟量输入、数字量输出、模拟量输出四个节点的节点地址分别是什么？

（5）继电器的工作原理。

（6）继电器的应用领域。

2. 巩固与提高

根据本任务所学内容，设计一个在环境智能监测系统中利用数字量输出模块完成智能控制的案例，比如利用数字量输出模块启动加湿器等。

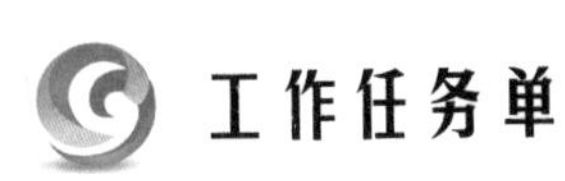

工作任务单

《工业传感网应用技术》工作任务单

<table>
<tr><td>工作任务</td><td colspan="4"></td></tr>
<tr><td>小组名称</td><td></td><td>工作成员</td><td colspan="2"></td></tr>
<tr><td>工作时间</td><td></td><td>完成总时长</td><td colspan="2"></td></tr>
<tr><td colspan="5">工作任务描述</td></tr>
<tr><td colspan="5"></td></tr>
<tr><td rowspan="5">小组分工</td><td>姓名</td><td colspan="3">工作任务</td></tr>
<tr><td></td><td colspan="3"></td></tr>
<tr><td></td><td colspan="3"></td></tr>
<tr><td></td><td colspan="3"></td></tr>
<tr><td></td><td colspan="3"></td></tr>
<tr><td colspan="5">任务执行结果记录</td></tr>
<tr><td>序号</td><td colspan="2">工作内容</td><td>完成情况</td><td>操作员</td></tr>
<tr><td>1</td><td colspan="2"></td><td></td><td></td></tr>
<tr><td>2</td><td colspan="2"></td><td></td><td></td></tr>
<tr><td>3</td><td colspan="2"></td><td></td><td></td></tr>
<tr><td>4</td><td colspan="2"></td><td></td><td></td></tr>
<tr><td colspan="5">任务实施过程记录</td></tr>
<tr><td colspan="5"></td></tr>
</table>

上级验收评定		验收人签名	

Note

任务 2.2　环境数据采集与智能监控系统设计与开发

学习目标

- 会连接实训平台中的温度、湿度传感器节点和 ZigBee 通信模块。
- 会使用串口调试助手软件进行通信测试。
- 会编写基于 C#的温度、湿度数据采集程序。
- 会编写基于 C#的风扇自动控制程序。
- 掌握温湿度传感器节点和协调器间的 ZigBee 数据通信格式。

思政目标

- 培养居安思危、防患未然的底线思维。

“课程思政”链接
融入点：设置温度阈值实现自动控制　**思政元素：思维方式——**底线思维
通过设置温度阈值（底线值）实现自动控制，即当实际温度高于设定阈值时自动打开风扇。从中教育学生要具备底线思维：第一，明确底线是最低条件和最低价值标准，是不可逾越的“红线”。要慎独慎初慎微，守住做人、做事的底线，守住政治生命线，守住法律、纪律红线；第二，凡事从坏处准备，做最充分周密的准备、争取最好结果，做到有备无患、遇事不慌，牢牢把握主动权。要居安思危、未雨绸缪、防患未然，“凡事预则立，不预则废”，认真评判决策处事的风险和可能出现的最坏局面，把应对的预案谋划得更充分、更周密
参考资料：《习近平倡导的五种思维方式》

任务要求

在机械零件在线监测系统中，为了保证系统的正常运行，需要采集工作环境中的温度、湿度参数，并根据当前环境温度自动控制风扇的开关，具体要求如下：

（1）利用传感器实时采集环境的温度、湿度数据并传输至上位机。

（2）通过文本框、图表等方式将采集到的数据进行显示。

（3）设置温度阈值，与当前环境温度比较，实现风扇自动控制。

（4）实现手动控制风扇开关。

Note

实训设备

（1）NewLab 实训平台。
（2）ZigBee 协调器节点、终端节点各一。
（3）温度传感器模块、湿度传感器模块、继电器模块、风扇模块各一。
（4）计算机一台，装有 Visual Studio 软件、串口调试助手软件。
（5）USB 转串口线一根，协调器电源适配器一个。

知识准备

2.2.1 温湿度采集模块数据通信格式

温湿度采集模块可以直接采集模块所在位置的温度、湿度信息，并通过串口传输这些数据，在程序显示出来，方便查看模块的工作环境，同时对其做出相应的改善等。温度、湿度采集模块指令格式如表 2-2-1 所示。

表 2-2-1 温度、湿度采集模块指令格式

:	AA	G	N	C	/
表示指令的前导字符，十六进制 0x3A	表示指令接收方的地址。本实训平台中该模块的地址为 0x30 0x37	表示节点的功能。实训中模块功能设置代码为 0x66	表示模块控制命令的状态。0x00 表示读，0x01 表示写。本模块中应为读，即 0x00	为使命令格式一致，在这里加入了一个备用字节 0x00	表示指令结束，为 0x2F

思考：如发送指令“3A 30 37 66 00 00 2F”表示要读取地址为【________】，即温度、湿度采集模块的温度、湿度数据。

返回指令为“3A 30 37 66 00 2B 32 33 2E 34 38 2B 35 35 2E 33 39 2F”，对应的十进制数信息为“23.48+55.39”，即采集到的现场温度为【________】℃，湿度为【________】%。

任务实施

2.2.2 环境温湿度数据采集

环境数据采集系统总体设计

本任务中组建的无线传感器网络包含 ZigBee 无线通信模块（协调器节点和终端节点）、温度传感器模块、湿度传感器模块、继电器模块、风扇模块。

首先，协调器通过 USB 转串口线与计算机相连，并把温度传感器、湿度传感器模块以及 ZigBee 终端节点模块放置在 NewLab 平台底板进行供电。

其次，将温度传感器模块的模拟量输出接口用导线连接到 ZigBee 终端节点的 ADC0 接口上；将湿度传感器模块的模拟量输出接口用导线连接到 ZigBee 终端节点的 ADC1 接口上。其连接示意图如图 2－2－1、图 2－2－2 所示。

（1）节点硬件连接。

（2）连接状态判断。

节点与协调器的连接状态判断及使用串口调试助手软件进行通信调试的方法跟前节相同，请参考相关内容。

（3）按任务 2.1 步骤建立一个项目，命名为 WSInPut。

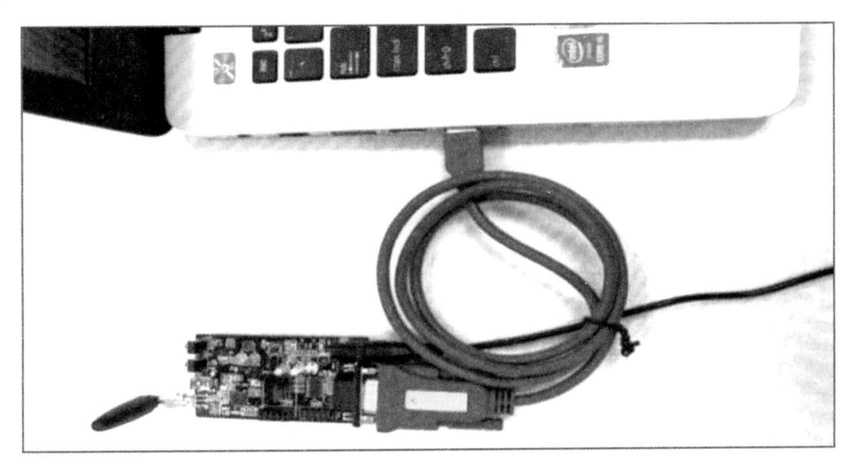

图 2－2－1　协调器连接示意图

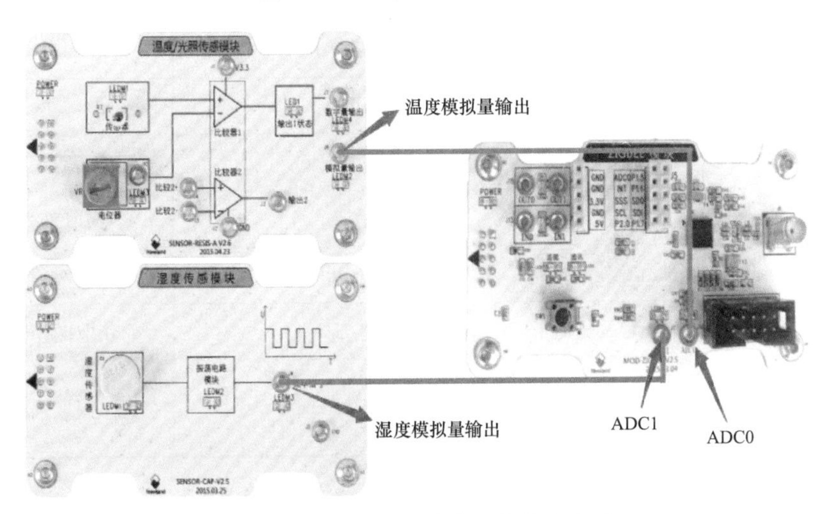

图 2－2－2　温、湿度节点连接示意图

（4）界面设计。

从工具箱中依次拖入表 2－2－2 所列控件，并按照表中的内容修改控件属性。

Note

表 2-2-2 控件属性设置

控件名	控件属性	属性值	备注
Form1	Text	温度、湿度、光照信息采集	窗体标题文本
	Size	550，480	窗体宽、高
label1	Text	选择串口	标签文本
label2	Text	波特率	标签文本
label3	Text	数据返回	标签文本
label4	Text	温度	标签文本
label5	Text	℃	标签文本
label6	Text	湿度	标签文本
label7	Text	%	标签文本
groupBox2	Text	温湿度信息	容器标题文本
button1	Name	controlSports	对象名称
	Text	打开串口	按钮标题文本
button2	Text	退出系统	按钮标题文本
button3	Text	数据采集	按钮标题文本
chart1	Series	单击...添加成员，如图 2-2-3 所示	chart1
	ChartType	Spline	图表类型
comboBox1	Name	sportsName	对象名称
	Text	空	获取的串口名称
comboBox2	Name	sportsBaudRate	对象名称
	Text	空	获取的串口波特率
textBox1～textBox3	Text	空	获取显示数据

思考：上述这些控件添加完成之后，还需要添加 Timer 与 SerialPort 控件，这两个控件在程序运行界面上是否显示？

编者设计的温湿度采集程序界面如图 2-2-4 所示，也可根据功能需求自行设计。

Note

图 2-2-3　Chart1 添加成员

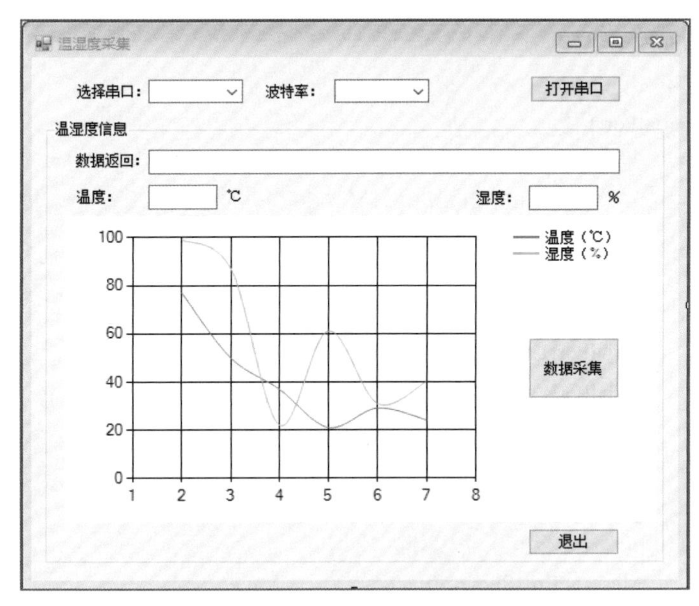

图 2-2-4　温湿度采集程序界面

（5）代码编写。

本程序中代码主要分为两部分，一部分是串口通信代码，另一部分是温度、湿度数据采集代码。其中，串口通信代码与上一任务中的代码相同。在进行数据采集时，通过“数据采集”按钮来控制 timer 控件，当 timer 的 Enabled 属性为 true 时，就执行温度、湿度数据采集功能。

环境数据采集编程调试

① 窗体加载 Form1_load 事件的参考代码如下：

Note

【请根据程序框架，完成代码填空】

```
private void Form1_Load(object sender, EventArgs e)
    {
        string[ ] ports = SerialPort.【____________】;
        sportsName.Items.【____________】;
        sportsName.SelectedIndex = sportsName.Items.【________】 ? 0 : -1;
        sportsBaudRate.Text = 【__________】;
        chatShow(0,0);
    }
```

②“打开串口”功能实现的参考代码如下：

【请根据程序框架，完成代码填空】

```
private void controlSports_Click(object sender, EventArgs e)
    {
        if (serialPort1.【__________】)
        {
            serialPort1.【___________】;
        }
        else
        {
            try
            {
                serialPort1.PortName = sportsName.【__________】;
                serialPort1.BaudRate = Convert.ToInt32(【____________】);
                serialPort1.Open( );
            }
            catch
            {
                MessageBox.Show(【____________】);
            }
        }
        controlSports.Text = serialPort1.【________】 ? "关闭串口" : "打开串口";
    }
```

③ 加载 sPort1_DataReceived 事件的参考代码如下：

【请根据程序框架，完成代码填空】

```
StringBuilder builder = new 【____________】;
    private void serialPort1_DataReceived(object sender, SerialDataReceivedEventArgs e)
```

```
        {
            try
            {
                int n = serialPort1.【____________】;
                byte[ ] buf = 【____________】;
                serialPort1.【____________】;
                this.Invoke((EventHandler)(delegate
                {
                    foreach (byte b in 【_______】)
                    {
                        builder.Append(b.【___________】 + " ");
                    }
                }));
            }
            catch(Exception EX)
            {
                MessageBox.Show(EX.【________】,"提示");
            }
        }
```

④ 双击“数据采集”按钮，添加 button3_Click 事件的参考代码如下：

【请根据程序框架，完成代码填空】

```
private void button2_Click(object sender, EventArgs e)
        {
            if(button2.Text==【____________】)
            {
                timer1.Enabled = 【__________】;
                timer1.Interval = 【__________】;
                button2.Text = 【____________】;
            }
            else
            {
                timer1.Enabled = 【___________】;
                button2.Text = 【____________】;
            }
        }
```

程序说明：本段程序根据需要进行定时器的开、关设置，并实现按钮的显示文本切换；要求每隔 1 s 自动采集温度、湿度数据一次。

Note

⑤ 双击 timer1 控件，添加 timer1_Tick 事件，参考代码如下：

【1+X 证书考点】

5.2.1 能根据通信协议，运用编程知识，独立编程生成读配置参数的指令。

【1+X 证书考点】

5.2.2 能根据通信协议，运用编程知识，独立编程实现解析指令，从存储介质中提取目标参数或读取输出设备的状态。

【请根据程序框架，完成代码填空】

```
string m = " ";
double WD = 【__________】;
double SD = 【__________】;
private void timer1_Tick(object sender, EventArgs e)
{
    if(serialPort1.【__________】)
    {
        byte[ ] WS = { 0x3A, 【____】, 【____】, 0x66, 【____】, 0x00, 0x2F };
        serialPort1.Write(【____】,0, 【____】);
        m = builder.【__________】;
        if(builder.Length==【____】)
        {
            byte[ ] by = new 【_________】;
            by[0] = Convert.ToByte(m.【__________】,16);
            by[1] = Convert.ToByte(m.【__________】, 16);
            by[2] = Convert.ToByte(m.【__________】, 16);
            by[3] = Convert.ToByte(m.【__________】, 16);
            by[4] = Convert.ToByte(m.【__________】, 16);
            by[5] = Convert.ToByte(m.【__________】, 16);
            by[6] = Convert.ToByte(m.【__________】, 16);
            by[7] = Convert.ToByte(m.【__________】, 16);
            by[8] = Convert.ToByte(m.【__________】, 16);
            by[9] = Convert.ToByte(m.【__________】, 16);
            by[10] = Convert.ToByte(m.【__________】, 16);
            by[11] = Convert.ToByte(m.【__________】, 16);
            string str = System.Text.Encoding.UTF8.【__________】;
            WD = Convert.ToDouble(str.【__________】);
            SD = Convert.ToDouble(str.【__________】);
```

Note

```
                textBox1.Text = 【__________】;
                textBox2.Text = WD.【__________】;
                textBox3.Text = SD.【__________】;
                builder.Remove(0,【__________】);
                chatShow(WD,SD);
            }
        }
        else
        {
            timer1.Enabled = 【__________】
            button2.Enabled = 【__________】;
            MessageBox.Show("请先打开串口！");
        }
        builder.Remove(0, 【__________】);
    }
```

程序说明：添加 timer1_Tick 事件时，应在该事件前加几个变量来存放串口获取的数据，即温度、湿度等。程序运行时，采集到的数据通过串口进行传输，把数据显示在相应程序的 textBox 中。

如果要将这些值在图表控件中显示，还需添加图形绘制的方法 chatshow，将串口中获取的数值转换为图形上的点，其参考代码如下：

【请根据程序框架，完成代码填空】

```
private void chatShow(double 【_____】,double 【_____】)
    {
        Series series = chart1.【________】;
        int xCount = series.Points.【_________】 ? 0 : series.Points.Count - 1;
        double xLast = series.Points.Count == 0 ? 0 : series.【________】.【____】 +1;
        double yLast = 【________】;
        series.Points.【________】(xLast,yLast);
        series = chart1.【________】;
        series.Points.AddXY(【______】,【______】);
        while(chart1.Series[0].Points.【________】)
        {
            foreach(Series s in chart1.Series)
            {
```

Note

```
                s.Points.【________】;
            }
        }
        double xMin = chart1.Series[0].Points[0].【________】;
        chart1.ChartAreas[0].AxisY.Maximum =【________】;
        chart1.ChartAreas[0].AxisY.Minimum = 【________】;
        chart1.ChartAreas[0].AxisX.Minimum = 【________】;
        chart1.ChartAreas[0].AxisX.Maximum = 【________】;
    }
    private void button1_Click(object sender, EventArgs e)
    {
        this.Close( );
    }
```

（6）系统整体调试。

系统整体调试时，程序运行界面如图 2－2－5 所示，系统会以图形的方式将串口获取的温度、湿度显示出来，同时在单击“数据采集”按钮时，文本会切换为“停止采集”。每间隔 1 s 在界面上就可以看到动态更新的温度、湿度等实时数据。

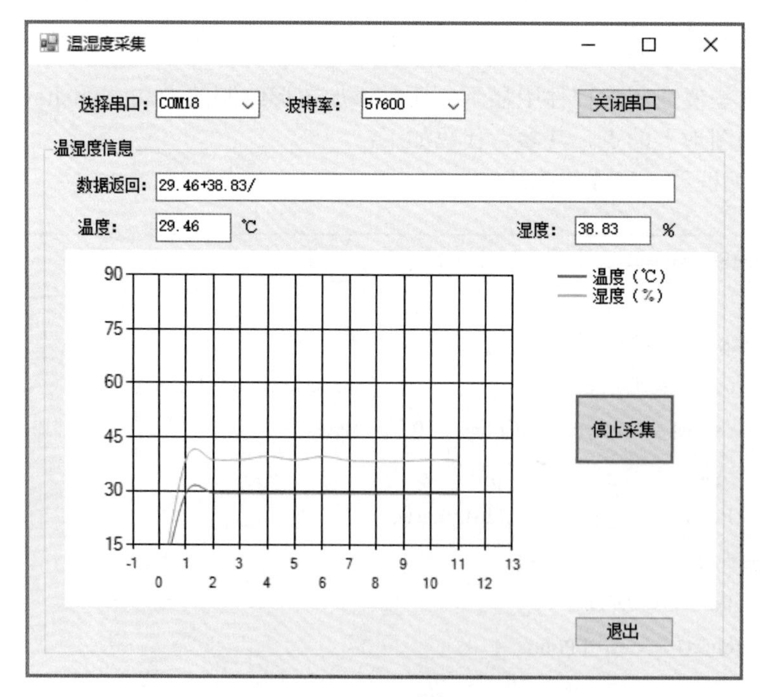

图 2－2－5　程序运行界面

2.2.3　风扇智能控制

在环境数据采集与显示程序设计的基础上进行扩展应用，即根据检测到的环境参数来控制风扇。在本任务中，根据环境温度的设定临界值和实际值对比，实现风扇的智能控制。

（1）节点硬件连接。

按照上一节中介绍的方式连接 ZigBee 协调器与计算机，以及温度传感器和 ZigBee 终端节点，如图 2-2-6 所示；并按照项目 2 任务 2.1 中的方式连接 ZigBee 终端节点、继电器模块和风扇模块，如图 2-2-7 所示。

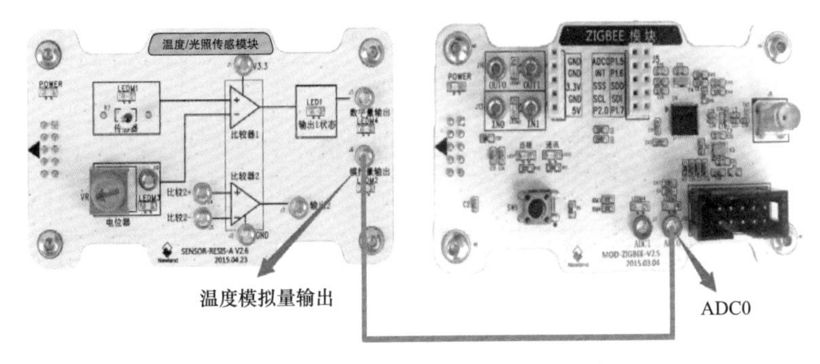

图 2-2-6　温度传感器节点连接示意图

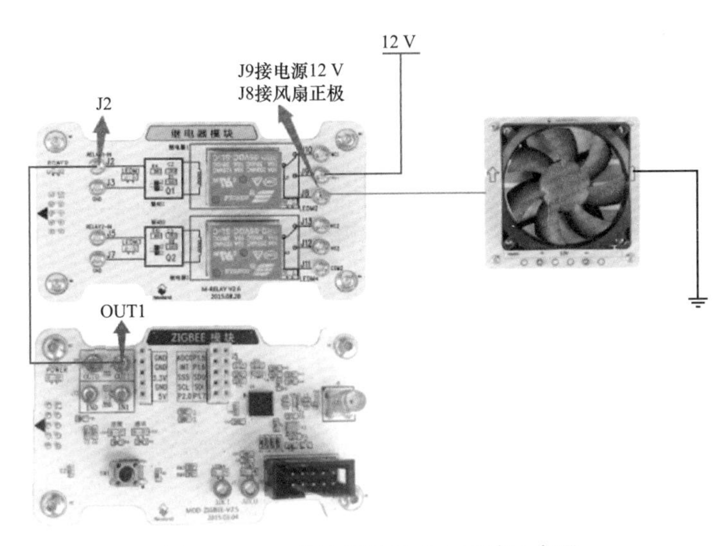

图 2-2-7　数字量输出节点连接示意图

（2）连接状态判断。

节点与协调器的连接判断及使用串口调试助手软件进行通信调试的方法跟上一节中相似，在此就不再重复描述。

（3）按任务 2.1 步骤建立一个项目，命名为 Control。

（4）界面设计。

从工具箱中依次拖入表 2－2－3 所列控件，并按照表中的内容修改控件属性。

表 2－2－3　控件属性设置

控件名	控件属性	属性值	备注
Form1	Text	利用温度来实现对风扇的控制	窗体标题文本
	Size	500，400	窗体宽、高
label1	Text	选择串口	标签文本
label2	Text	波特率	标签文本
label3	Text	温度采集值	标签文本
label4	Text	℃	标签文本
label5	Text	温度设定值	标签文本
label6	Text	℃	标签文本
label7	Text	注意：	标签文本
label8	Text	实际温度大于设定值时，开启风扇。直接控制按钮可以不通过温度值的对比直接开启风扇	标签文本
groupBox1	Text	联动控制	容器标题文本
button1	Name	controlSports	对象名称
	Text	打开串口	按钮标题文本
button2	Text	温度采集	按钮标题文本
button3	Text	直接控制	按钮标题文本
button4	Text	退出系统	按钮标题文本
comboBox1	Name	sportsName	对象名称
	Text	空	获取的串口名称
comboBox2	Name	sportsBaudRate	对象名称
	Text	空	获取的串口波特率
textBox1～textBox2	Text	空	获取显示数据/显示设置的值

上述这些控件添加完成之后，还需要添加两个 Timer 控件与 SerialPort 控件，但这两个控件在最后的程序运行界面上是不显示的。程序中采用自动获取温度、湿度数据的方式，事件间隔为 1 s。温度控制风扇程序界面如图 2－2－8 所示。

Note

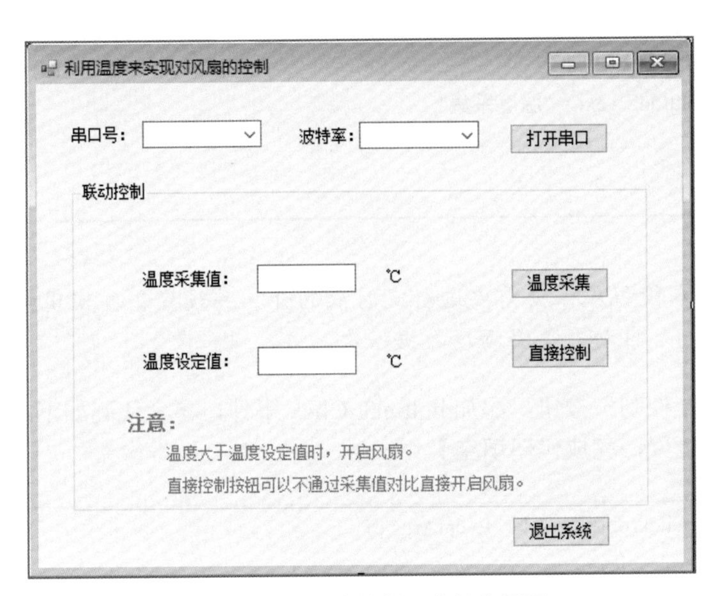

图 2-2-8　温度控制风扇程序界面

（5）代码编写。

本程序的实现过程是：第一步打开串口；第二步获取温度数据；第三步判断用户是否设定温度临界值，若有则进行比较，否则不进行动作。

环境智能监控编程调试

下面根据要实现的功能编写相应代码，其中①～③步骤的参考代码和 2.2.2 节中相同，此处不再赘述。

① 窗体加载 Form1_load 事件的参考代码。

②“打开串口”功能实现的参考代码。

③ 加载 sPort1_DataReceived 事件。

④ 双击“温度采集”按钮，添加 button2_Click 事件，参考代码如下：

【请根据程序框架，完成代码填空】

```
private void button2_Click(object sender, EventArgs e)
{
    if (button2.Text =="温度采集")
    {
        timer1.Enabled = 【__________】;
        timer1.Interval = 【__________】;
        button2.Text = 【__________】;
        button3.Text = 【__________】;
    }
    else
    {
        timer1.Enabled = 【__________】;
```

Note

```
                timer2.Enabled = 【__________】;
                button2.Text = "温度采集";
            }
        }
```

程序说明：本段程序根据需要进行定时器的开、关设置，并实现按钮的显示文本切换；要求每隔 1 s 自动采集温湿度数据一次。

⑤ 双击“直接控制”按钮，添加 button3_Click 事件，参考代码如下：

【请根据程序框架，完成代码填空】

```
private void button3_Click(object sender, EventArgs e)
        {
            if(serialPort1.【__________】)
            {
                if(button3.Text=="直接控制")
                {
                    byte[ ] z = { 0x3A, 【_____】, 【____】, 0x33, 0x01, 【____】, 0x2F };
                    serialPort1.Write(z,0, 【_____】);
                    timer1.Enabled = 【__________】;
                    timer2.Enabled = 【__________】;
                    button2.Text = 【__________】;
                    button3.Text = 【__________】;
                }
                else
                {
                    byte[ ] z = { 0x3A, 0x30, 0x33, 0x33, 0x01, 【_____】, 0x2F };
                    serialPort1.Write(z, 0, 7);
                    button3.Text = "直接控制";
                }
            }
            else
            {
                MessageBox.Show("请先打开串口！");
            }
        }
```

程序说明：本段程序实现继电器模块的开、关控制，从而间接控制与之相连的风

扇，并进行按钮中显示文本的切换。

⑥ 双击 timer1 控件，添加 timer1_Tick 事件，参考代码如下：

【请根据程序框架，完成代码填空】

```
string M = "";
double WD = 【________】;
private void timer1_Tick(object sender, EventArgs e)
{
    if(serialPort1.【________】)
    {
        byte[ ] WS = { 0x3A, 【_____】,【_____】, 0x66,【_____】, 0x00, 0x2F };
        serialPort1.Write(WS, 0, 【_____】);
        M = builder.【________】;
        if(builder.Length==【_____】)
        {
            byte[ ] by = new byte[6];
            by[0] = Convert.ToByte(M.【__________】,16);
            by[1] = Convert.ToByte(M.【__________】, 16);
            by[2] = Convert.ToByte(M.【__________】, 16);
            by[3] = Convert.ToByte(M.【__________】, 16);
            by[4] = Convert.ToByte(M.【__________】, 16);
            by[5] = Convert.ToByte(M.【__________】, 16);
            string str = System.Text.Encoding.UTF8.【__________】;
            WD = Convert.ToDouble(str.【__________】);
            textBox1.Text = WD.【__________】;
            builder.Remove(0,builder.【______】);
            if(textBox2.Text!="")
            {
                timer1.Enabled = 【______】;
                timer2.Enabled = 【______】;
                timer2.Interval = 【______】;
            }
            else
            {
                timer2.Enabled = 【______】;
            }
        }
    }
    else
```

Note

```
            {
                timer1.Enabled = 【________】;
                MessageBox.Show("请先打开串口！");
                button2.Text = "温度采集";
            }
            builder.Remove(0, builder.Length);
        }
```

程序说明：在添加 timer1_Tick 事件时，应在该事件前面添加几个变量来存放串口获取的数据。程序运行时，采集到的数据通过串口传输，把数据显示在相应程序的 textBox 中。如果参考值不为空则开启定时器 timer2，执行该事件中的代码；否则一直循环采集温度信息，不执行 timer2 事件中的代码，需要再添加一个 timer2 事件。

⑦ 双击 timer2 控件，添加 timer2_Tick 事件，参考代码如下：

【1+X 证书考点】

5.3.1 能根据通信协议，运用编程知识，独立编程生成控制指令。

5.3.2 能根据通信协议，运用编程知识，独立编程实现解析指令，将解析结果执行出来，实现设备的控制。

【请根据程序框架，完成代码填空】

```
private void timer2_Tick(object sender, EventArgs e)
    {
        if(Convert.ToDouble(【__________】) > Convert.ToDouble(【__________】)
        {
            byte[ ] z = { 0x3A, 0x30, 0x33, 0x33, 0x01, 【________】, 0x2F };
            serialPort1.Write(z,0,7);
        }
        else
        {
            byte[ ] z = { 0x3A, 0x30, 0x33, 0x33, 0x01, 【________】, 0x2F };
            serialPort1.Write(z,0,7);
            timer2.Enabled = 【________】;
            timer1.Enabled = 【________】;
            timer1.Interval = 【________】;
        }
    }
```

程序说明：timer2 事件的功能是如果用户在文本框中设置了比较值（即参考值），那么程序会将采集到的温度值与设定值进行比较，若采集值大于设定值，则开启风扇，否则关闭。

（6）系统整体调试。

系统整体联调时，程序运行界面如图 2－2－9 所示，可显示串口获取的温度数据。这时输入温度设定值便可观察风扇的变化情况。如输入的设定值为“25”，采集到的实际温度值为“28.98”，由于采集值高于设定值，风扇会自动开启。

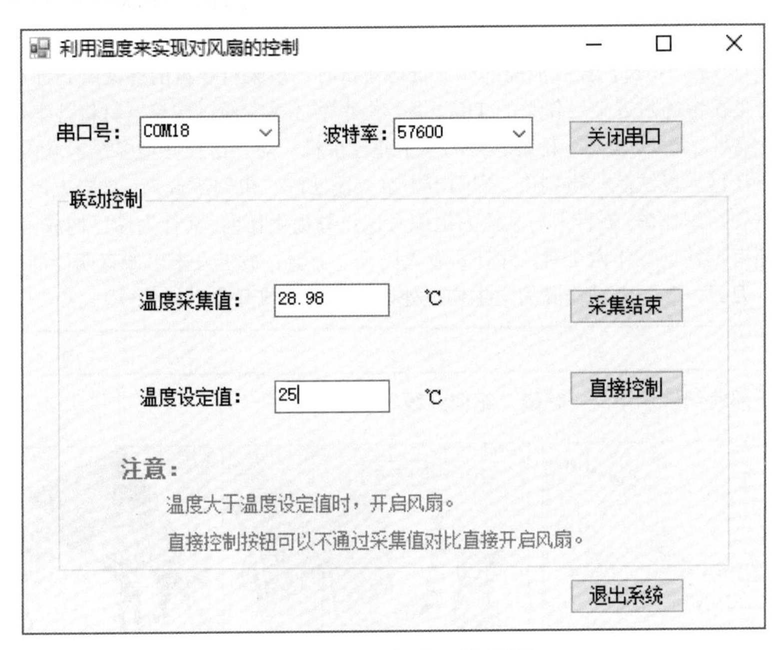

图 2－2－9 程序运行界面

■ 【课程思政】思考感悟

通过设置温度阈值（底线值）实现自动控制，从中感悟底线思维。阅读《习近平倡导的五种思维方式》及案例两则，深刻体会“红线意识”和“底线思维”。

《习近平倡导的五种思维方式》

谈一谈你的感想：

Note

■ 案例一：组织考试作弊——触犯“法律红线”

2016 年 10 月 15、16 日，在执业药师职业资格考试时，段某将获得的答案发到杜某建的 QQ 群，并安排李某、马某在考场附近架设作弊的 TK 设备，由李某读答案通过作弊器材将答案传送给考场内的考生，马某负责望风。此外，杜某、杨某联系的学生通过手机一对一给在其他多个考场内的考生读答案。四川省资阳市雁江区人民法院一审判决、资阳市中级人民法院二审判决认为：被告人段某、李某在法律规定的国家考试中组织作弊，被告人马某等人组织考试作弊提供帮助，其行为均已构成组织考试作弊罪，判处被告人段超有期徒刑三年六个月，并处罚金人民币二万元；被告人李忠诚有期徒刑三年三个月，并处罚金人民币二万元。参与考试作弊的学生均被处以留校察看或开除学籍处分。

案例二：党员干部违纪警示录——触碰“纪律红线”

徽县县医院工会主席景某以权谋私，2017 年春节前后先后收受该院 19 名保洁员赠送的 6 张计 1 600 元的超市购物卡以及烟、酒、菜籽油、大米、面粉、纯牛奶、杏仁露等礼品，并通过县医院保洁班班长孙某，先后 3 次安排 5 名保洁员当班时间去景某新建的住宅楼无偿保洁服务。景某认为过年时，职工给领导“拜年”，叫同事帮忙打扫卫生，都是“小事”，也没有什么不妥，都属于正常人情往来，他觉得不属于违纪行为。针对其错误认识，调查组成员进行耐心细致的党规党纪教育。通过教育，景某认识到错误，他在检讨中写道：“这段时间我辗转反侧，愧疚自问，因为我认识上的错误，给单位和职工造成了不良影响和困惑，我内心感到极大的悔恨与自责。”景某因违规收受其管理服务对象的购物卡及礼品，被徽县纪委给予党内严重警告处分。

任务评价

任务评价表如表 2-2-4 所示，总结反思如表 2-2-5 所示。

表 2-2-4　任务评价表

评价类型	赋分	序号	具体指标	分值	得分		
					自评	组评	师评
职业能力	55	1	硬件节点连接正确	5			
		2	协调器串口通信成功	5			
		3	终端节点通信成功	5			
		4	界面设计合理美观	5			
		5	串口通信编程正确	5			
		6	温度、湿度采集编程正确	5			
		7	数据显示编程正确	10			
		8	风扇智能控制编程正确	10			
		9	系统整体功能实现	5			
职业素养	20	1	坚持出勤，遵守纪律	2			
		2	编程规范性	5			
		3	佩戴防静电手套	5			
		4	布线整洁美观	5			
		5	及时收回工具并按位置摆放	3			
劳动素养	15	1	按时完成，认真填写记录	5			
		2	保持工位卫生、整洁、有序	5			
		3	协作互助、小组分工合理性	5			
思政素养	10	1	完成思政素材学习	4			
		2	谈一谈“面对职场竞争该如何准备”（围绕五种思维方式进行考量）	6			
总分				100			

表 2-5-5　总结反思

<table>
<tr><th colspan="2">总结反思</th></tr>
<tr><td colspan="2">● 目标达成：知识 □□□□□　能力 □□□□□　素养 □□□□□</td></tr>
<tr><td>● 学习收获：</td><td rowspan="2">● 教师寄语：

签字：__________</td></tr>
<tr><td>● 问题反思：</td></tr>
</table>

课后任务

1. 问答与讨论

（1）温度、湿度采集模块的数据通信格式。

（2）温度、湿度采集模块中指令“3A 30 35 22 00 00 2F”的含义是什么？

（3）光照度的度量单位是什么？

2. 巩固与提高

根据本任务所学内容，思考如何将温度、湿度采集模块与继电器模块进行结合，设计开发智能联动控制系统，例如根据环境中光照度值的变化来智能控制是否开启灯，设计该程序的流程图，并完成程序的开发。

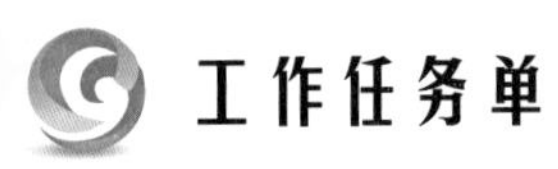

工作任务单

《工业传感网应用技术》工作任务单

<table>
<tr><td>工作任务</td><td colspan="4"></td></tr>
<tr><td>小组名称</td><td></td><td>工作成员</td><td colspan="2"></td></tr>
<tr><td>工作时间</td><td></td><td>完成总时长</td><td colspan="2"></td></tr>
<tr><td colspan="5">工作任务描述</td></tr>
<tr><td colspan="5"></td></tr>
<tr><td rowspan="5">小组分工</td><td>姓名</td><td colspan="3">工作任务</td></tr>
<tr><td></td><td colspan="3"></td></tr>
<tr><td></td><td colspan="3"></td></tr>
<tr><td></td><td colspan="3"></td></tr>
<tr><td></td><td colspan="3"></td></tr>
<tr><td colspan="5">任务执行结果记录</td></tr>
<tr><td>序号</td><td>工作内容</td><td>完成情况</td><td colspan="2">操作员</td></tr>
<tr><td>1</td><td></td><td></td><td colspan="2"></td></tr>
<tr><td>2</td><td></td><td></td><td colspan="2"></td></tr>
<tr><td>3</td><td></td><td></td><td colspan="2"></td></tr>
<tr><td>4</td><td></td><td></td><td colspan="2"></td></tr>
<tr><td colspan="5">任务实施过程记录</td></tr>
<tr><td colspan="5"></td></tr>
</table>

上级验收评定		验收人签名	

任务2.3　超声波实时测距系统设计与开发

学习目标

- 会连接实训平台中的超声波传感器节点和ZigBee通信模块。
- 会使用串口调试助手软件进行通信测试。
- 会编写基于C#的超声波距离测量程序。
- 了解超声波传感器节点和协调器间的数据通信格式。

思政目标

- 培养目标导向的思维方法。

"课程思政"链接
融入点：超声波实施测距　**思政元素：思维方法——**目标导向
利用超声波传感器实时自动测量与目标物体的距离，由此引导学生形成目标导向的思维方法。目标是对实现美好理想的实践概括和总结，是想要达到的境界或目的。没有目标如同在沙漠中行走，终将碌碌无为、虚度一生；而目标则是前进的方向和动力，是出发点也是落脚点。因此，要确立合理目标并制定可行计划，在过程不断检验与目标的差距，及时调整行为。坚持目标导向，就是紧紧围绕既定目标开展工作，始终在目标指引的方向和道路上持续奋进，以实现美好理想为工作目的。同时，我们要将个人的目标与国家、民族的理想相结合，不忘初心、牢记使命，为实现"中国梦"和中华民族的伟大复兴而奋斗
参考资料：《习近平：在庆祝改革开放40周年大会上的讲话》《卓越人士的思维方式：以目标作为导向，以结果纠正行为》

任务要求

在机械零件在线监测系统中，可利用多种传感器测量工件的尺寸数据（长度、宽度、高度），如霍尔传感器、红外传感器和超声波传感器等。在本实训平台中，利用超声波传感器实现距离测量，为进一步测量工件实际尺寸、实现质量分拣提供基础。具体任务要求如下：

（1）利用超声波传感器实时测量与目标物体的距离，并传输至上位机。

（2）通过文本框显示所测距离信息。

实训设备

（1）NewLab 实训平台。
（2）ZigBee 协调器节点、终端节点各一。
（3）超声波传感器。
（4）计算机一台，装有 Visual Studio 软件、串口调试助手软件。
（5）USB 转串口线一根，协调器电源适配器一个。

知识准备

2.3.1　超声波传感模块数据通信格式

由程序定期发送查询命令，超声波传感模块中的探头会发出超声波信号进行实时测量。当发送命令成功时，超声波传感节点会返回相应的距离数据；通过对返回的数据信息进行解析，便可获得目标物当前的距离。因此，必须了解返回数据的通信格式，如表 2－3－1 所示。

表 2－3－1　超声波传感模块指令格式

:	AA	G	N	C	/
表示指令的前导字符，十六进制 0x3A	表示指令接收方的地址，本实训平台中该模块的地址为 0x30 0x35	表示节点的功能。实训中模块功能设置代码为 0x22	表示模块控制命令的状态。0x00 表示读，0x01 表示写。本模块中应为读，即 0x00	为使命令格式的一致，在这里加入一个备用字节：0x00	表示指令结束，为 0x2F

思考：如发送指令“3A 30 35 22 00 00 2F”表示要读取地址为【________】，即取超声波传感模块所测量的距离数据。

返回指令为“3A 30 35 22 00 2B 31 32 2E 39 39 2B 2F”，对应的十进制数信息为“+12.99+”，即采集到的目标物的距离为【________】cm。

任务实施

2.3.2　系统硬件连接与调试

1. 节点硬件连接

本项目组建的无线传感器网络包含 ZigBee 无线通信模块（协调器节点和终端节点）和

超声波传感器模块。首先，协调器需通过USB转串口线与计算机相连，并单独供电，连接示意图如图2-3-1所示。

超声波测距系统总体设计

其次，将超声波传感器以及ZigBee终端节点放置在NewLab平台底板的通用实验模块插槽上，通过底板为模块自动供电。将超声波传感器模块的“测量触发信号”和“距离脉冲输出”接口，分别用导线连接至ZigBee终端节点的OUT1和IN0接口上。其连接效果图如图2-3-2所示。

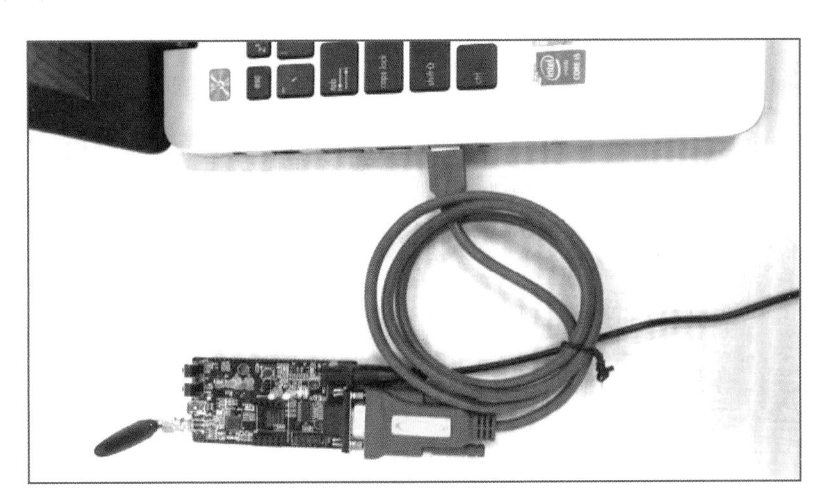

图2-3-1　协调器连接示意图

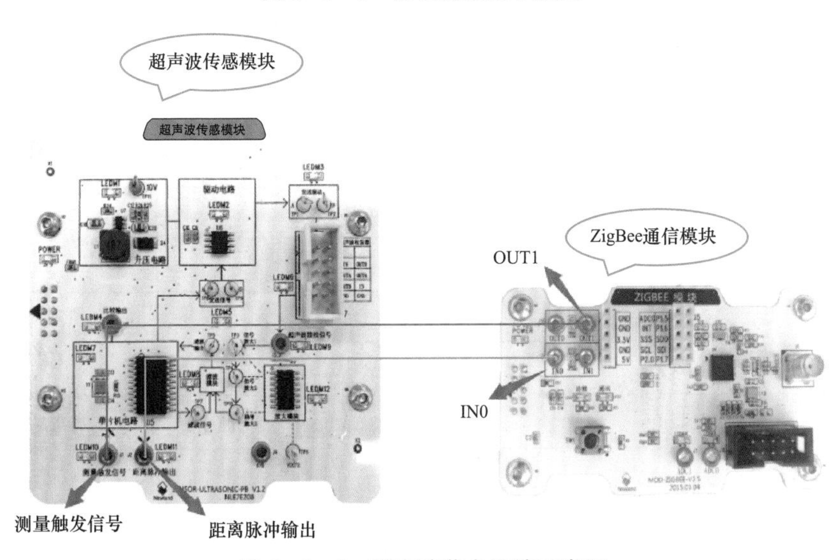

图2-3-2　超声波节点连接示意图

2. 连接状态判断

节点与协调器的连接判断，以及使用串口调试助手软件进行通信调试的方法跟前文中相同，在此不再赘述。

Note

2.3.3 超声波测距程序设计

1. 新建项目

启动 Visual C#集成开发环境，新建项目命名为 frmUltrasonic。

超声波测距界面设计

2. 界面设计

根据超声波测距功能需求，从工具箱中依次拖入表 2–3–2 所列控件，并按照表中的内容修改控件属性。

SerialPort 控件的添加、使用方法和前文相同。PictureBox 添加图片的方法如图 2–3–3 所示，选择需要导入的超声波传感器模块图片。

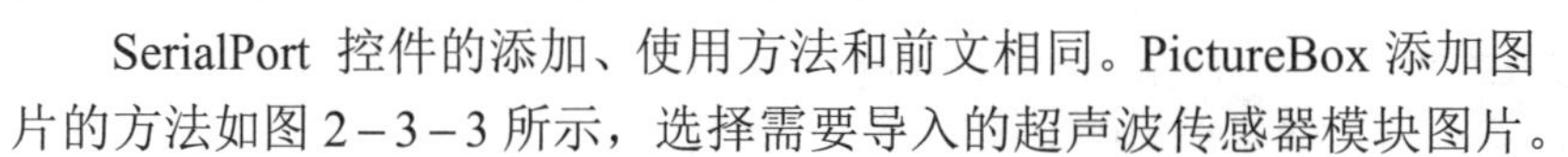

表 2–3–2　控件属性设置

控件名	控件属性	属性值	备注
Form1	Text	超声波测距实验	窗体标题文本
	Size	550，480	窗体宽、高
label1	Text	串口号	标签文本
label2	Text	波特率	标签文本
label3	Text	距离	标签文本
label4	Text	CM	标签文本
groupBox2	Text	超声波测距	容器标题文本
button1	Name	btn_Open	对象名称
	Text	打开串口	按钮标题文本
button3	Name	btn_Close	按钮标题文本
	Text	退出系统	
button2	Name	btn_Data	按钮标题文本
	Text	距离测试	
comboBox1	Name	sportsName	对象名称
	Text	空	获取的串口名称
comboBox2	Name	sportsBaudRate	对象名称
	Text	空	获取的串口波特率
pictureBox1	Image	单击...添加项目资源文件，添加图片	显示图片
	SizeMode	Zoom	按比例缩放
TextBox1	Text	空	显示距离

上述控件添加完成之后，还需要添加 Timer 与 SerialPort 控件，但这两个控件在最后的程序运行界面上是不显示的。程序中采取自动检测目标物体距离的方式，事件间隔为 1 s。超声波测距程序界面如图 2-3-4 所示，也可根据功能需求自行设计。

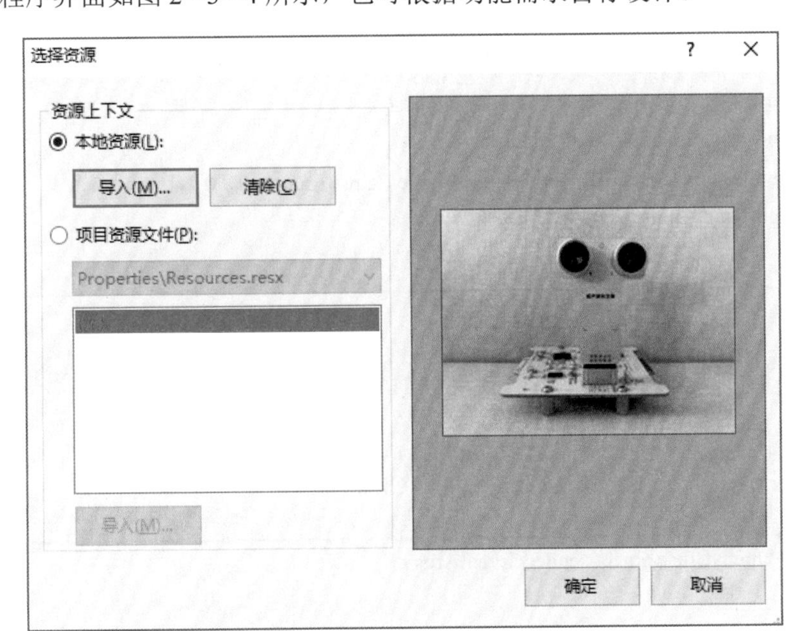

图 2-3-3　**pictureBox** 添加图片的方法

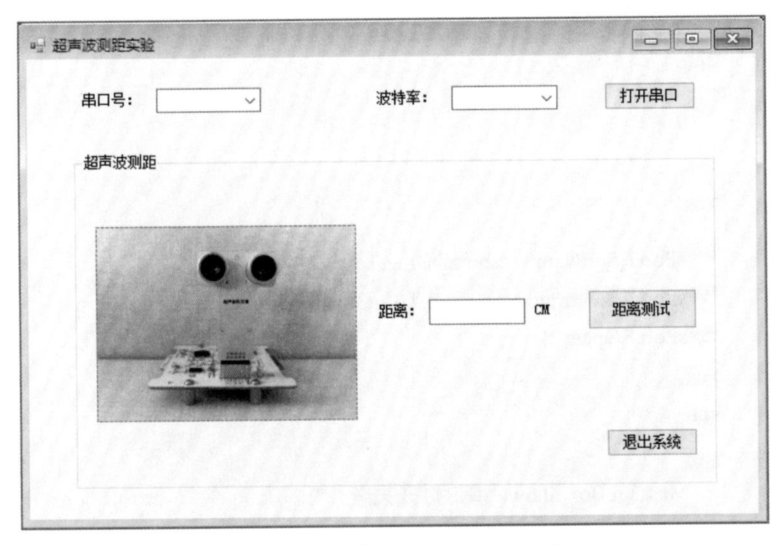

图 2-3-4　超声波测距程序界面

3. 代码编写

本程序分为两部分，第一部分为串口通信编程，第二部分为目标物距离测量。

超声波测距编程调试

1）串口通信编程

（1）添加串口类的引用：using System.IO.Ports;

Note

（2）初始化代码。

双击 Form1 会自动生成“Form1_Load”方法，在其中进行初始设置：

```
private void Form1_Load(object sender, EventArgs e)
  {
      string[ ] ports = SerialPort.GetPortNames( );
      sportsName.Items.AddRange(ports);
      sportsName.SelectedIndex = sportsName.Items.Count > 0 ? 0 : -1;
      sportsBaudRate.Text = "57600";
  }
```

程序说明：该段程序主要完成串口默认端口号的显示与默认波特率的显示。

（3）编写“打开串口”功能代码。

双击“打开串口”按钮，添加 btn_Open_Click 事件，参考代码如下：

```
private void btn_Open_Click(object sender, EventArgs e)
        {
            if (sPort1.IsOpen)
            {
                sPort1.Close( );
            }
            else
            {
                try
                {
                    sPort1.PortName = sportsName.Text;
                    sPort1.BaudRate = Convert.ToInt32(sportsBaudRate.Text);
                    sPort1.Open( );
                }
                catch
                {
                    MessageBox.Show("串口打开失败！");
                }
            }
            btn_Open.Text = sPort1.IsOpen ? "关闭串口":"打开串口";
        }
```

程序说明：本段程序主要完成打开和关闭串口功能，并对按钮的 text 值进行切换。

Note

④ 编写“sPort1_DataReceived”事件。

在 SerialPort 控件中，需要添加一个“sPort1_DataReceived”事件，参考代码如下：

【请根据程序框架，完成代码填空】

```
StringBuilder builder = new【____________】;
private void serialPort1_DataReceived(object sender, SerialDataReceivedEventArgs e)
    {
        try
        {
            int n = serialPort1.【____________】;
            byte[ ] buf = 【____________】;
            serialPort1.【____________】;
            this.Invoke((EventHandler)(delegate
            {
                foreach (byte b in 【_______】)
                {
                    builder.Append(b.【__________】 + " ");
                }
            }));
        }
        catch(Exception EX)
        {
            MessageBox.Show(EX.【________】,"提示");
        }
    }
```

程序说明：本程序为一个存放串口回传数据的过程，读取串口缓冲区的数据，将数据转换并存放到可变字符串中。

2）目标物距离测量编程

（1）编写“距离测试”功能代码。

双击“距离测试”按钮，添加 button3_Click 事件，参考代码如下：

【请根据程序框架，完成代码填空】

```
private void btn_Data_Click(object sender, EventArgs e)
    {
        if (btn_Data.Text == "距离测试")
        {
            timer1.Enabled =【________】; //开启定时器1，开始距离测量
```

Note

```
            timer1.Interval = 【________】; //设置测量周期为1 s
            btn_Data.Text = "停止测试";
        }
        else
        {
            timer1.Enabled = 【________】;
            btn_Data.Text = "距离测试";
        }
    }
```

程序说明：本程序选择是否开始测量距离，通过设置 Enabled 属性来开、关定时器；设置测量周期，并对按钮的 text 值进行切换。

② 双击 timer1 控件，添加“timer1_Tick”事件，参考代码如下：

【1+X 证书考点】

5.2.1　能根据通信协议，运用编程知识，独立编程生成读配置参数的指令。

【请根据程序框架，完成代码填空】

```
string m = "";
double JL = 0.0;
private void timer1_Tick(object sender, EventArgs e)
{
    if (sPort1.IsOpen)
    {
     byte[ ] WS = { 0x3A, 【_____】, 【_____】, 0x22, 0x00, 【_____】, 0x2F };
      //距离测量指令
     sPort1.Write(WS, 0, 【_____】); //串口发送数据
     m = builder. 【_____】;
     if (builder.Length == 【_____】)
     {
         byte[ ] by = new byte[5];
     if (builder.Length == 【_____】)
     {
         byte[ ] by = new byte[5];
         by[0] = Convert.ToByte(m.Substring【_____】, 16);
         by[1] = Convert.ToByte(m.Substring【_____】, 16);
         by[2] = Convert.ToByte(m.Substring【_____】, 16);
         by[3] = Convert.ToByte(m.Substring【_____】, 16);
         by[4] = Convert.ToByte(m.Substring【_____】, 16);
```

Note

```
            string str = System.Text.Encoding.UTF8.GetString(by);
            JL = Convert.ToDouble(str.【____________】);
            textBox1.Text = JL.【_________】//距离文本显示
            builder.Remove(0, builder.Length);
            }
        }
        else
        {
            timer1.Enabled = false;
            btn_Data.Enabled = true;
            MessageBox.Show("请先打开串口！");
        }
        builder.Remove(0, builder.Length);
    }
```

【1+X 证书考点】

5.2.2　能根据通信协议，运用编程知识，独立编程实现解析指令，从存储介质中提取目标参数或读取输出设备的状态。

程序说明：本段程序定期向超声波传感模块发送距离测量请求，解析并提取返回指令中的距离数据，以文本形式实时显示目标物体的距离。

4. 系统整体调试

系统整体调试时，程序运行界面如图 2-3-5 所示，当串口打开后，单击“距离测试”按钮，超声波传感模块会周期性测量与目标物体的距离，并将距离数据以文本形式在程序界面实时显示。如图 2-3-5 所示，目标物当前距离为 13.32 cm。

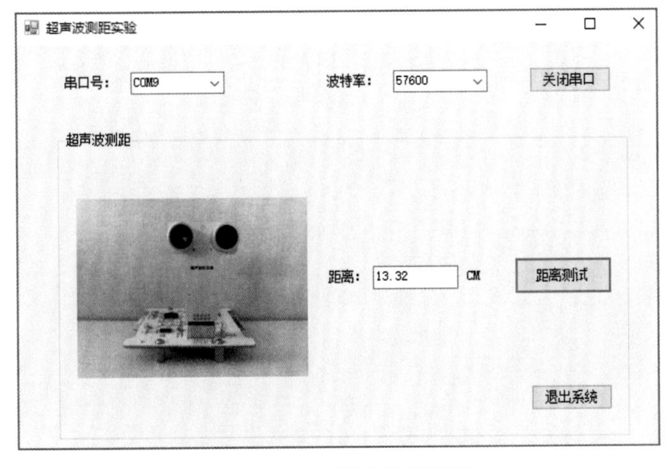

图 2-3-5　程序运行界面

Note

■【课程思政】思考感悟 利用超声波传感器实时自动测量与目标物体的距离，形成目标导向的思维方法。阅读习总书记讲话材料，体会并培养目标导向思维。  《习近平：在庆祝改革开放 40 周年大会上的讲话》	谈一谈你的感想：

■ 学习材料：**习近平：在庆祝改革开放 40 周年大会上的讲话（节选）**

必须坚持辩证唯物主义和历史唯物主义世界观和方法论，正确处理改革发展稳定关系。改革开放 40 年的实践启示我们：我国是一个大国，决不能在根本性问题上出现颠覆性错误。我们坚持加强党的领导和尊重人民首创精神相结合，坚持"摸着石头过河"和顶层设计相结合，坚持问题导向和**目标导向**相统一，坚持试点先行和全面推进相促进，既鼓励大胆试、大胆闯，又坚持实事求是、善作善成，确保了改革开放行稳致远。

前进道路上，我们要增强**战略思维、辩证思维、创新思维、法治思维、底线思维**，加强宏观思考和顶层设计，坚持问题导向，聚焦我国发展面临的突出矛盾和问题，深入调查研究，鼓励基层大胆探索，坚持改革决策和立法决策相衔接，不断提高改革决策的科学性。我们要拿出抓铁有痕、踏石留印的韧劲，以钉钉子精神抓好落实，确保各项重大改革举措落到实处。我们既要敢为天下先、敢闯敢试，又要积极稳妥、蹄疾步稳，把改革发展稳定统一起来，坚持方向不变、道路不偏，推动新时代改革开放走得更稳、走得更远。

任务评价

任务评价表如表 2－3－3 所示，总结反思如表 2－3－4 所示。

表 2－3－3　任务评价表

评价类型	赋分	序号	具体指标	分值	得分		
					自评	组评	师评
职业能力	55	1	硬件节点连接正确	5			
		2	协调器串口通信成功	5			
		3	终端节点通信成功	5			
		4	界面设计合理美观	5			
		5	串口通信编程正确	5			
		6	超声波测距编程正确	10			
		7	数据显示编程正确	10			
		8	系统整体功能实现	10			
职业素养	20	1	坚持出勤，遵守纪律	2			
		2	编程规范性	5			
		3	佩戴防静电手套	5			
		4	布线整洁美观	5			
		5	及时收回工具并按位置摆放	3			
劳动素养	15	1	按时完成，认真填写记录	5			
		2	保持工位卫生、整洁、有序	5			
		3	协作互助、小组分工合理性	5			
思政素养	10	1	完成思政素材学习	4			
		2	谈一谈“大学期间的学业目标和未来的人生目标”	6			
总分				100			

表 2-3-4　总结反思

<table>
<tr><th colspan="2">总结反思</th></tr>
<tr><td colspan="2">● 目标达成：知识 □□□□□　　能力 □□□□□　　素养 □□□□□</td></tr>
<tr><td>● 学习收获：</td><td rowspan="2">● 教师寄语：

签字：＿＿＿＿＿</td></tr>
<tr><td>● 问题反思：</td></tr>
</table>

课后任务

1. 问答与讨论

（1）超声波传感模块的数据通信格式是什么？

（2）ZigBee 无线通信模块中指令“3A 30 35 22 00 00 2F”的含义是什么？

2. 巩固与提高

根据本任务所学内容，思考如何在利用超声波传感模块实时测距的基础上，设计开发机械零件在线监测系统中的工件尺寸测量，实现工件长、宽、高数据的实时测量，并与数据库中的标准尺寸进行比较，分离出合格品与劣品，实现产品质量分拣。

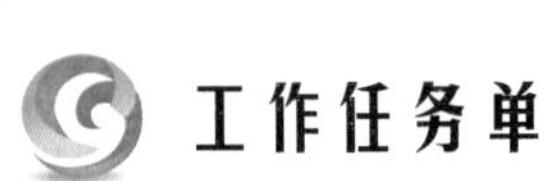

工作任务单

《工业传感网应用技术》工作任务单

<table>
<tr><td>工作任务</td><td colspan="4"></td></tr>
<tr><td>小组名称</td><td colspan="2"></td><td>工作成员</td><td></td></tr>
<tr><td>工作时间</td><td colspan="2"></td><td>完成总时长</td><td></td></tr>
<tr><td colspan="5">工作任务描述</td></tr>
<tr><td colspan="5"></td></tr>
<tr><td rowspan="5">小组分工</td><td>姓名</td><td colspan="3">工作任务</td></tr>
<tr><td></td><td colspan="3"></td></tr>
<tr><td></td><td colspan="3"></td></tr>
<tr><td></td><td colspan="3"></td></tr>
<tr><td></td><td colspan="3"></td></tr>
<tr><td colspan="5">任务执行结果记录</td></tr>
<tr><td>序号</td><td colspan="2">工作内容</td><td>完成情况</td><td>操作员</td></tr>
<tr><td>1</td><td colspan="2"></td><td></td><td></td></tr>
<tr><td>2</td><td colspan="2"></td><td></td><td></td></tr>
<tr><td>3</td><td colspan="2"></td><td></td><td></td></tr>
<tr><td>4</td><td colspan="2"></td><td></td><td></td></tr>
<tr><td colspan="5">任务实施过程记录</td></tr>
<tr><td colspan="5"></td></tr>
</table>

上级验收评定		验收人签名	

Note

任务 2.4　红外双通道状态监测系统设计与开发

学习目标

- 会连接实训平台中的红外传感节点和 ZigBee 通信模块。
- 会使用串口调试助手软件进行通信测试。
- 会编写基于 C#的串口通信程序。
- 会编写基于 C#的红外通道状态监测程序。
- 掌握红外传感节点和协调器间的 ZigBee 数据通信格式。

思政目标

- 培养科学理性分析、解决问题的思维方法。

“课程思政”链接
融入点：红外通道状态监测功能实现　**思政元素：思维方式**——具体问题具体分析
在开发红外通道状态监测程序时，需要根据具体的需求——监测对射或反射通道，进行不同的程序设计，由此向学生引申出“具体问题具体分析”的思维方法。具体问题具体分析是**马克思主义的一个重要原则和活的灵魂**，也是我们在一切工作中必须严格遵守的基本方法。既要把握事物的规律和特征，更要从实际出发，具体地分析其特殊性。在处理问题时，不能凭经验主义一概而论、不能生搬硬套，而是在结合已有经验的基础上，具体问题具体分析、寻求合理对策，做到“因人而异、因地制宜、因时而变、因势而新”
参考资料：《具体问题具体分析——典故四则》《具体问题具体分析》

任务要求

机械零件在线监测系统中，当待检工件经过质量检测流水线时，需要自动触发各个传感设备采集并传输相应工件参数。例如，经过霍尔传感模块时，会触发该模块采集工件尺寸参数，这就需要自动探测该模块位置处是否有工件存在。本任务中采用红外传感模块探测物体的存在性，具体要求如下：

（1）实现红外传感模块中四路通道状态的实时监测，包括查看返回数据、四路通道状态的文本和图片显示。

（2）设置监测模式为只能同时监测相同类型的通道状态。

Note

实训设备

（1）NewLab 实训平台底板。

（2）ZigBee 通信模块（协调器和终端节点各一）、红外传感模块。

（3）计算机一台，装有 Visual Studio 软件、串口调试助手软件。

（4）USB 转串口线一根、协调器电源适配器一个。

知识准备

2.4.1 红外传感模块数据通信格式

1. 指令格式

由程序定期发送查询命令，实时查看红外传感模块通道状态。当发送命令成功时，红外传感节点会返回相应的状态数据；通过对返回的数据进行解析，便可判断各路红外通道是否有物体存在。因此，必须了解数据通信格式，如表 2-4-1 所示。

表 2-4-1 红外传感模块指令格式

:	AA	G	N	C	/
表示指令的前导字符，代码为十六进制 0x3A	表示指令接收方的地址。本实训平台中红外传感模块地址为 0x30 0x30	表示节点的功能。实训中模块功能设置代码为 0x11	表示模块控制命令的状态，0x00 表示读，0x01 表示写。本模块中应为读，即 0x00	为使命令格式的一致，在这里加入一个备用字节：0x00	表示指令结束，其代码为 0x2F

思考：发送指令“3A 30 30 11 00 00 2F”，表示向红外传感模块请求获取当前通道状态。返回指令“3A 30 30 11 00 00 2F”，表示红外传感模块中的两路对射通道中【有/没有？】物体；返回指令：“3A 30 30 11 00 01 2F”表示对射通道 1【有/没有？】物体，而通道 2【有/没有？】物体。

2. 通道状态与返回指令的对应关系

红外传感器模块共四路输出，分别是反射输出 1、反射输出 2、对射输出 1、对射输出 2，如图 2-4-1 所示。而 ZigBee 通信模块只有两个数字量输入接口，因此每次只能同时监测其中两路通道。实训中根据具体需要选择监测通道，连接方式如图 2-4-2 所示。命令及返回指令都是十六进制数，转换为二进制数有四位，由于同时仅监测两路通道，因此只用到了低二位。

要理清通道状态与返回指令的对应关系，就需要对指令进行解析。转换后的红外传感模块的返回命令共 21 字符，其中十七位为通道状态数据，第十六位为高位，第十七位为低位。例如：返回命令为“3A 30 30 11 00 0<u>0</u> 2F”，其中第十七位带下划线的“0”表示四个二

Note

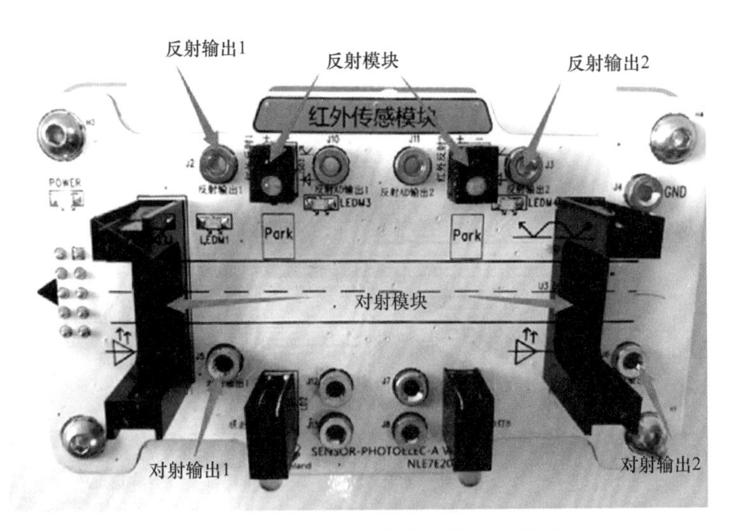

图 2-4-1　红外传感模块中的探测通道

进制位，在本任务中只用到其中低两位输入，此时“0”表示两路对射通道中均无物体（或两路反射通道中有物体）。

下面通过表格来说明返回指令与通道状态的对应关系，需要注意的是对射和反射通道返回的状态数据不同。以对射通道为例，在返回指令中第六字节为通道的状态数据，将该字节数据转换为二进制，其中低两位表示通道状态：低 1 位为通道 1 状态、低 2 位为通道 2 状态；通道中有物体则返回“1”，反之，则返回“0”。因此，状态字节的取值为 0～3，具体对应状态如表 2-4-2 所示。

注意在反射通道中，无物体则返回“1”，有物体则返回“0”，与对射通道的状态表示相反。例如：返回状态字节为十六进制 0x01，转换为二进制数为 0000 0001，提取出低两位“0”“1”，此时表明对射通道 1 有物体而对射通道 2 无物体（或反射通道 1 无物体而反射通道 2 有物体）。

注意：反射与对射通道的状态表示相反

表 2-4-2　红外传感模块返回指令与通道状态的对应关系

状态字节	转换为二进制数	取出低两位	红外通道状态
0x00	0000 0000	00	对射：通道 1 无、通道 2 无 反射：通道 1 有、通道 2 有
0x01	0000 0001	01	对射：通道 1 有、通道 2 无 反射：通道 1 无、通道 2 有
0x02	0000 0010	10	对射：通道 1 无、通道 2 有 反射：通道 1 有、通道 2 无
0x03	0000 0011	11	对射：通道 1 有、通道 2 有 反射：通道 1 无、通道 2 无

Note

任务实施

2.4.2 系统硬件连接与调试

1. 节点硬件连接

在本项目组建的无线传感器网络中，包含ZigBee无线通信模块（协调器节点和终端节点）和红外传感模块。首先，协调器需通过USB转串口线与计算机相连，并单独供电，连接示意图如图2-4-2所示。其次，将ZigBee终端节点、数字量输入节点放置在NewLab平台底板的通用实验模块插槽上，通过底板为模块自动供电。

红外通道状态监测总体设计

（1）红外反射通道监测：用导线分别连接ZigBee终端节点的IN0、IN1端口和红外模块的反射1和反射2端口，具体连接示意图如图2-4-3（a）所示。

（2）红外对射通道监测：用导线分别连接ZigBee终端节点的IN0、IN1端口和红外模块的对射1和对射2端口，具体连接示意图如图2-4-3（b）所示。

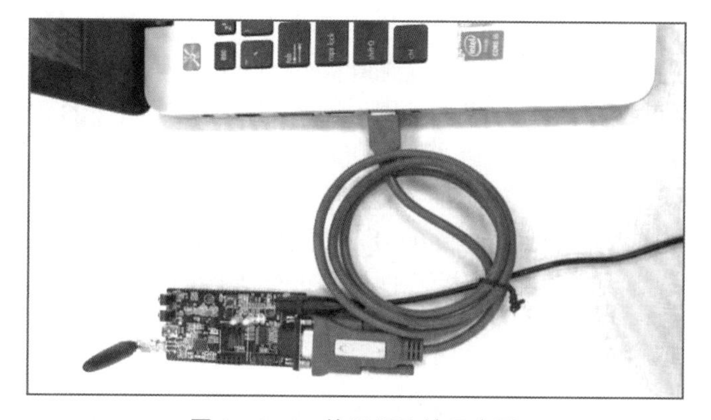

图2-4-2 协调器连接示意图

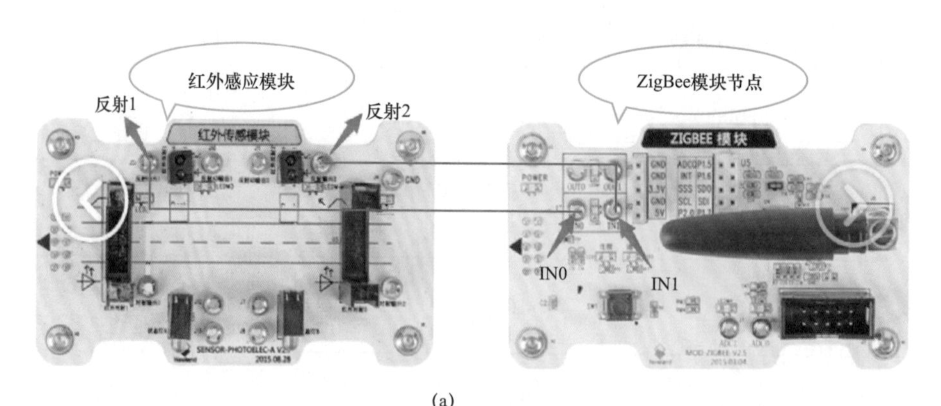

(a)

图2-4-3 红外传感节点连接示意图

（a）红外反射通道

Note

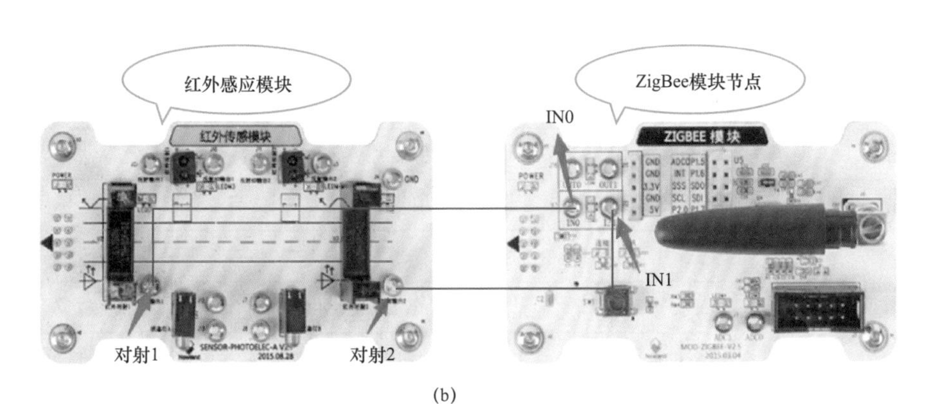

(b)

图 2-4-3　红外传感节点连接示意图（续）

（b）红外对射通道

2. 连接状态判断

节点与协调器的连接判断，以及使用串口调试助手软件进行通信调试的方法跟前文中相同，在此不再赘述。

2.4.3　红外通道状态监测程序设计

红外通道状态监测界面设计

1. 新建项目

启动 Visual C#集成开发环境，新建项目命名为 DigitalInPut。

2. 界面设计

从工具箱中依次拖入表 2-4-3 所列控件，并按照表中的内容修改控件属性。SerialPort 控件的添加、使用方法，以及 ImageList 控件中图片的添加方法和前文相同。此外，还需要添加两个 Timer 控件，分别实现红外对射和反射通道状态的定期自动检测。程序界面如图 2-4-4 所示。

表 2-4-3　控件属性设置

控件名	控件属性	属性值	备注
Form1	Text	红外通道状态监测实训	窗体标题文本
	Size	650，450	窗体宽、高
label1	Text	选择串口	标签文本
label2	Text	波特率	标签文本
label3	Text	数据返回	标签文本
label4	Text	通道 1	标签文本
label5	Text	通道 2	标签文本
label6	Text	注意：	标签文本
label7	Text	每次只能选择一种类型的红外通道监测	标签文本

Note

续表

控件名	控件属性	属性值	备注
groupBox1	Text	红外通道状态显示	容器标题文本
groupBox2	Text	功能选择	容器标题文本
button1	Text	打开串口	按钮标题文本
	Name	controlSports	对象名称
button2	Text	对射监测	按钮标题文本
	Name	btnDS	对象名称
button3	Text	反射监测	按钮标题文本
	Name	btnFS	对象名称
button4	Text	退出系统	按钮标题文本
	Name	btn_Close	对象名称
comboBox1	Text	空	获取的串口名称
comboBox2	Text	空	获取的串口波特率
textBox1～textBox3	Text	设置默认为 NULL	用户输入的控制符
pictureBox1～pictureBox2	Size	60，60	图片高宽
	Size Mode	Zoom	按比例缩放
imageList1	Image	单击[...]添加项目资源文件，添加两张不同的图片	图片集合
Timer1～Timer2	Enabled	False	设置定时器开关
	Interval	1 000	设置延时时间

图 2-4-4　程序界面

Note

3. 代码编写

本程序分为两部分，串口通信和红外通道状态监测编程。

红外通道状态监测编程调试

1）串口通信编程

（1）添加串口类的引用：using System.IO.Ports;

（2）初始化代码。

双击 Form1 会自动生成“Form1_Load”方法，在其中进行初始设置：

【请根据程序框架，完成代码填空】

```
    PictureBox[ ] pi = new 【____________】;//定义全局变量
    TextBox[ ] tb0 = new 【____________】;
    string[ ] str = { "无物体","有物体" };
    private void Form1_Load(object sender, EventArgs e)
    {
        string[ ] ports = SerialPort.【____________】;
        sportsName.Items.AddRange(ports);
        sportsName.SelectedIndex = sportsName.Items.Count > 0 ? 0 : -1;
        sportsBaudRate.Text = sportsBaudRate.Items[0].ToString( );
        pi[0] = 【____________】;
        pi[1] = 【____________】;
        tb0[0] = 【____________】;
        tb0[1] = 【____________】;
        for(int i=0;i<pi.Length;i++)
        {
            pi[i].Image = imageList1.【____________】;
            tb0[i].Text = 【____________】;
        }
    }
```

程序说明：该段程序主要完成图片以及状态文字的初始化加载，串口默认端口号的显示与默认波特率的显示。

（3）编写“打开串口”功能代码。

双击“打开串口”按钮，添加 controlSports_Click 事件，参考代码如下：

```
private void controlSports_Click(object sender, EventArgs e)
        {
            if (sPort1.IsOpen)
```

Note

```
            {
                sPort1.Close( );
            }
            else
            {
                try
                {
                    sPort1.PortName = sportsName.Text;
                    sPort1.BaudRate = Convert.ToInt32(sportsBaudRate.Text);
                    sPort1.Open( );
                }
                catch
                {
                    MessageBox.Show("串口打开失败！");
                }
            }
            controlSports.Text = sPort1.IsOpen ? "关闭串口":"打开串口";
        }
```

程序说明：本段程序主要完成打开和关闭串口功能，并对按钮的 text 值进行切换。

（4）编写“sPort1_DataReceived”事件。

在 SerialPort 控件中，需要添加一个“sPort1_DataReceived”事件，参考代码如下：

```
StringBuilder builder = new StringBuilder( );//全局变量，创建一个可变字符串
private void sPort1_DataReceived(object sender, SerialDataReceivedEventArgs e)
{
  try
  {
    int n = sPort1.BytesToRead; //获取串口接收缓冲区的字节数
    byte[ ] buf = new byte[n];
    sPort1.Read(buf, 0, n); //获取串口接收缓冲区读取从0开始的n个字节
    this.Invoke((EventHandler)(delegate
    {
        foreach (byte b in buf)


        {
```

Note

```
                builder.Append(b.ToString("X2") + " ");//"X2"为大写十六进制格式
                }
            }));
        }
        catch (Exception EX)
        {
            MessageBox.Show(EX.Message, "提示");
        }
    }
```

程序说明：本程序为一个存放串口回传数据的过程，读取串口缓冲区的数据，将数据转换并存放到可变字符串中。

2）红外通道状态监测编程

（1）编写“对射监测”功能代码。

双击“对射监测”按钮，添加 btnDS _Click 事件，参考代码如下：

【请根据程序框架，完成代码填空】

```
private void btnDS_Click_1(object sender, EventArgs e)
        {
            if (sPort1.【____________】)
            {
                if (btnDS.Text == "对射监测")
                {
                    timer1.Enabled = 【_____】; //开启定时器1，开始对射通道监测
                    timer2.Enabled = 【_____】; //保持定时器2关闭
                    timer1.Interval = 【_____】; //设置查询周期为1 s
                    btnDS.Text = "停止监测";
                    btnFS.Text = 【_________】;
                    btnFS.Enabled = 【_________】; //禁止触发反射监测
                }
                else
                {
                    btnFS.Enabled = 【_____】; //允许触发反射监测
                    timer1.Enabled = 【_____】; //关闭定时器1，停止对射通道监测
                    btnDS.Text = "对射监测";
                    pi[0].Image = imageList1.【_________】; //图片初始化
```

Note

```
                pi[1].Image = imageList1. 【________】;
            }
        }
        else
        {
            btnDS.Text = "对射监测";
            MessageBox.Show("请先打开串口");
        }
    }
```

程序说明：本程序选择是否开始对射监测，通过设置 Enabled 属性来开、关定时器；设置查询周期，规定在对射监测期间禁止反射监测，并对按钮 text 值进行切换。

（2）编写“反射监测”功能代码。

双击“反射监测”按钮，添加“btnFS _Click”事件，参考代码如下：

【请根据程序框架，完成代码填空】

```
private void btnFS_Click_1(object sender, EventArgs e)
    {
        if (sPort1. 【___________】)
        {
            if (btnFS.Text == "反射监测")
            {
                Timer2.Enabled = 【_____】; //开启定时器2，开始反射通道监测
                Timer1.Enabled = 【_____】; //保持定时器1关闭
                Timer2.Interval = 【_____】; //设置查询周期为1 s
                btnFS.Text = "停止监测";
                btnDS.Text = 【________】;
                btnDS.Enabled = 【________】; //禁止触发对射监测
            }
            else
            {
                btnDS.Enabled = 【_____】; //允许触发对射监测
                Timer2.Enabled = 【_____】; //关闭定时器2，停止反射通道监测
                btnFS.Text = "反射监测";
                pi[0].Image = imageList1. 【________】; //图片初始化
                pi[1].Image = imageList1. 【________】;
```

```
            }
        }
        else
        {
            btnFS.Text = "反射监测";
            MessageBox.Show("请先打开串口");
        }
    }
```

程序说明：本程序选择是否开始反射监测，通过设置 Enabled 属性来开、关定时器；设置查询周期，规定在反射监测期间禁止对射监测，并对按钮 text 值进行切换。

（3）双击 timer1 控件，添加“timer1_Tick”事件，参考代码如下：

【请根据程序框架，完成代码填空】

```
private void timer1_Tick(object sender, EventArgs e)
{
    byte[ ] z = { 0x3A, 【____】, 【____】, 0x11, 0x00, 0x00, 0x2F };//状态查询指令
        sPort1.Write(z, 0, 【_____】); //串口发送数据
        if (builder.Length == 【_____】)
        {
            textBox1.Text = builder. 【_____】;
            byte data = Convert.ToByte(builder. 【_____】.Substring 【_____】);
            for (int i = 0; i < 【_____】; i++)
            {
                int index = (data >> 【_____】) & 【_____】;
                pi[i].Image = imageList1. 【_________】; //状态图片显示
                tb0[i].Text = 【_________】; //状态文本显示
            }
        }
    builder.Remove(0, 【__________】);
}
```

程序说明：本程序定期向红外传感模块发送状态查询请求，解析并提取返回指令中的状态数据，以文本和图片形式实时显示红外对射通道状态。

（4）双击 timer2 控件，添加“timer2_Tick”事件，参考代码如下：

Note

【1+X 证书考点】

5.2.1 能根据通信协议，运用编程知识，独立编程生成读配置参数的指令。

5.2.2 能根据通信协议，运用编程知识，独立编程实现解析指令，从存储介质中提取目标参数或读取输出设备的状态。

【请根据程序框架，完成代码填空】

```
private void timer2_Tick(object sender, EventArgs e)
{
 byte[ ] z = { 0x3A, 【____】, 【____】, 0x11, 0x00, 0x00, 0x2F };//状态查询指令
        sPort1.Write(z, 0, 【_____】); //串口发送数据
        if (builder.Length == 【_____】)
        {
            textBox1.Text = builder. 【_____】;
            byte data = Convert.ToByte(builder. 【_____】.Substring 【_____】);
            for (int i = 0; i < 【_____】; i++)
            {
                int index =~ (data >> 【_____】) & 【_____】;
                pi[i].Image = imageList1. 【________】; //状态图片显示
                tb0[i].Text = 【_________】; //状态文本显示
            }
        }
      builder.Remove(0, 【___________】);
  }
```

程序说明：本程序定期向红外传感模块发送状态查询请求，解析并提取返回指令中的状态数据，以文本和图片形式实时显示红外反射通道状态。

3）系统整体调试

系统整体联调前，首先，要选择监测的是反射或对射通道，注意实训中只能同时监测两路同类型通道，详见本任务中【知识准备】相关内容；其次，根据所选监测反射或对射双通道，按照本任务中“节点连接与调试”中的步骤进行正确连接线路。

系统测试时，首先，将物体放置在红外对射通道 1 中间，如图 2－4－5 所示，单击“对射监测”按钮，此时程序界面的通道 1 显示有物体、通道 2 无物体，如图 2－4－6 所示。其次，将物体放置在反射通道 1 上方，如图 2－4－7 所示，单击“反射监测”按钮，此时程序界面的通道 1 显示有物体、通道 2 无物体，如图 2－4－8 所示。

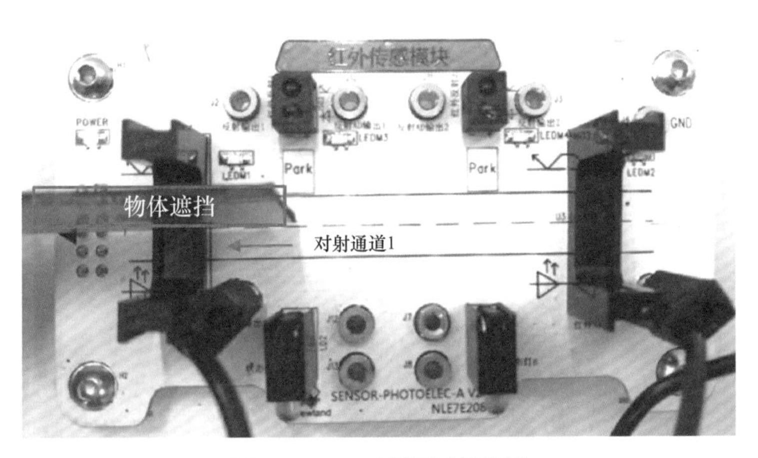

图2-4-5　对射测试示意图

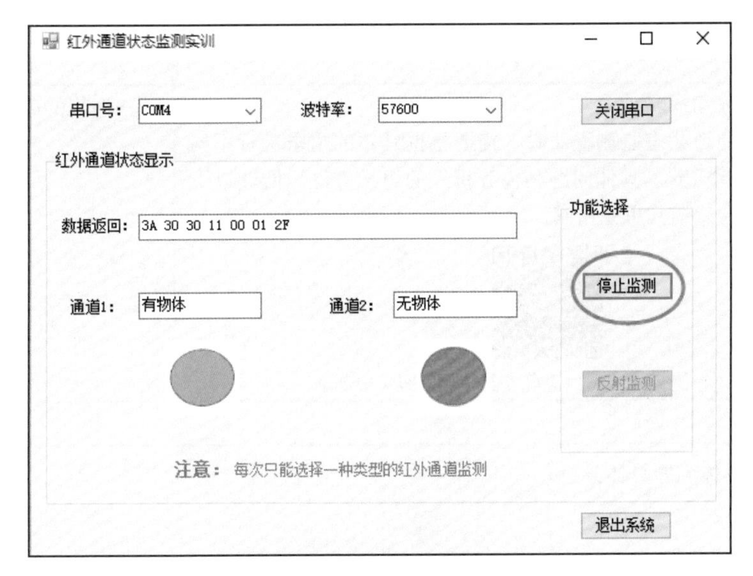

图2-4-6　对射程序示意图

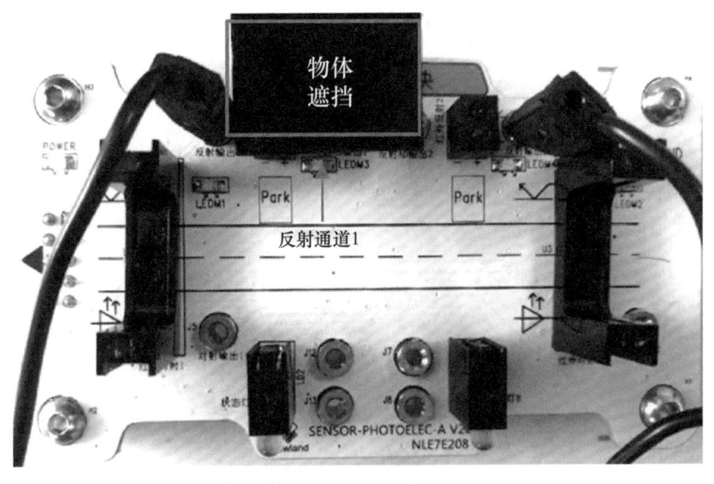

图2-4-7　反射测试示意图

Note

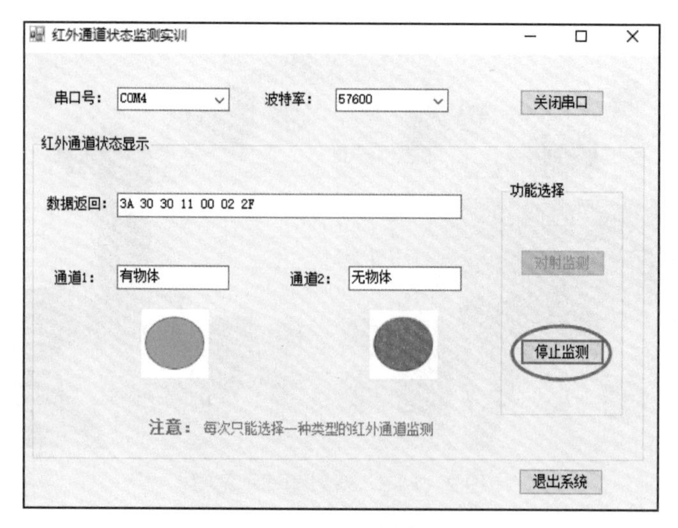

图 2-4-8　反射程序示意图

■ 【课程思政】学习思考

在开发红外通道状态监测程序时，需要根据具体的需求进行不同的程序设计，由此培养“具体问题具体分析”的思维方法。阅读以下文档及典故，体会感悟其思想精髓。

《马克思主义活的灵魂：具体问题具体分析》

谈一谈你的感想：

■ 历史典故：**具体问题具体分析**

一、量体裁衣

【出处】《南齐书·张融传》。

【释义】按照身材剪裁衣裳，比喻根据实际情况办事。

【历史典故】从前，京城有个裁缝匠，他在给人做衣服时，对穿衣人的性格、年龄、相貌，以至这人什么时候中举等，都要详细询问一番，别人感到不理解，他说出了一套“短长之理”：如是年轻时中举，他必定性情骄傲，连走路都要挺胸凸肚，因此衣服要做得前长后短；如果年老才中举，大都意志消沉，走路难免要弯曲腰身，衣服要做得前短后长。体胖体瘦，腰有宽有窄；性急性慢，衣服长短有别。钱泳认为这个成衣匠很高明，不单单机械地量尺寸，而根据对象的特点决定衣服尺码。

Note

二、因材施教

【定义】因材施教是指教师要从学生的实际情况、个别差异出发，有的放矢地进行有差别的教学，使每个学生都能扬长避短，获得最佳发展。因：根据；材：资质；施：施加；教：教育。因材施教就是指针对学习的人的志趣、能力等具体情况进行不同的教育。

【出处】《论语·先进篇》（作者：孔子　朝代：先秦）

【原文】子路问："闻斯行诸？"子曰："有父兄在，如之何其闻斯行之？"冉有问："闻斯行诸?"子曰："闻斯行之。"公西华曰："由也问，闻斯行诸？子曰，'有父兄在'；求也问闻斯行诸，子曰'闻斯行之'。赤也惑，敢问。"子曰："求也退，故进之；由也兼人，故退之。

三、对症下药

【解释】症：病症；下药：用药。医生针对患者病症用药。比喻针对事物的问题所在，采取有效的措施。

【出处】《三国志·魏志·华陀传》："府吏倪寻、李延共止，俱头痛身热，所苦正同。佗曰：'寻当下之，延当发汗。'或难其异，佗曰：'寻外实，延内实，故治之宜殊。'即各与药，明旦并起。"

任务评价

任务评价表如表 2-4-4 所示，总结反思如表 2-4-5 所示。

表 2-4-4 任务评价表

评价类型	赋分	序号	具体指标	分值	得分		
					自评	组评	师评
职业能力	55	1	硬件节点连接正确	5			
		2	协调器串口通信成功	5			
		3	终端节点通信成功	5			
		4	界面设计合理美观	5			
		5	串口通信编程正确	5			
		6	红外对射监测编程正确	10			
		7	红外反射监测编程正确	10			
		8	系统整体功能实现	10			
职业素养	20	1	坚持出勤，遵守纪律	2			
		2	编程规范性	5			
		3	佩戴防静电手套	5			
		4	布线整洁美观	5			
		5	及时收回工具并按位置摆放	3			
劳动素养	15	1	按时完成，认真填写记录	5			
		2	保持工位卫生、整洁、有序	5			
		3	协作互助、小组分工合理性	5			
思政素养	10	1	完成思政素材学习	4			
		2	能够根据任务不同需求，正确实现各自功能	6			
总分				100			

表 2-4-5　总结反思

<table>
<tr><th colspan="2">总结反思</th></tr>
<tr><td colspan="2">● 目标达成：知识 □□□□□　　能力 □□□□□　　素养 □□□□□</td></tr>
<tr><td>● 学习收获：</td><td rowspan="2">● 教师寄语：

签字：__________</td></tr>
<tr><td>● 问题反思：</td></tr>
</table>

课后任务

1. 问答与讨论

（1）红外传感模块的数据通信格式。

（2）通道与返回指令的对应关系。

工作任务单

《工业传感网应用技术》工作任务单

<table>
<tr><td>工作任务</td><td colspan="6"></td></tr>
<tr><td>小组名称</td><td colspan="2"></td><td>工作成员</td><td colspan="3"></td></tr>
<tr><td>工作时间</td><td colspan="2"></td><td>完成总时长</td><td colspan="3"></td></tr>
<tr><td colspan="7">工作任务描述</td></tr>
<tr><td colspan="7"></td></tr>
<tr><td rowspan="5">小组分工</td><td>姓名</td><td colspan="5">工作任务</td></tr>
<tr><td></td><td colspan="5"></td></tr>
<tr><td></td><td colspan="5"></td></tr>
<tr><td></td><td colspan="5"></td></tr>
<tr><td></td><td colspan="5"></td></tr>
<tr><td colspan="7">任务执行结果记录</td></tr>
<tr><td>序号</td><td colspan="4">工作内容</td><td>完成情况</td><td>操作员</td></tr>
<tr><td>1</td><td colspan="4"></td><td></td><td></td></tr>
<tr><td>2</td><td colspan="4"></td><td></td><td></td></tr>
<tr><td>3</td><td colspan="4"></td><td></td><td></td></tr>
<tr><td>4</td><td colspan="4"></td><td></td><td></td></tr>
<tr><td colspan="7">任务实施过程记录</td></tr>
<tr><td colspan="7"></td></tr>
</table>

上级验收评定		验收人签名	

项目2 教学评价

亲爱的同学，本项目学习结束了，感谢你始终如一地努力学习和积极配合。为了能使我们不断地做出改进，提高专业教学效果，我们珍视各种建议、创意和批评。为此，我们很乐于了解你对本项目学习的真实看法。当然，这一过程中所收集的数据采用不记名的方式，我们都将保密且不会透漏给第三方。对于有些问题只需做出选择，有些问题，则请以几个关键词给出一个简单的答案。

项目名称：　　　　　　　　　教师姓名：　　　　　　　　　授课地点：

课程时间：　　年　月　日一　日　第　周	很满意	满意	一般	不满意	很不满意
一、项目教学组织评价					
1. 你对课堂教学秩序是否满意	□	□	□	□	□
2. 你对实训室的环境卫生状况是否满意	□	□	□	□	□
3. 你对课堂整体纪律表现是否满意	□	□	□	□	□
4. 你对你们这一小组的总体表现是否满意	□	□	□	□	□
5. 你对这种理实一体的教学模式是否满意	□	□	□	□	□
二、授课教师评价					
1. 你如何评价授课教师	□	□	□	□	□
2. 教师组织授课通俗易懂，结构清晰	□	□	□	□	□
3. 教师非常关注学生的反应	□	□	□	□	□
4. 教师能认真指导学生，因材施教	□	□	□	□	□
5. 你对培训氛围是否满意	□	□	□	□	□
6. 你认为理论和实践的比例分配是否合适	□	□	□	□	□
7. 你对教师在岗情况是否满意	□	□	□	□	□
三、授课内容评价					
1. 你对授课涉及的题目及内容是否满意	□	□	□	□	□
2. 课程内容是否适合你的知识水平	□	□	□	□	□
3. 授课中使用的各种器材是否丰富	□	□	□	□	□
4. 你对发放的学习资料和在线资源是否满意	□	□	□	□	□

请回答下列问题

1. 在教学组织方面，哪些还需要进一步改进？

____

____

2. 哪些授课内容你特别感兴趣，为什么？

____

____

3. 哪些授课内容你不感兴趣，为什么？

____

____

4. 关于授课内容，是否还有你想学但老师没有涉及的？如有，请指出：

____

____

5. 你对哪些授课内容比较满意？哪些方面还需要进一步改进？

____

____

6. 你希望每次活动都给小组留有一定讨论时间吗？如果有，你认为多长时间合适？

____

____

7. 通过这个项目的学习，你最想对自己说些什么？

____

____

8. 通过这个项目的学习，你最想对教授本项目的教师说些什么？

____

____

项目 3

智能车间产品质量在线监测与分拣系统项目集成

项目介绍

项目 2 中已完成了“智能车间产品质量在线监测与分拣”各子系统的开发，本项目在此基础上，实现各子系统的集成，包括项目集成方案设计、数据采集设备集成和嵌入式控制系统集成和系统通用软件平台集成。通过实施完整的系统功能，掌握工业传感网应用系统项目集成的一般方法和步骤，培养工业传感网应用系统的集成和实施能力。

知识图谱

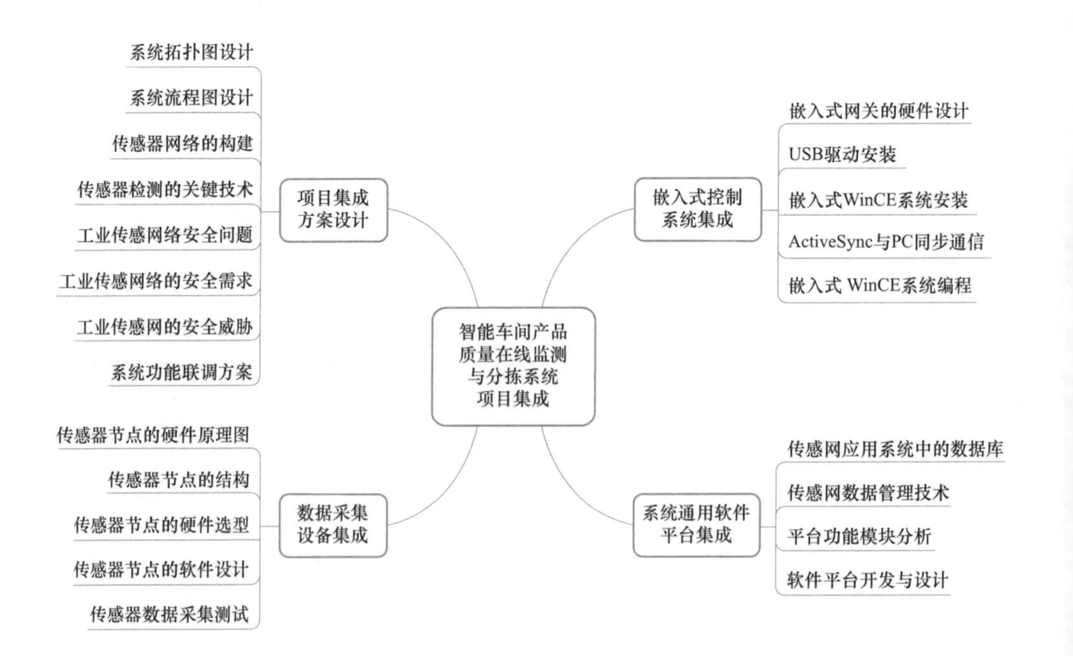

学习要求

● 根据课程思政目标要求，实现系统方案不断优化完善、系统性能持续提升改进，从而养成精益求精、追求卓越的工匠精神。

● 在系统开发过程中，需要按照1+X证书“传感网应用开发”中相应的硬件电路搭建和软件编程规范要求，实施系统开发任务，养成规范严谨的职业素养。

● 通过各任务学习中，利用微课进行课前自主学习、课中分组成果实施汇报，提升信息利用和信息创新的进阶信息素养。并通过网络信息安全和知识产权保护内容的介绍，培养信息道德的素养。

● 使用实训设备时，需要佩戴防静电手套、禁止带电热插拔设备，布线需要整洁美观，保持工位卫生、完成后及时收回工具并按位置摆放，树立热爱劳动、崇尚劳动的态度和精神，养成良好的劳动习惯。

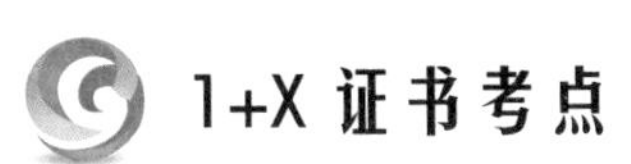

1+X证书考点

“传感网应用开发”职业技能等级标准（中级）

工作领域	工作任务	职业技能	课程内容
1. 数据采集	1.1 模拟量传感数据采集	1.1.1 能根据各种传感器的基本参数、特性和应用场景，运用信号处理的知识选择处理方法，根据需求科学地处理信号	任务3.2 数据采集设备集成 3.2.2 传感器节点的硬件选型 3.2.3 传感器节点的软件设计
	1.2 数字量传感数据采集	1.2.3 能根据MCU编程手册和传感器用户手册，运用MCU的串口通信技术，独立操作串口读取传感器数据	
5. 通信协议应用	5.3 控制设备指令的开发	5.3.1 能根据通信协议，运用编程知识，独立编程生成控制指令。 5.3.2 能根据通信协议，运用编程知识，独立编程实现解析指令，将解析结果执行出来，实现设备的控制	任务 3.4 系统通用软件平台集成

Note

任务 3.1　项目集成方案设计

学习目标

- 了解产品质量在线检测系统的基本概况。
- 掌握工业传感网应用系统的总体设计方法。
- 熟悉工业传感器网络安全知识。
- 会绘制工业传感网总体结构图。

思政目标

- 培养网络安全法治意识和防范意识。

“课程思政”链接
融入点：工业传感网安全问题与威胁　思政元素：爱国守法——网络安全法治意识
在介绍工业传感网中存在的安全问题与面临的安全威胁内容时，专题嵌入网络安全法治意识教育：强调爱国守法是社会主义公民基本道德规范，自觉地学法、懂法、用法、守法和护法。首先，要学习《中华人民共和国网络安全法》，树立网络安全法治观念，遵纪守法。不攻击、侵入、干扰和破坏关键信息基础设施，不传播计算机病毒和不实施网络攻击、网络侵入等危害网络安全行为，维护网络空间安全和秩序，倡导诚实守信、健康文明的网络行为；其次，树立网络安全防范意识，不随意在网络中泄露个人信息、保护隐私，不随意单击未知链接、红包，不轻信中奖信息，防止网络黑客攻击等网络诈骗，不随意下载可疑文件，防止病毒和恶意软件
参考资料：《中华人民共和国网络安全法》《护苗·网络安全课》视频

任务要求

根据前两个项目的学习，完成机械零件质量检测系统项目集成部分的系统总体设计。分析无线传感器网络安全方面的知识，进行合理设计系统框架，分析系统关键技术，完成项目的总体设计。

实训设备

（1）机械零件在线检测系统模型一套。
（2）NewLab 实验平台一套。
（3）计算机一台。

Note

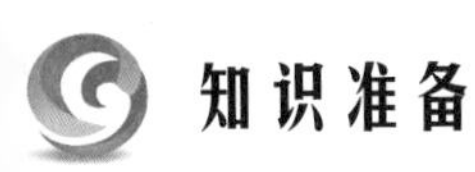

知识准备

3.1.1　工业传感网安全问题

1. 工业传感网基本安全需求

随着工业传感网的研究和逐步应用，其安全问题的研究也已经成为热点和焦点。网络安全技术历来是网络技术的重要组成部分。传感器网络作为一个新型的网络，发展之初就应该考虑到安全问题，并引入适合的安全机制来保障无线传感器网络安全地通信。对于传感器网络的各种应用，都必须考虑安全问题，只是安全防护的等级需求有所差异。在环境监测、智能小区、建筑状态监控、医疗应用和抢险救灾中所需的安全防护级别要求较低；在商业应用如汽车防盗、存货管理、智能办公大楼等需要中等级的安全防护；而在军事应用中则需要较高的安全防护级别。

工业传感网的基本安全需求有：

（1）机密性。网络中重要的敏感数据传输和转发的过程中都要进行加密，保证其机密性，信息只能是掌握密钥的授权实体才能知道，任何其他实体不能通过截获物理信号或其他方式获得信息。

（2）数据完整性。数据包被接收后，接收者能够确定数据包在传输过程中没有被恶意节点、敌方等更改过或在传输中出错。

（3）节点认证。为了防止攻击者冒充网络中的节点，骗取网络中重要的资源和信息，通信的节点间要能够实现身份认证。对于传感器网络来说，认证技术是网络安全的重要组成部分。

（4）新鲜性。新鲜性是指数据要具有时效性，网络中传输的数据必须是新鲜的最新产生的数据包。造成新鲜性问题的原因有两个：一是因为数据包传输处理延时引起的，另一个是由重放攻击而引起。

2. 工业传感网面临的安全威胁

由于工业传感网自身的特点，导致安全问题存在网络协议的各个层面，在协议栈的各层都面临安全威胁，如表3－1－1所示，表中还列出了防御相应威胁、可能需要使用的安全技术。

表3－1－1　无线传感器网络面临的安全威胁

协议栈层次	可能面临的安全威胁	可采用的防御
物理层	物理捕获	伪装隐藏，捕获感知
	拥塞攻击	高优先级通知、通信模式转换、跳频
数据链路层	非公平竞争	无优先级、短帧策略
	碰撞攻击	数据包发送机制
	耗尽攻击	重传门限
网络层	虚假路由信息	数据加密，身份认证
	丢弃和贪婪	冗余路径，探测机制
	槽洞攻击、隧道攻击	身份认证、冗余路径、监视
	女巫攻击	密钥管理，身份认证

Note

续表

协议栈层次	可能面临的安全威胁	可采用的防御
传输层	泛洪攻击	客户端谜题
	同步破坏攻击	认证

1）物理层的安全威胁

拥塞攻击是指攻击节点通过物理手段，在网络的工作频段上不断发送无用无线电波，使得攻击范围内的传感器节点无法正常工作，如图 3-1-1 所示。物理捕获是一种大的安全威胁，防御方法有高优先级通知、通过捕获节点可以获取密防御的方法是伪装隐藏，同时增加捕获感知，一旦感知被捕获，就销毁重要的信息。

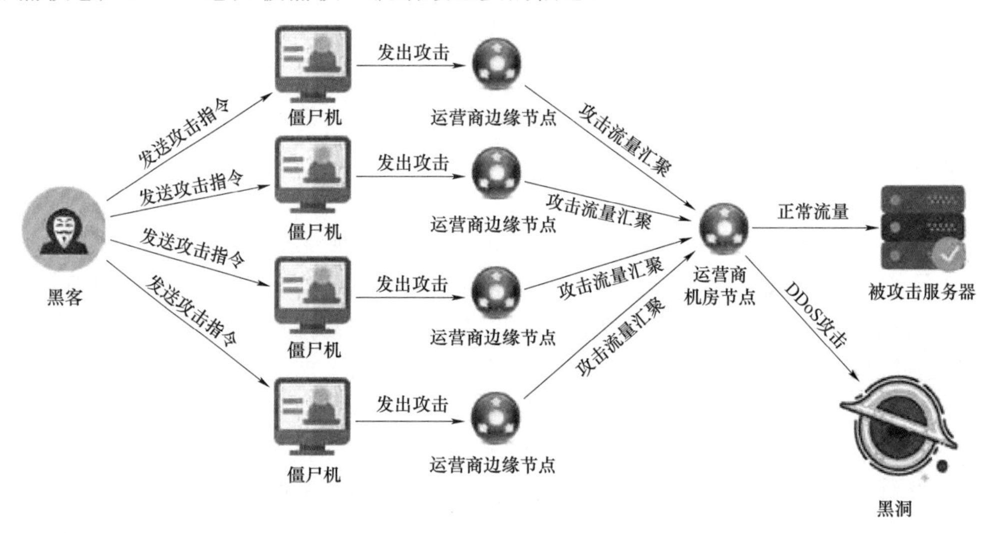

图 3-1-1　拥塞攻击示意图

2）数据链路层安全威胁

非公平竞争是指当网络通信过程中存在优先级控制，恶意的节点不断的发送高优先级的数据占据大量的带宽，导致正常节点的数据发送受到影响。防御的方法可以采用无优先级的通信控制或者限制通信帧数据长度的策略。

碰撞攻击针对 MAC 层的数据发送，一旦两个通信设备同时进行，则此次的发送无效，导致无法正常通信。防御的方法可以采用带冲突避免的载波侦听多路访问的发送机制。

耗尽攻击是针对无线传感器网络能量有限的特点，利用协议漏洞如MAC层的数据重传机制，要求节点不断重传上一数据包而耗尽节点的能量。防御的方法可以设置重传的门限值。

3）网络层的安全威胁

虚假路由信息是通过伪装正常节点，修改或者重放路由信息，使数据包的传输延迟增加，因新鲜性的原因失效。防御方法可以对数据包进行加密，或者进行身份认证，识别伪装节点。

丢弃和贪婪是指恶意节点被认为是正常的节点，而恶意节点随机的丢弃数据包，也可以发送高优先级的数据包从而破坏网络的通信。

槽洞攻击和隧道攻击类似，槽洞攻击利用其收发能力强的特点，吸引攻击范围内的所有流量；隧道攻击是多个恶意节点合作，通过封装技术压缩它们之间的路径长度，从而吸

Note

引网络中的流量。

女巫攻击也是一种内部攻击，恶意节点扮演一系列并不存在的节点，破坏网络的多跳路由的特点。这种攻击的防御十分困难，只有通过好的密钥管理方案防止密钥丢失，同时进行身份认证。

（4）传输层的安全威胁

泛洪攻击是指攻击者不断地要求与邻居节点建立新的连接，耗尽邻居节点的连接资源，使其他节点的连接无法得到满足，如图3-1-2所示。防御的方法可以采用客户端谜题技术，正常节点解决客户端谜题是容易的，而攻击者想要解决这个问题却要消耗大量的时间。

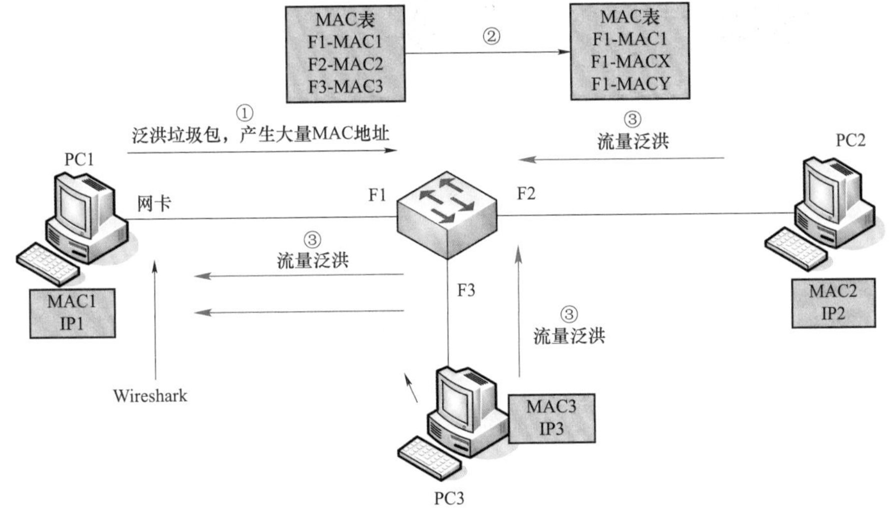

图3-1-2　泛洪攻击示意图

3. 工业传感网安全部署约束

工业传感网的安全目标是要解决网络的可用性问题、机密性问题、完整性问题、节点的认证问题和新鲜性问题。由于传感网本身的特点，其安全目标的实现与一般网络不同，在研究和移植各种安全技术时，必须进一步考虑以下约束：

（1）能量限制。节点在部署后很难替换和充电，所以低能耗是设计安全算法时首要考虑的因素。

（2）有限的存储、运行空间和计算能力。传感器节点用来存储、运行代码的空间十分有限，并且其CPU 的运算能力也不能与一般的计算机相提并论。

（3）通信的不可靠性。无线信道通信的不稳定、节点并发通信的冲突和多跳路由的较大延迟使得我们设计安全算法时必须考虑容错问题，合理协调节点通信，并尽可能减少对时间同步的要求。

（4）节点的物理安全无法保证。在进行安全设计时必须考虑被俘节点的检测、撤除问题，同时还要将被俘节点导致的安全隐患扩散限制在最小范围内。

（5）节点布置的随机性。节点往往是被随机地投放到目标区域，节点之间的位置关系一般在布置前是不可预知的。

（6）安全需求与应用相关。无线传感器网络的应用十分广泛，而不同的应用对安全的需求往往是不同的。

Note

思考讨论：在考虑工业传感网自身特点的前提下，针对工业传感网的安全威胁，如何进行安全部署，以满足其安全需求？

■【课程思政】学习思考

亲爱的同学，在了解工业传感网安全问题后，需要联系实际，进一步学习网络安全法治知识。请阅读并学习《中华人民共和国网络安全法》及以下案例材料，树立网络安全法治意识。

《中华人民共和国网络安全法》

《护苗·网络安全课》

谈一谈你的感想：

■ 案例：树立网络安全法治观念

案例一：淘宝网、同花顺金融网、蘑菇街互动网等 5 家网站被责令限期整改

执法机构：浙江省网信办

处罚行为：淘宝网部分店铺存在售卖破坏计算机信息系统工具、售卖违禁管制物品、贩卖非法 VPN 工具、贩卖网络账号；同花顺金融网、配音秀网存在导向不正、低俗恶搞等有害信息；蘑菇街互动网、虾米音乐网存在违法违规账号注册等问题。

处罚措施：对淘宝网提出警告并责令其改正；责令同花顺金融网开展专项检查，暂停相关业务，追究有关人员责任；责令蘑菇街互动网、虾米音乐网暂停新用户注册 7 天。

法律依据：对淘宝网的处罚依据为《网络安全法》第 47 条、第 68 条；对同花顺金融网、配音秀网的处罚依据为《网络安全法》第 47 条、第 68 条。

案例二：大学生常遇的网络诈骗案例

钓鱼网站诈骗：犯罪分子以银行网银升级为由，要求事主登录假冒银行的钓鱼网站，进而获取事主银行账户、网银密码及手机交易码等信息实施诈骗。

Note

虚假购物网站诈骗：犯罪分子开设虚假购物网站或淘宝店铺，一旦事主下单购买商品，便称系统故障，订单出现问题，需要重新激活。随后，通过 QQ 发送虚假激活网址，受害人填写好淘宝账号、银行卡号、密码及验证码后，卡上金额即被划走。

伪基站诈骗：犯罪分子利用伪基站向广大群众发送网银升级、10086 移动商城兑换现金等虚假链接，一旦受害人单击后便在其手机上植入获取银行账号、密码和手机号的木马，从而进一步实施犯罪。

补助、救助、助学金诈骗：犯罪分子冒充民政、残联等单位工作人员，向残疾人员、困难群众、学生家长打电话，谎称可以领取补助金、救助金、助学金，要其提供银行卡号，然后以资金到账查询为由，指令其在自动取款机上进入英文界面操作，将钱转走。

3.1.2　工业传感网关键检测技术

1. 影像传感器检测的关键技术

在检测圆形机械零件时，通过影像传感器采集生产流水线上机械零件的图像信息，在本项目中，图像采集部分主要由影像传感器、现场可编程门阵列（FPGA）和 DSP 构成。在影像传感器中，像素位置是通过行和列的地址来表示的，在给出行和列的地址以后，图像数据就可以随机读取了，这样，系统时序控制的复杂度大大降低了。基于影像传感器的检测过程由 FPGA 控制影像传感器首先得到圆形零件的平面数字图像数据，再进行噪声的去除工作，通常采用中值滤波法，最后采用拉普拉斯算子对边缘进行提取，从而可以得到圆的边界点。在 DSP 中，通过 Hough 变换，可以对图像的边界进行快速而准确的曲线拟合操作，这样就可以得到拟合后圆的圆心坐标、半径等参数，通过与标准值比对，就可以分析判断零件的尺寸是否达到生产要求。

1）圆形机械零件检测图像的边缘获取过程

影像传感器在对检测零件进行图像采集后，图像数据需先经过中值滤波处理，再进行边缘提取操作，最终获得检测零件图像的边缘数据。FPGA 的主要功能有图像数据读入控制、中值滤波和边缘获取，FPGA 首先将图像数据逐行读入，数据存放在一个双口 RAM 中。当在初始状态时，FPGA 先连续读取五行数据，分别为第 0 行、第 1 行、第 2 行、第 3 行和第 4 行，将五行数据分别输入对应的五个双口 RAM 中，双口 RAM 中第 0、第 1 和第 2 行数据送入第一个中值滤波器进行滤波处理，以此类推，第 1、第 2 和第 3 行数据送入第二个中值滤波器处理，第 2、第 3 和第 4 行数据送入第三个中值滤波器处理，处理完毕后，将三个通过中值滤波处理后的数据进行边缘提取操作，最后把所得到的边缘数据送入 DSP 进行处理。当第一行的边缘数据处理完之后，FPGA 就开始重新读入新的数据，再按照上述步骤进行中值滤波处理和边缘提取，如此循环，直至将所有的图像数据处理完毕。

由于受采集环境、成像条件、光电转换过程中的噪声、A/D 转换误差等因素的影响，在图像采集的过程中会引入噪声。中值滤波是一种非线性的平滑技术，它将每个像素点的灰度值设置为该点某邻近窗口内的所有像素点的灰度值的中值，这样可以平滑噪声、保护图像尖锐的边缘，在图像处理技术中被广泛应用。本项目中采用一个 3×3 的中值滤波窗口，其值分别为 A_1、A_2、A_3、B_1、B_2、B_3、C_1、C_2、C_3，其中 B_2 的值为目标灰度值，将 9 个灰度值进行排序，将排在最中间的灰度值设置为 B_2 新的灰度值。其计算方法如式（3－1）

 所示：

定义一个一维数据 x_1，…，x_n，按其值的大小进行排序，$x_1 < x_2 < \cdots < x_n$，则

$$y = \mathrm{Med}(x_1,\cdots,x_n) = \begin{cases} x_{n+1}^2, n\text{ 为奇数} \\ \dfrac{1}{2}\left[x_{\frac{n}{2}} + x_{1+\frac{n}{2}}\right], n\text{ 为偶数} \end{cases} \tag{3-1}$$

三行数据在时钟同步下同时进入中值滤波器，由第一个比较器得出每一列三个数据（A_i，B_i，C_i）中的最大值、中间值和最小值。然后将这三个值进行逐级存储。由第二个比较器分别得出 p、q、r，最后由第三个比较器得出最后的中值。

经过中值滤波后，图像噪声可以得到消除，边缘可以得到强化，但因为图像边缘是图像上灰度变化最剧烈的地方，所以可以对图像各个像素点进行微分来确定边缘像素点。一阶微分图像的峰值处就是图像的边缘点，二阶微分图像的过零点也是图像的边缘点。根据数字图像的特点，采用差分运算来替代导数运算，得到计算式如下：

$$G[x,y] = |f[x+1,y] + f[x-1,y] + f[x,y+1] + f[x,y-1] - 4f[x,y]| \tag{3-2}$$

在该算法的实现过程中，定义一个 3×3 的中值滤波窗口，它们的值分别为 A_1、A_2、A_3、B_1、B_2、B_3、C_1、C_2、C_3，其中 B_2 为目标点，B_2 的坐标为（x，y），则 B_2 所对应的边缘值 $G = |A_2 + B_1 + C_2 + B_3 - 4\times B_2|$。

经边缘提取之后，图像的边缘数据 G 要经过二值化处理，也就是说，图像上的点的灰度值只能有两个，0 或者 255。要实现这一过程，比较常见的是采用阈值分割方法。设置一个阈值，在处理过程中，将灰度值大于或者等于该阈值的所有像素点判断为边界点，灰度值用 255 表示，将灰度值小于该阈值的所有像素点判断为非边界点，灰度值都用 0 表示。

2）获取图像后的处理过程

DSP 读取 FPGA 产生的边缘数据后，将边缘点的坐标进行保存，然后再通过霍夫（Hough）变换进行圆的识别。霍夫变换是图像处理中从图像中识别几何形状的一种方法，经典的霍夫变换常被用于圆、直线段和椭圆等的检测。广义霍夫变换则可以推广到任意形状的检测。但不管是经典霍夫变换还是广义霍夫变换，它们的基本思想均是把图像平面上的点对应到参数平面上的线，再通过统计特性用绝大多数点都满足的参数来描述图像中的曲线。这种技术是根据局部度量来计算全面描述参数，所以，对于区域边界被噪声干扰而引起的边界发生某些间断的情况，具有很好的容错性和鲁棒性。

霍夫变换的算法流程图如图 3－1－3 所示，在图像边缘点等间隔选取不在一条直线上的三个点计算出它们对应的圆参数 P，对这些圆参数值进行归类，将相互误差小于允许误差 D 的圆参数设为一个子集，若子集内的个数 N 达到指定阈值 X 时，该子集对应的圆即为拟合到的标准圆。若大于允许误差 D，则将圆参数 P 设为一个新的子集。该算法是多到一的映射，大大加快了测量的速度。当找到圆之后，根据圆心位置和边缘数据坐标即可计算实际零件的面积和最大最小半径，通过与数据库中标准值进行比较，判断零件是否合格。

2. 容栅式位移传感器检测的关键技术

容栅式位移传感器是一种应用于测量位移的数字式传感器，是在变面积型电容传感器

基础上开发而来的，一般可分为三类：直线形、圆形和圆筒形，其中直线形和圆筒形主要用于直线位移的测量，圆形主要用于角位移的测量。本系统中采用的是直线形。

Note

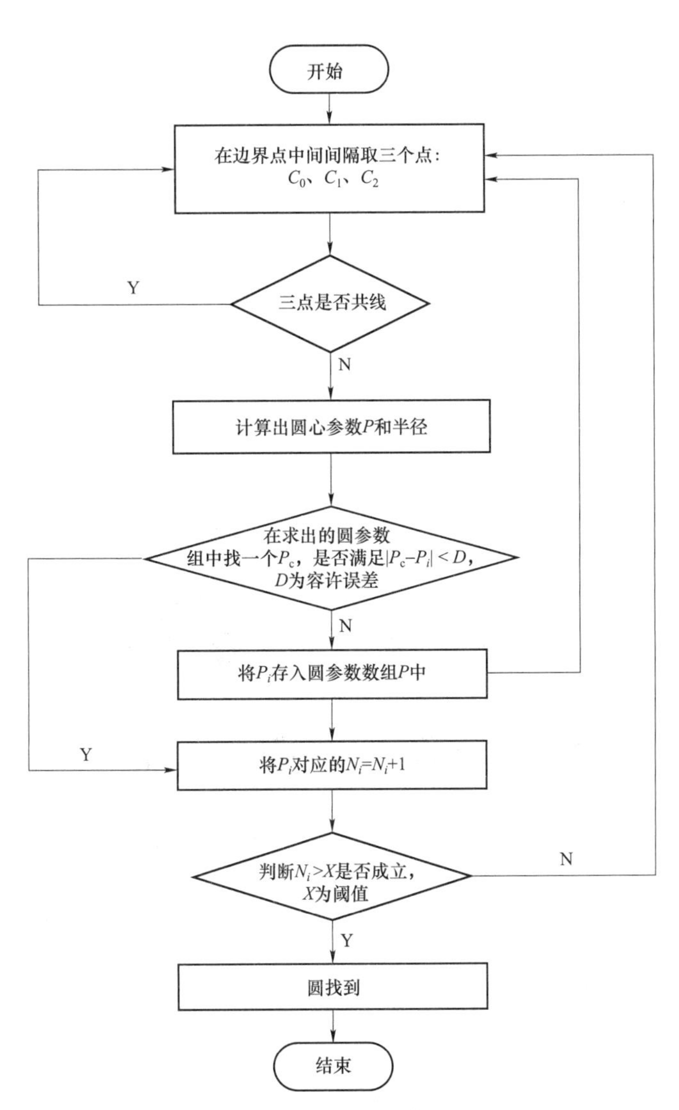

图 3－1－3 霍夫变换的算法流程图

容栅式位移传感器主要由定尺和动尺两部分组成，其相对面上分别刻着一些列等间距且具有绝缘性的金属栅状极片，中间填充介质，从而形成一对对并联连接的电容。动尺上以一定宽度排列着一些列尺寸相同发射极片，而定尺上以一定的间隔均匀排列着一些列相互绝缘且尺寸相同反射极片，当发射电极片分别加以相应的激励电压时，反射极片上将产生一定的电荷，最终经过电容即可在公共接收极上产生电荷并输出。

在忽略边缘效应的情况下，得到最大电容量如式（3－3）所示：

$$C_{\max}=n\frac{\varepsilon L_1 L_2}{\delta} \tag{3-3}$$

式中，n 为动尺上的极片个数；L_1、L_2 分别为栅极片长度和宽度；ε 为介电常数；δ 为极板间距。位移值的计算方法为：将栅极板之间所形成的电容接入多谐振荡器，多谐振荡器输出的方波信号再作为信号处理电路的输入信号，这样，通过测量信号的周期并根据周期与位移之间的线性关系，就可以计算得到位移值。

任务实施

随着现代工业技术的快速发展，生产企业对机械零件的加工精度提出了越来越高的要求，在生产过程中的检测难度也随之变大。机械零件检测主要包括外圆、内孔、半圆、缺圆、弧面、曲面、球面的检测；长度尺寸、相关尺寸的检测；锥度、角度、沉槽、键槽的检测；形位公差、齿轮、螺纹的检测以及表面粗糙度的检测等。在本系统中，根据麦格纳动力总成（常州）有限公司的实际需求，主要测量的机械零件为规则的圆形。图 3-1-4 所示为汽车动力总成中的齿轮零件。

图 3-1-4　汽车动力总成中的齿轮零件

传统的手工测量方法不仅效率低，而且易存在错检、漏检等问题，已经很难满足现代生产企业高效率、高标准、高精度等要求。伴随着现代检测技术，尤其是传感器技术、图像信号处理和识别等技术的不断发展，采用传感器获取检测数据，通过无传感器网络发送到汇聚节点，再发送至服务器，通过跟数据库中标准值的比对，判断机械零件是否合格。

1. 产品质量检测系统集成方案设计

1）系统集成拓扑图设计

项目集成方案设计

每个车间都有一个独立的产品质量在线检测系统，通过传感器获取检测数据，利用 ZigBee 网络发送至汇聚节点，汇聚节点通过 5G、Wi-Fi 等无线网络将数据发送至嵌入式网关，再由网关将数据发送至服务器，每个车间的检测系统组成了一个无线传感器网络。客户端用户可以通过计算机、平板等终端设备，通过互联网访问数据中心，从而可以实现对检测系统的实时监测。

Note

2）系统流程图设计

在机械零件在线检测系统中，当产品进入检测工序时，通过扫描枪获取到产品的ID，从数据库产品类型表中查询出该产品的名称、产品类型以及该产品应该达到的标准，并保存到服务器，在数据采集工位，通过影像传感器捕获产品的图像信息，位移传感器测量产品的长度等信息，通过ZigBee协议将数据传送至汇聚节点，然后汇聚节点将采集到的数据发送至网关，并保存到服务器的临时表中，系统会对采集的数据和该产品应该具有的标准特征进行分析比较，检测完毕后将信息通过RFID读卡器写入产品标签，最终经过分拣系统分离出合格品与不合格品。系统流程图如图3-1-5所示。

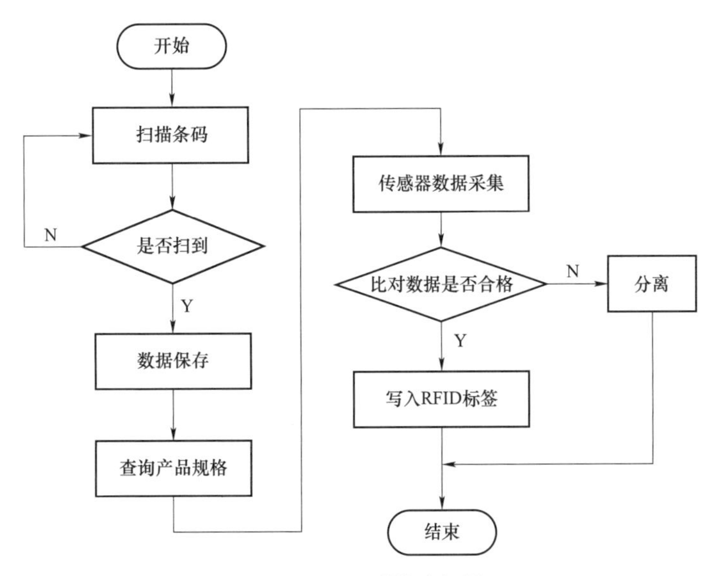

图3-1-5 系统流程图

2. 产品质量检测系统中传感网的构建

1）工业传感网拓扑结构的选择

机械零件在线检测系统主要用于机械零件生产过程中的质量检测，在构建无线传感器网络结构时要充分考虑系统的复杂性、实时性、开放性等特点，在选择拓扑结构时，本项目选用簇树状网络结构，以公司的生产车间为单位，每一个生产车间作为一个簇，簇之间的通信通过每个车间的簇头节点的转发来完成数据通信，簇头节点在采集检测设备信号时还要收集成员节点采集到的信号，并发送至汇聚节点，最后发送至嵌入式网关。

2）工业传感网拓扑结构的搭建

该步骤中所涉及的工业传感网拓扑结构，请参考项目1任务1.1中1.1.4节的相应介绍。

任务评价

任务评价表如表 3-1-2 所示，总结反馈如表 3-1-3 所示。

表 3-1-2 任务评价表

评价类型	赋分	序号	具体指标	分值	得分		
					自评	组评	师评
职业能力	55	1	系统集成方案设计合理	15			
		2	系统流程图设计正确	10			
		3	网络安全防护方案合理	10			
		4	网络拓扑结构选择合理	10			
		5	网络拓扑结构搭建正确	10			
职业素养	20	1	坚持出勤，遵守纪律	5			
		2	协作互助，解决难点	5			
		3	按照标准规范操作	5			
		4	持续改进优化	5			
劳动素养	15	1	按时完成，认真填写记录	5			
		2	保持工位卫生、整洁、有序	5			
		3	小组分工合理性	5			
思政素养	10	1	完成思政素材学习	4			
		2	完成“网络安全法治意识”小测评	6			
总分				100			

表 3-1-3 总结反思

总结反思	
● 目标达成：知识 □□□□□　能力 □□□□□　素养 □□□□□	
● 学习收获：	● 教师寄语： 签字：________
● 问题反思：	

课后任务

1. 问答与讨论

（1）产品质量在线检测系统的工作原理是什么？

（2）在本项目中选用了工业传感网的哪种拓扑结构？

（3）影像传感器检测的基本原理是什么？

（4）容栅式位移传感器检测的基本原理是什么？

（5）工业传感网的安全目标是什么？

（6）在研究和移植工业传感网各种安全技术时，必须考虑哪几方面的约束？

（7）工业传感网的基本安全需求有哪些？

（8）工业传感网面临的安全威胁有哪些？

（9）对于工业传感网面临的安全威胁，可采用哪些防御方式？

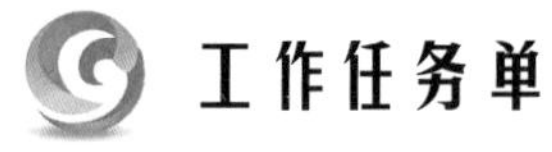

工作任务单

《工业传感网应用技术》工作任务单

<table>
<tr><td>工作任务</td><td colspan="4"></td></tr>
<tr><td>小组名称</td><td colspan="2"></td><td>工作成员</td><td></td></tr>
<tr><td>工作时间</td><td colspan="2"></td><td>完成总时长</td><td></td></tr>
<tr><td colspan="5">工作任务描述</td></tr>
<tr><td colspan="5"></td></tr>
<tr><td rowspan="5">小组分工</td><td>姓名</td><td colspan="3">工作任务</td></tr>
<tr><td></td><td colspan="3"></td></tr>
<tr><td></td><td colspan="3"></td></tr>
<tr><td></td><td colspan="3"></td></tr>
<tr><td></td><td colspan="3"></td></tr>
<tr><td colspan="5">任务执行结果记录</td></tr>
<tr><td>序号</td><td colspan="2">工作内容</td><td>完成情况</td><td>操作员</td></tr>
<tr><td>1</td><td colspan="2"></td><td></td><td></td></tr>
<tr><td>2</td><td colspan="2"></td><td></td><td></td></tr>
<tr><td>3</td><td colspan="2"></td><td></td><td></td></tr>
<tr><td>4</td><td colspan="2"></td><td></td><td></td></tr>
<tr><td colspan="5">任务实施过程记录</td></tr>
<tr><td colspan="5"></td></tr>
</table>

上级验收评定		验收人签名	

Note

任务 3.2　数据采集设备集成

学习目标

- 了解传感器数据采集节点的构成。
- 会传感器数据采集节点的硬件选型与集成方法。
- 了解传感器数据采集节点软件设计环境。
- 会进行传感器节点的集成测试。

思政目标

- 树立敬业奉献、精益求精、追求卓越的工匠精神。

“课程思政”链接
融入点：CC2530 芯片传感器节点处理单元　思政元素：工匠精神——精益求精、创新精神
本任务中选用的是美国德州仪器公司的高性能 CC2530 芯片，作为传感器节点的核心处理单元。由此引入案例两则，让学生阅读后讨论、交流想法。材料一反映了我国多数产品和设备中使用了美国进口芯片，国产芯片难以取代国外芯片的核心垄断地位；材料二介绍了由国内企业自主研发的基于机器视觉的产品质量在线自动检测系统，该系统可实现高速运转生产线中产品质量的实时、高效检测以及缺陷自动识别和分类，部分技术处于国际领先水平。通过正、反两个案例引导学生思考，虽然中国制造已具备一定世界影响力，但产品档次和整体水平仍待提升，而这就急需培育工匠精神。 工匠精神作为中华优秀传统文化的精华之一，也是中国由制造大国变为制造强国的重要推手，其核心内涵主要包括爱岗敬业的职业精神、精益求精的品质精神、协作共进的团队精神、追求卓越的创新精神。因此，作为社会主义的建设者和接班人，我们必须培育并弘扬工匠精神，将个人理想融入国家智造强国梦想
参考资料：《“工匠精神”案例两则》《中华优秀传统文化—工匠精神的历史典故》《大国工匠》视频

任务要求

完成机械零件在线检测系统中的传感器节点设计：明确传感器节点的构成，会根据项目需求选择合适的传感器；熟悉软件开发环境，会进行节点的通信测试。

实训设备

（1）机械零件在线检测系统中的各类传感器节点。
（2）NewLab 实验平台一套。
（3）计算机一台。

Note

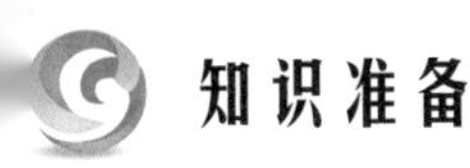

知识准备

3.2.1　传感器节点原理图

1. 通信模块 PCB 设计图

PCB 板采用四层板设计，顶层与底层走信号线，在布设信号线时，把模拟线号线与数字信号线分开，并且使相邻线号线的信号走向尽量相同。第二层走地线，布线加粗，并且模拟地、数字地分开走线。第三层走电源线，布线加粗。芯片底部铺铜过孔接地散热。

本模块的功能引脚设计为双列直插，方便接入扩展板，一旦模块出现问题，也便于更换。图 3－2－1 所示为 CC2530 通信模块 PCB 设计图。

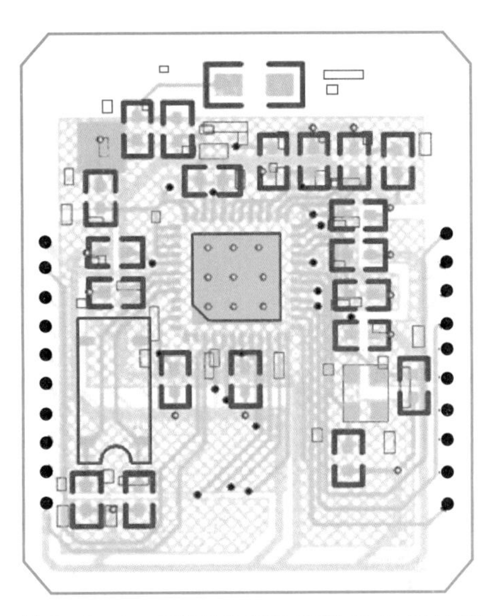

图 3－2－1　CC2530 通信模块 PCB 设计图

2. 电源底板设计

电源底板以 miniUSB 接口为外置电源接口，引入 5 V 直流电源，通过电源管理芯片为传感器与 CC2530 通信单元提供 5 V 与 3.3 V 稳压直流电源，并使用限流二极管对电源电路进行限流保护。

3. 温湿度传感器功能板的设计

节点功能定义：

（1）日常温度范围一般在－40～60℃，湿度在 0～100%RH，选取的温度、湿度传感器要满足测量范围。

（2）节点为终端节点，为电池供电。要保证节点能长时间工作，温度、湿度传感器功耗要低，节点在睡眠状态下工作的周边电子器件要少。

根据以上需求，确定以低功耗 sht10 温湿度传感器为核心，周边电路仅保留供电电路的温湿度传感器功能板设计方案，如图 3－2－2 所示。

4. AD 采样功能板的设计

在实际应用中，很多传感器都具备 0～5 V 或者 4～20 MA 的模拟量输出，针对模拟量输出的传感器，设计通用电流与电压采样电路，方便各式模拟量输出的传感器接入。

电流采样电路应用 1 Ω 的高精度采样电阻与 20 倍差分运放相结合进行设计，采集 4～20 mA 的模拟量信号。电压采样电路应用 1 Ω 的高精度采样电阻与电压跟随器相结合进行设计，采集 0～5 V 的模拟量信号。

Note

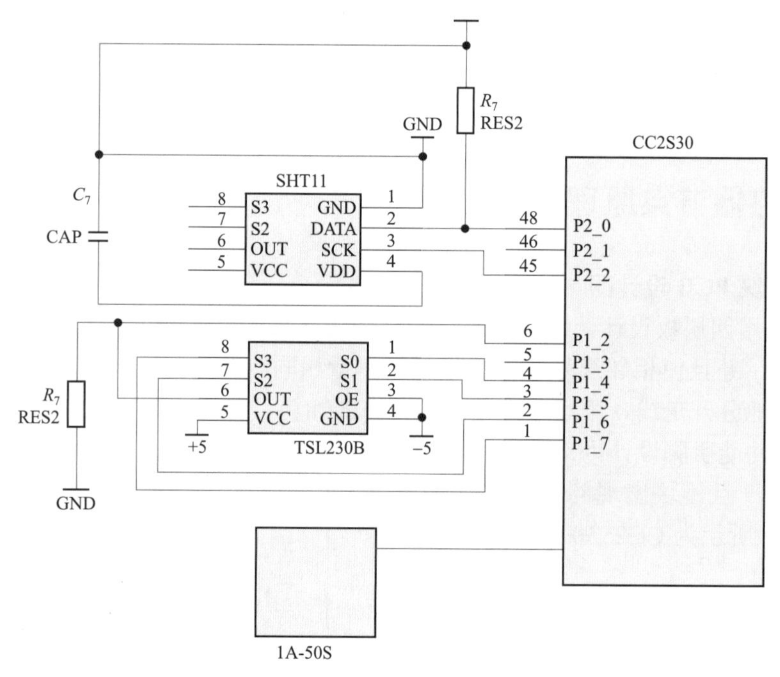

图 3-2-2 电路设计原理图

任务实施

传感器节点实际上是无线传感器网络系统中的微型计算机系统，在传感器节点设计的过程中，应当考虑低功耗、低成本、稳定性等问题。这些传感器节点在无线传感器网络中可以通过自组织方式构成网络，每个传感器节点具有终端数据处理功能和路由器功能，除了在本地进行信息收集和处理之外，还可以对其他节点转发过来的数据进行处理，并且同时还与其他节点协作完成某些特定任务。汇聚节点与传感器节点相比，它的数据处理能力、传输能力和存储能力都较强，汇聚节点既可以是一个具有增强功能的传感器节点，也可以是没有监测功能但带有无线通信功能的特殊设备。

3.2.2 传感器节点的硬件选型

数据采集设备集成

1. 传感器节点的硬件结构

传感器节点的基本硬件功能模块主要由处理单元、无线收发单元、传感单元和电源管理单元等几部分组成。其示意图及相关介绍请参考项目 1 任务 1.4 中［任务实施］的内容。

2. 处理单元选型

从处理器的角度来看，无线传感器网络节点可以分为两大类：其中一类是采用 ARM 处理器为代表的高端处理器，此类节点大多数支持 DVS（动态电压调节）或 DFS（动态频率调节）等节能策略，它的处理能力较强，一般采用高端处理器作为网络汇聚节点或网关节

Note

点，因此能量消耗比较大；另一类是采用低端微控制器为代表的节点，常见的有采用 8/16 位的单片机，该类节点的处理能力相对较弱，但能量消耗功率很小，一般用作前端数据采集节点。在选择处理器时首先应考虑系统对处理器的实际需求，再考虑功耗等问题。

传感器网络节点本质上是一个微型嵌入式系统，与通用的微处理器最大的不同点是嵌入式微处理器系统大多数由用户自己定义，系统设计的差异性较大，因此嵌入式系统的选择也是多样化的。所以，微处理器的选型应该综合考虑系统的功耗、性能、价格、开发工具的配备等因素，然后决定使用哪一种比较合适的处理器。

本项目选择的是美国德州仪器公司 CC2530 芯片，该芯片含有一个高性能的 2.4 GHz DSSS（直接序列扩频）射频收发器和一个增强型的 8 位 8051 微控制器内核。它具有 64/128/256 kB 三种可编程闪存和一个 RAM，还包含模/数转换器（ADC）、定时器（Timer）、协同处理器、32 kHz 晶振的休眠模式定时器、看门狗定时器、掉电检测电路（Brown out Detection）、上电复位电路（Power on reset）及 21 个可编程 I/O 引脚。

3. 无线收发单元选型

CC2530 是 IEEE802.15.4、ZigBee 和 RF4CE 应用的一个真正的片上系统（SoC）解决方案，它结合了领先的 RF 收发器的优良性能，可以保证短距离通信的可靠性和有效性。CC2530 只需少量的外围元器件，外围电路主要包括射频输入/输出匹配电路、微控制器接口电路和晶振时钟电路等部分。芯片本振信号如果由内部电路来提供，则需外加两个负载电容和一个晶体振荡器，电容的大小取决于晶体频率及输入容抗等参数。射频 I/O 匹配电路主要用来匹配芯片的输入输出阻抗，使其输入输出阻抗为 50 Ω，同时为芯片内部的 PA 及 LNA 提供直流偏置。

■ 【课程思政】思考感悟

亲爱的同学，本任务中传感器节点核心单元选用的是美国芯片，由此请阅读案例两则，以及历史典故、榜样事迹，相互交流讨论，进一步思考感悟、树立工匠精神。

《大国工匠视频》

谈一谈你的感想：

■**案例一：为何美国芯片可以制霸全球**

在大部分电子产品中，几乎都要使用芯片，这些负责逻辑运算以及存储的芯片也为电子产品赋予了灵魂。而芯片的研发，也代表着国家高端制造的综合体现，但是这样一个关键的电子元器件目前国内还主要依赖进口。据统计，我国每年花费在芯片进口上的费用高达 1 500 亿元人民币。而在 2017 年整个集成电路进口总额为 2 601 亿美元，为我国第一大进口商品。根据海关总署统计，集成电路进口额从 2015 年起已连续三年超过原油。2017 年，在全球基带芯片和智能手机应用处理器市场上，美国半导体厂商高通分别拥有 53%和 42%市场份额，在这两个领域中的霸主地位牢不可破。

Note

案例二：**基于机器视觉的产品质量在线自动检测系统**

基于机器视觉技术的产品质量在线自动检测系统利用较新的机器视觉技术、先进图像处理技术、模式识别技术，机器学习技术等高科技手段，实时地对各种工业产品的表面质量进行100%检测，保证出厂的产品全部达到合格质量标准，避免因质量问题所引起的各种纠纷和损失。无锡创视新科技（MVC）产品质量在线自动检测系统，完成替代人工，能够在高速运转的生产线进行实时、在线、自动产品质量检测。系统可自动识别产品表面各类缺陷（如斑点、凹坑、晶点、污点、划伤等），并对缺陷形状进行自动分类，缺陷位置在系统直观显示，配合打标系统可对产品缺陷位置进行标记，每批次产品质量信息进行存储。目前该系统已广泛应用于金属、薄膜、无纺布、玻璃、太阳能电池等产品生产线进行在线质量检查，技术达到了国际同类产品的技术水平，并且在许多单项技术方面具有领先水平。

■ 榜样的力量：**匠心独运展神威　扎根一线显精彩**

——2020年全国劳动模范岳增光同志先进事迹

岳增光，1980年，中专学历，中共党员，1996年参加工作，现系陕西红马科技有限公司设备管理部电仪班长。

● **勤自学，善钻研，电仪专家初长成。**初入焦化行业的岳增光同志抱着百折不挠的兴趣，硬是一样一样地熟悉、掌握了电工工具、常用电料的基本性能、使用方法与应用范围。他主动放弃业余时间，通过自学，由浅入深，由粗到精，逐步掌握了低压故障处理、设计绘图等电工操作知识技能，并同时涉猎了焊接、切割与装配和钳工等基本知识与操作。

● **搞技改，忙创新，节能降耗出效益。**多年来，他怀着对企业的满腔热情和高度的责任感，时时处处为企业着想，不断对管辖范围内各处设备进行技术创新改造。改造破碎机电动机保护系统、创新脱硫泵变频器调节模式、开发焦炉集气管压力调节自控系统。自2002年至2016年，他经办成功的技术革新项目达百余项，为公司累计节约资金600余万元，在节能、环保、安全生产、提高生产效率等方面做出了巨大贡献。

● **不怕苦、不喊累，兢兢业业干事业。**岳增光同志谨记自己是一名共产党员，扎根一线，对工作一丝不苟，经常加班加点进行设备检修而毫无怨言。2016年1月23日，当班员工发现精苯车间300#系统温度迅速下降，他立即根据现场现象及时做出判断，顺利将E308循环气加热器拆卸转移至检修场地，进行打压、查漏、补焊，在零下14℃的气温下，加班至当晚21:00，为及早开工争取了时间。

● **顾大局，集精锐，转战红马新产能。**2018年3月，陕西红马科技有限公司1万吨/年锂离子动力电池多元正极材料项目建设在即。岳增光同志保持先进本色，不忘初心，牢记使命，一手保兄弟子公司韩城市中信化工有限公司的正常生产、检修与运维，一手抓红马科技的机电仪设施的市场调查、选型、安装与试运。岳增光同志不仅于2005年、2006年与2009年分别获得市级“优秀农民工”“技术创新能手”“金牌工人”称号，还分别于2015年至2018年，被授予“韩城市十大创新之星”“陕西省劳动模范”和“陕西省技术能手”等荣誉。

Note

■ 历史典故：中华优秀传统文化——工匠精神

◆ **庖丁解牛**

比喻经过反复实践，掌握了事物的客观规律，做事得心应手，运用自如。出自或国庄子的《庄子·养生主》。

古时候，有一个叫庖丁的人，他非常擅长宰牛。一天，庖丁被文惠君请去宰牛。开始宰牛了，只见庖丁一只手按着牛，另一只手拿着屠刀在牛身上利落地划切着，动作非常熟练。骨肉剥离的声音配合庖丁的动作，像奏乐一样有节奏。文惠君看呆了，大声赞叹："真了不起啊！你宰牛的技术怎么这么高超呢？"庖丁对魏惠王说："我刚刚开始解剖牛的时候，只知道用刀乱砍，结果砍出来的牛肉很稀烂。后来，我解剖牛多了，渐渐明白牛骨骼的结构，就开始试着透过牛的皮肉去看它里面的骨骼，然后找出容易切的部位，这样切出来的肉就不会烂掉了。"

◆ **精益求精**

比喻已经很好了，还要求更好。出于先秦·孔子《论语·学而》。

有一次，孔子和子贡谈论做学问要由浅入深的问题。子贡问道："一个贫穷的人，见了富贵的人并不谄媚；或者，一个富贵的人，见了贫穷的人并不骄矜。这两种人的态度，可算好了吧?"孔子说："可以是可以了，但还不如贫而乐、富而好礼的人。"子贡说："《诗经》上说：'如切如磋，如琢如磨。'这意思是说，好了不能满足，要努力好上加好。对不对呢。"

◆ **鬼斧神工**

形容建筑、雕塑等艺术技巧高超，像是鬼神制作出来的。出自或国庄子的《庄子·达生》。

梓庆用木头削雕成一个鐻，形象逼真，活灵活现，见到它的人都特别惊奇，不相信这是人工做出来的，而好像出于鬼神之手。见到这个鐻后，鲁侯问梓庆："你是用什么法术制作它的?"梓庆笑笑说："我是一个凡人，哪里有什么法术。在制作时，我聚精会神，心中没有杂念，并不想借此获得什么赏赐、封官，等等，而是忘掉名利，集中心思考虑怎么才能制作好它。自己四肢的形态都忘了。然后再到山林去仔细观察，找到合适的木材。不此同时，心目中有了鐻，然后用手雕刻出来；不用加修饰就已经做成了。"

Note

【1+X 证书考点】
1.1.1 熟知各种传感器的基本参数、特性和应用场景

4. 传感器选型

传感器是一种以一定的精确度把被测量的非物理量转换成为相应的某物理量的测量装置，传感器作为测量装置的输入端，是整个检测系统的重要环节，其性能将直接影响检测的精度，在本系统中，主要传感器有位移传感器和影像传感器。位移传感器选择的是日本精工 KTC 传感器，该传感器的测量行程为 75～1 250 mm，精度可达 0.01 mm；影像传感器选用三星公司的 ST50 CCD。

5. 天线的设计

天线是传感器节点的一个重要部件，它的设计好坏直接关系到无线通信的质量高低和无线通信的距离远近。天线的设计标准有很多，可以采用电路板上金属印刷线作为天线，也可以用简单的导线天线或金属条天线，在本项目中，我们采用的是贴片陶瓷天线。衡量天线的性能好坏主要从天线增益、天线效率、电压驻波比这三个指标考虑。天线增益是指天线在能量发射的最大方向上的增益，天线增益越高，其通信距离就越远。天线效率是指信号以电磁波形式发射到空中所需的能量与其自身消耗的能量的比值，其中自身消耗的能量是以热的形式散发的，对于天线节点来说，天线辐射电阻较小，任何电路的损耗都会较大程度的降低天线的效率。天线电压驻波比主要用来衡量传输线和天线之间阻抗失配的程度，天线电压驻波比越高，表示阻抗失配程度越高，信号能量损耗越大。

在本任务中，天线的设计选用 50 Ω 2.4 GHz 贴片陶瓷天线，与同频段的单极柱状天线相比，陶瓷贴片天线的长度大约 7 mm，为前者的十分之一，大大减小了天线的体积。在工业生产环境中，各节点间的通信距离一般较短，很容易找到通信路径，陶瓷贴片天线增益就可以满足在工业生产检测环境中的通信要求。在设计过程中，所有的电源引脚都就近通过 0.1 μF 电容退耦接地，采用电容滤掉芯片中数字信号高低电平的高速切换造成的瞬态电流，防止电流对高频模拟信号产生干扰，影响天线效果。同时，为了减少数字信号噪声回流对高频模拟弱电线号产生的干扰，在设计中，在天线与 CC2530 的射频收发端之间接一个 200/50 Ω 的均衡器，进行天线匹配。

3.2.3 传感器节点的软件设计

1. 开发调试环境

CC2530 的软件开发平台为 IAR Embedded Workbench（简称 EW）集成开发环境，IAR EW 的 C/EC++交叉编译器和调试器是最完整和最容易使用的专业嵌入式应用开发工具。EW 对不同的微处理器提供一样直观用户界面。EW 包括：嵌入式 C/C++优化编译器、汇编器、编辑器、连接定位器、库管理员、项目管理器和 C－SPY 调试器等。使用 IAR EW 的编译器最优化最紧凑的代码，节省硬件资源，最大限度地降低产品成本，提高产品竞争力。集成开发环境界面如图 3－2－3 所示。

Note

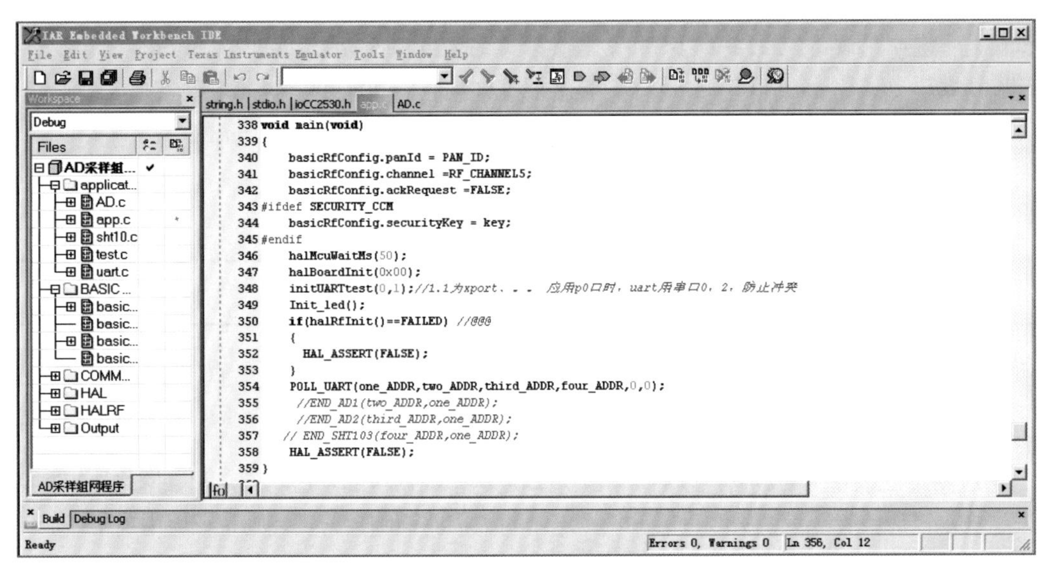

图 3-2-3 集成开发环境界面

2. 协议配置文件和接口函数

1）协议配置文件 app.h

不同的应用程序对无线传感器网络协议的要求是不一样的，如果根据每个具体应用来修改协议层的参数将会带来很大麻烦，所以每个应用程序都要有自己独自的协议配置文件。一般协议配置头文件命名为app.h，用宏定义来表示协议中需要应用层配置的参数，定义如下：

```
#ifndef MACRO    #define NACRO x#endif “”
```

程序说明：在文件前方加上#include “app.h”，app.h 中添加#define MACRO x。这样，“app.h”中的宏定义便具有较高的优先权，协议内部的宏定义主要有网络号、基站地址、路由队列的大小、路由邻居表的大小、路由重发的次数、反向最大跳数、反向路由表的大小和邻居表大小等配置项。

2）接口函数

在无线传感器网络协议中，经常会使用一些接口函数，它们可以方便应用层中的调用，常见的几个常用函数有：

（1）网络的初始化函数。

```
Route_result_init(void);
```

程序说明：在应用程序初始化的过程中，调用网络初始化函数，执行完毕后，网络就完成初始化，进入了网络组建状态。

```
Route_relult_tnet_send(mbuf_t*mbuf, uint32_t destiAddr, uint8_t appType, BOOL AckPrequired);
```

程序说明：该函数主要在应用层有数据需要发送时调用，其中，“mbuf”代表需要发送的数据包，“destiAddr”代表发送的目的地址，“appType”代表发送数据的类型，AckRequired 代表是否需要应答确定。

（2）网络发送函数。

（3）网络发送完成回调函数。

```
Typedef void(*NET_SENDDONE_CB)(mbuf_t*mbuf,result_t result);
```

程序说明：“mbuf”代表发送完成的数据包，“result”代表数据包的发送状态，在此函数中，应用层将已经发送成功的数据包释放，将发送失败的数据包再根据实际需要进行重发。

当应用层发送完一个数据包以后，如果想知道这个数据包的发送状态，那么网络协议把数据包发送成功以后或者经重试失败以后就调用这个函数，而该函数的实现则是在应用层中完成的。

3. 传感器节点中应用程序的设计

传感器节点的主要任务是将采集的数据发送给协调器，在设计过程中，传感器节点的软件程序设计比较复杂，节点应用程序包括主程序、串口接收回调函数、路由层接收回调函数、发送数据任务和发送规范任务。串口接收回调函数仅负责收到节点的实时数据或规范 ACK 时置信号量，具体处理过程在应用任务中进行，路由层接收回调函数是反向路由的回调函数，接收到下传的规范时由发送规范任务将规范发给节点，详细的流程如图 3-2-4 所示。

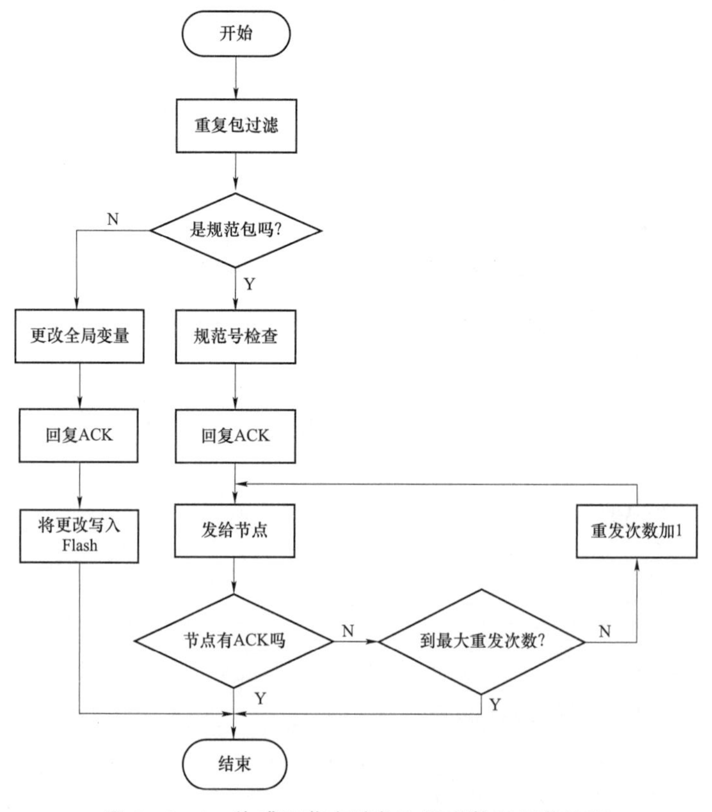

图 3-2-4　传感器节点接收和发送数据规范流程

Note

传感器节点发包的处理程序如下：

```
TransmitApp_ProcessEvent（byte task_id, UINT 16 events）
{
    afincomingMSGPacket_t * MSGpkt;
    byte dstEP;
    zAddrType_t * dstAddr;
    afDataConfirm_t * afDataConfirm
    ZDO_NewDstAddr_t * ZDO_NewDstAddr;// 确认数据信息
    Zstatus_t sentStatus;
    Byte sentEP;
```

【1+X 证书考点】

1.2.3　能根据 MCU 编程手册和传感器用户手册，运用 MCU 的串口通信技术，独立操作串口读取传感器数据。

```
    If(event & SYS_EVENT_MSG)
    {
        MSGpkt=(afincomingMSGPacket_t*)osal_msg_receive(TransmitAPP_TaskID);
          While(MSGpkt)
        {
          Switch(MSGpkt->hdr.event)
         TransmitApp_HandleKeys(((keyChange_t *)MSGpkt)->state, ((keyChange_t *) MSGpkt)->keys);
          Break;
          Case AF_DATA_CONFIRM_CMD;
          afDataConfirm=(afDataConfirm_t *)MSGpkt;
          sentEP=afDataConfirm->endpoint;
          sentStatus=afDataConfirm->hdr.status;
        if((ZSuccess==sentStatus) &&(TransmitApp_enDese.endPoint==sentEP)
          {
            txAccum+=TransmitApp_MaxDataLength;
            if(!timerOn)
                {
                  Osal_start_timerEx(TransmitApp_TaskID,TRANSMITAPP_RCVTIMER_EVT,TRANS
                  MITAPP_DISPLAY_TIMER);
                  clkShdw=osal_GetSystemClock();
                  timerOn=TRUE;
                  }
          }
```

Note

```
//收到确认信息后，发送下一条信息
            TransmitApp_SetSendEvt( );
            Brear;
            Case AF_INCOMING_MSG_CMD:
            TransmitApp_MessageMSGCB(MSGpkt);
            Break;
            Case ZDO_NEW_DSTADDR:
            ZDO_NewDstAddr=(ZDO_NewDstAddr_t*)MSGpkt;
            dstEP=ZDO_NewDstAddr->dstAddrDstEP;
            dstAddr=&ZDO_NewDstAddr->dstAddr;
            TransmitApp_DstAddr.addrMode=(afAddrMode_t)dsrAddr->addrMode;
            TransmitApp_DstAddr.endPoint=dsrEP;
            If(dstAddr->addrMode==Addr16Bit)
            {
              TransmitApp_DstAddr.addr.shortAddr=dstAddr->addr.shortAddr;
            }
            Berak;
            Case ZDO_STATE_CHANGE;
            TransmitApp_NwkState=(devastates_t)(MSGpkt->hdr.status);
            Berak;
            Default;
            Berak;
}
```

3.2.4　传感器节点数据采集测试

1. 传感器节点的测试方法

传感器节点的测试主要分三方面：接收灵敏度的测试（RSSI）、误码率的测试、数据丢包率的测试。本文采用的测试方法如下：测试软件通过计算机串口与测试模块进行通信，传感器节点接收数据后以 4 dBm 的功率发送，信号通过 2.4 GHz 90 dB 衰减器衰减，被协调器接收节点接收，数据通过串口返回至测试软件，测试软件通过对数据帧的分析对比，得到测试结果。传感器节点测试过程如图 3－2－5 所示。

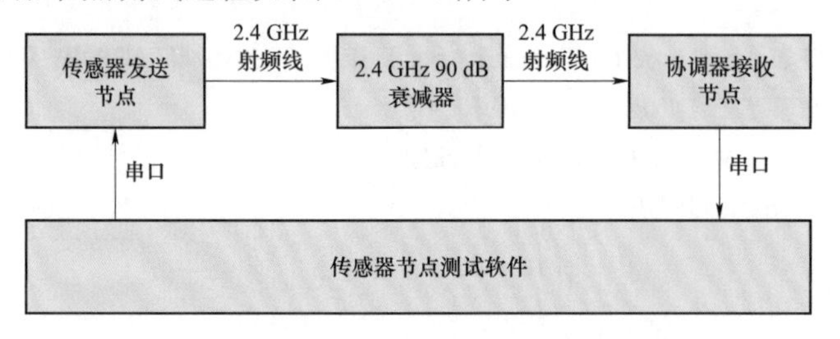

图 3－2－5　传感器节点测试过程

Note

2. 传感器节点的测试结果

根据测试结果显示，发送 100 个字符，间隔 100 ms，误码率为 0，丢包率为 0，速度为 178 b/s，RSSI 为 −98 dB，效果良好，如图 3−2−6 所示。

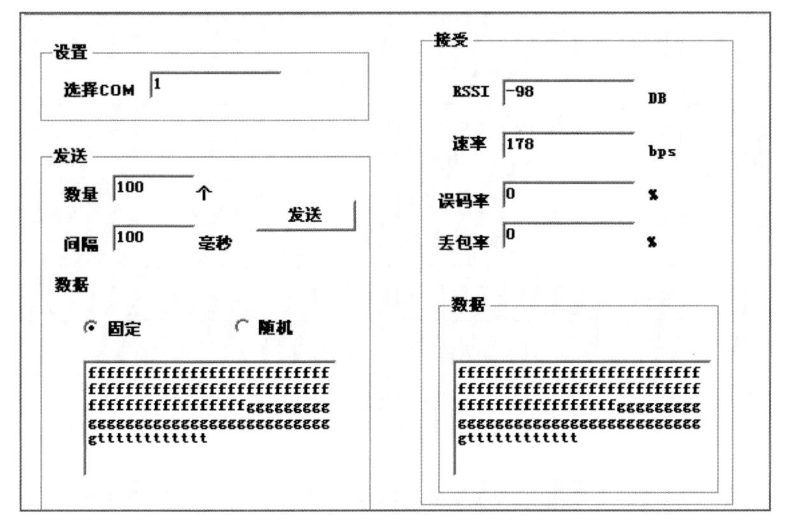

图 3−2−6　传感器节点测试结果

任务评价

任务评价表如表 3-2-1 所示，总结反思如表 3-2-2 所示。

表 3-2-1　任务评价表

评价类型	赋分	序号	具体指标	分值	得分		
					自评	组评	师评
职业能力	55	1	传感器硬件选型正确	10			
		2	传感器节点程序流程正确	10			
		3	传感器节点程序代码编写正确	10			
		4	传感器功能测试通过	10			
		5	传感器集成通信测试通过	15			
职业素养	20	1	坚持出勤，遵守纪律	2			
		2	编程规范性	5			
		3	佩戴防静电手套	5			
		4	布线整洁美观	5			
		5	及时收回工具并按位置摆放	3			
劳动素养	15	1	按时完成，认真填写记录	5			
		2	保持工位卫生、整洁、有序	5			
		3	协作互助、小组分工合理性	5			
思政素养	10	1	完成思政素材学习	4			
		2	持续改进优化、精益求精	6			
总分				100			

表 3-2-2　总结反思

总结反思	
● 目标达成：知识 □□□□□　能力 □□□□□　素养 □□□□□	
● 学习收获：	● 教师寄语： 签字：________
● 问题反思：	

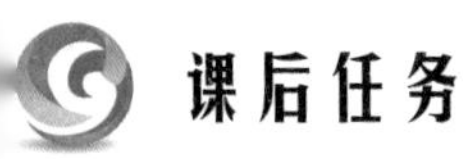

课后任务

1. 问答与讨论

（1）本项目中传感器节点由哪几部分组成？

（2）衡量天线的性能好坏主要从哪几个指标进行评价？

（3）传感器节点接收和发送数据规范流程是什么？

（4）传感器节点测试方法有哪些？

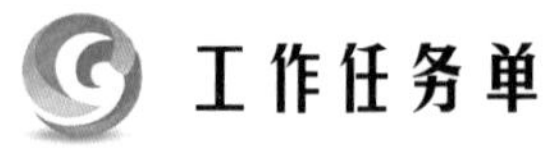

工作任务单

《工业传感网应用技术》工作任务单

<table>
<tr><td>工作任务</td><td colspan="4"></td></tr>
<tr><td>小组名称</td><td colspan="2"></td><td>工作成员</td><td></td></tr>
<tr><td>工作时间</td><td colspan="2"></td><td>完成总时长</td><td></td></tr>
<tr><td colspan="5">工作任务描述</td></tr>
<tr><td colspan="5"></td></tr>
<tr><td rowspan="5">小组分工</td><td>姓名</td><td colspan="3">工作任务</td></tr>
<tr><td></td><td colspan="3"></td></tr>
<tr><td></td><td colspan="3"></td></tr>
<tr><td></td><td colspan="3"></td></tr>
<tr><td></td><td colspan="3"></td></tr>
<tr><td colspan="5">任务执行结果记录</td></tr>
<tr><td>序号</td><td colspan="2">工作内容</td><td>完成情况</td><td>操作员</td></tr>
<tr><td>1</td><td colspan="2"></td><td></td><td></td></tr>
<tr><td>2</td><td colspan="2"></td><td></td><td></td></tr>
<tr><td>3</td><td colspan="2"></td><td></td><td></td></tr>
<tr><td>4</td><td colspan="2"></td><td></td><td></td></tr>
<tr><td colspan="5">任务实施过程记录</td></tr>
<tr><td colspan="5"></td></tr>
</table>

上级验收评定		验收人签名	

任务 3.3　嵌入式控制系统集成

学习目标

- 会连接嵌入式系统的硬件。
- 会使用超级终端进行系统安装。
- 会安装嵌入式系统的 USB 下载驱动。
- 会编写基于 WinCE 系统的 C#应用程序。
- 了解嵌入式系统的基本工作方式，掌握嵌入式系统基本知识。

思政目标

- 培养规范严谨、求真务实的职业素养。
- 树立健康的劳动价值观。

“课程思政”链接
融入点：嵌入式 WinCE 系统应用程序编写　思政元素：职业素养——规范严谨、求真务实
首先引导学生独立完成编程任务、避免复制粘贴他人代码，尊重他人劳动成果，培养诚信的优良品质和健康的劳动价值观：劳动光荣、不劳而获为耻。同时，在程序设计过程中要细致严谨、避免粗心大意，由于极小的错误如标点用错、拼写错误都将导致程序无法运行，因此需要准确编写程序。其次，要认真解决程序中出现的错误，找到错误原因并修改，直至程序能够正确运行。在此过程中帮助学生树立规范严谨、求真务实的工程素养
参考资料：《工程师职业素养》（西安电子科技大学出版社）

任务要求

嵌入式系统广泛应用于各类智能设备，因此，本任务对嵌入式 WinCE 系统的安装过程做了详细的讲解，并在嵌入式 WinCE 系统中编写基于 C#应用程序。需要完成的具体任务如下：

（1）掌握嵌入式 WinCE 系统的安装步骤，安装嵌入式 WinCE 系统的 USB 下载驱动和系统同步软件。

（2）连接实训平台中的数字量输出节点和协调器，实现 ZigBee 无线通信，并利用串口调试助手进行通信测试。

（3）使用 Visual Studio.Net 开发平台编写基于 WinCE 系统的 C#应用程序。利用 C#语言编写应用程序来控制数字量输出节点上所连接的 LED 灯。

Note

实训设备

（1）协调器一个。

（2）带继电器功能的传感器节点一个。

（3）计算机一台，装有 Visual Studio 软件、串口调试助手软件。

（4）USB 数据线三根。（两根给协调器模块及继电器模块供电，一个用于嵌入式系统与 Windows 系统同步时使用）

（5）嵌入式开发板一套。

知识准备

嵌入式网关主要负责与传感器节点之间进行通信，并将收到的数据进行处理、打包后，转换成以太网所需的通信格式。远程监控终端，如 PC 机、手持终端等就可以通过访问网关的 IP 地址，与其进行连接。同时，监控分析软件解析数据包格式，提取传输过来的数据，实时地监测机械零件质量检测过程。

3.3.1　嵌入式网关的硬件设计

嵌入式控制系统集成

嵌入式网关和计算机通过串口（RS－232）进行通信，当前主流的笔记本或台式电脑大多没有 COM 口而只有 USB 接口，因此在网关节点设计过程中选用了 CP2102 将 USB 口转化成串口进行数据传输，CP2102 是一款单芯片 USB 至 UART 的转换桥路，具有内部时钟，无须外接晶振，外围电路非常精简，只需 3 个电容和 2 个电阻，能与多种操作系统兼容。

嵌入式网关的主控芯片采用基于 ARM7TDMI 内核的 S3C44B0X 微处理器，如图 3－3－1 所示。ARM 微处理器自诞生以来，已经成为移动通信等嵌入式解决市场的 RISC（Reduced Instruction Set Computer，精简指令集计算机），目前已遍及工业控制、网络系统、通信系统等各类产品市场。该处理器为嵌入式系统应用、手持设备等提供了一个低成本、高性能的解决方案，S3C44B0X 采用 0.25 μm 的 CMOS 工艺制造，I/O 供电仅需 3.3 V，内核工作电压只需 2.5 V，Samsung ARM CPU 嵌入式控制器总线结构，是以 ARM7－TDMI 为内核的高性能 CPU，它的特点是 CPU 内核采用 ARM 公司的 16/32 位 ARM7－TDMI RISC 结构（主频 66 MHz），支持 16 位指令集、32 位硬件乘法器和中断调试。S3C44B0X 在 ARM7－TDMI 内容基础上扩展了一系列完整的通用外围器件：如 8 kB 的 Cache、LCD 控制器、可选的内部 SRAM 等。在本项目中，考虑到 S3C44B0X 是一款成熟的产品，性能稳定且价格低廉，因此采用 S3C44B0X 微处理器作为嵌入式网关的中央管理控制单元，同时，该处理器丰富的外围接口大大减少了系统设计的复杂性。

要实现嵌入式网关的网络功能，必须在网关中增加以太网接口，本项目中采用 RTL8019AS 芯片来实现网络传输功能。RTL8019AS 是由 Realtek 公司出品的一款高集成度的以太网控制芯片，集成了 IEEE802.3 协议标准，与 NE2000 兼容。具有 8/16 总线模式，

Note 其内置的 16 KB SRAM 存储器，在接收发送数据时，可以达到 10 Mb/s 的速率，且支持全双工模式。在设计的过程中，根据嵌入式网关的通信要求进行分析，合理设计微处理器和 RTL8019AS 芯片的 ISA 总线接口，选择合理的配置模式、I/O 端口和中断设置等。

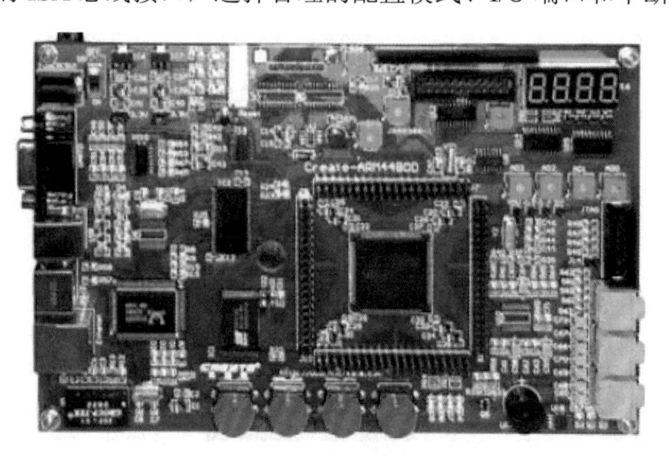

图 3-3-1　嵌入式网关芯片

由于嵌入式网关要求能够独立工作，因此不需要即插即用，因此在本系统中，通过 10 kΩ 的上拉电阻。网络接口原理如图 3-3-2 所示。

思考：本系统中，将 RTL8019AS 芯片的 JP 引脚接高电平还是低电平？跳线模式选用何种方式？

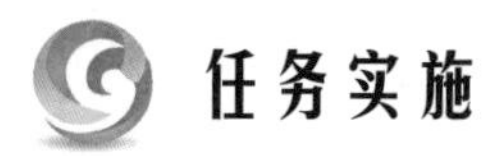

3.3.2　USB 驱动安装

（1）将嵌入式开发板设置为 Nor Flash 启动，使用 USB/B 连接线连接到计算机上，Windows7 以上操作系统会自动联网搜索、下载并安装 USB 驱动。

（2）如果步骤（1）中提示无法自动安装新硬件，则可参照项目 1 任务 1.3 中的方法，使用“驱动精灵”自动搜索并安装 USB 驱动。

（3）安装成功后会提示“已成功安装新硬件”，并可在“计算机”→“属性”→“设备管理器”查看新安装的硬件。

3.3.3　嵌入式 WinCE 系统安装

安装 WinCE 所需要的二进制文件，4.3 英寸屏位于光盘\GT2440 烧录镜像\LCD4.3\WinCE5.0 目录中，以下以 3.5 英寸屏为例，说明为 WinCE 系统安装的完整步骤，用户可根据实际情况删减。安装 WindowsCE 系统主要有以下步骤：

Note

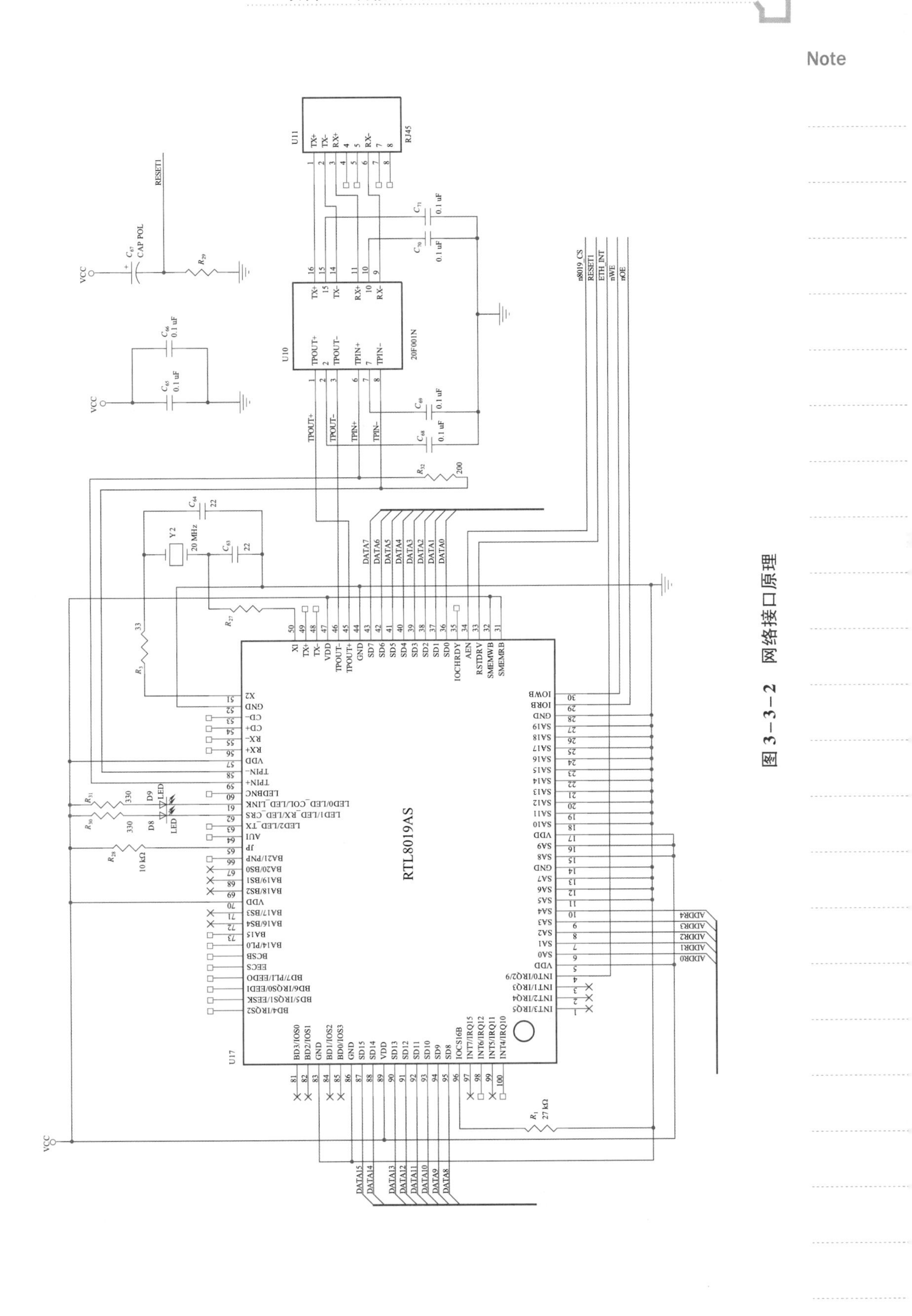

图 3－3－2　网络接口原理

Note

1. 格式化 Nand Flash

由于安装 WinCE 系统需要将 Nand Flash 前面一段空间标志为坏块区域，因此重新安装 WinCE 引导程序时需要将 Nand Flash 进行坏块擦除，如果此时 Nand Flash 空间未被标志为坏块，则可省略此步骤。连接好串口，打开超级终端，波特率设置为 115 200，启动开发板，进入 BIOS 功能菜单，如图 3-3-3 所示。

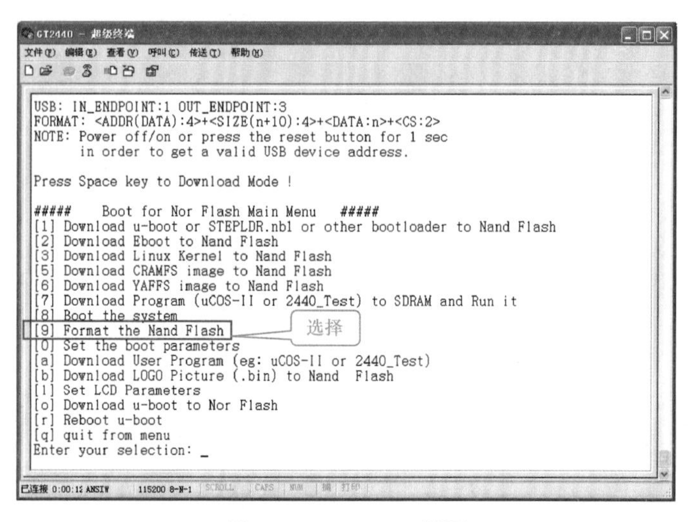

图 3-3-3　BIOS 界面

选择功能号［9］出现格式化选项，如图 3-3-4 所示。

提示：[1]彻底格式化 Nand Flash（包括坏块在内，不是很安全的一种格式化方法），不过当烧写了 WinCE 之后，再要重新烧写 WinCE 引导程序，就需要使用该命令了；[2]普通格式化；[q]返回上层菜单。

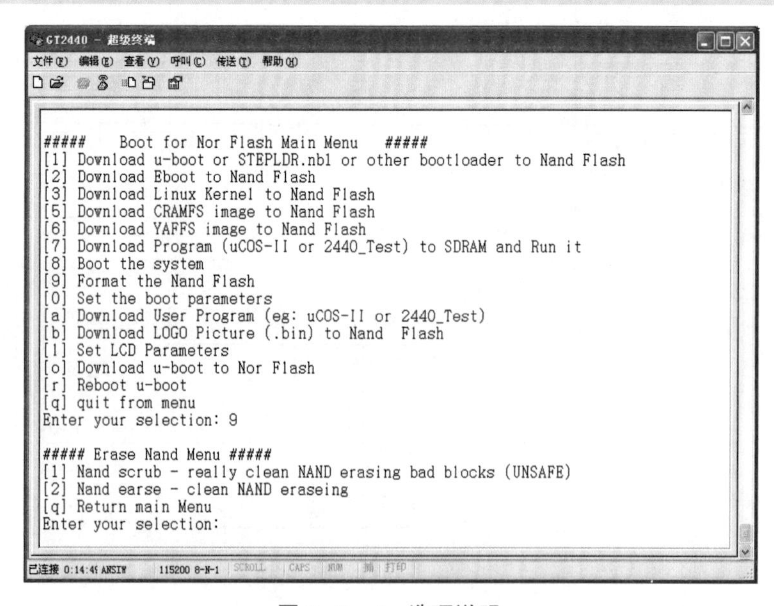

图 3-3-4　选项说明

Note

选择功能号［1］，出现警告信息，输入y，完成格式化，如图3-3-5所示。选择［q］，返回上层菜单。

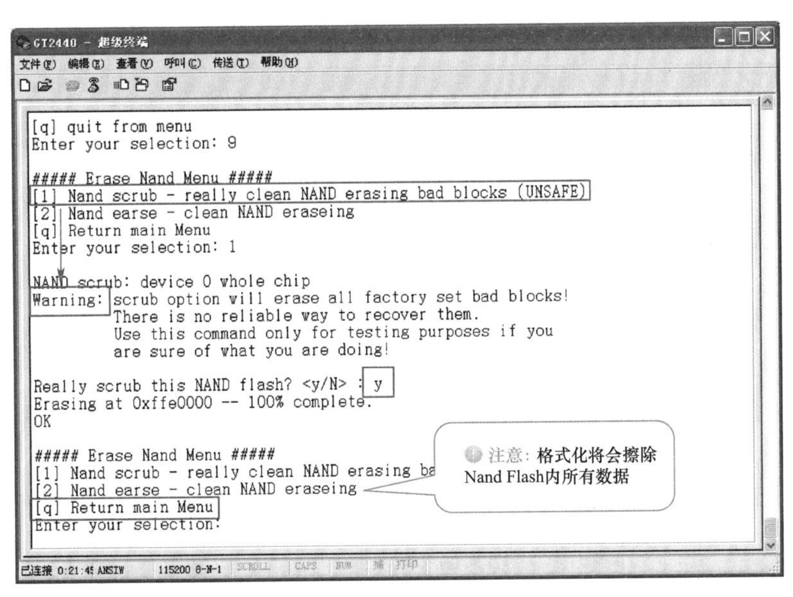

图3-3-5　完成格式化

2. 安装STEPLDR

（1）打开“DNW0.5L”程序，接上USB电缆，如果DNW标题栏提示“SB：OK”U，说明USB连接成功；

（2）在超级终端里输入“1”，选择BIOS菜单功能号［1］进行STEPLDR下载，此时出现等待下载信息，如图3-3-6所示。

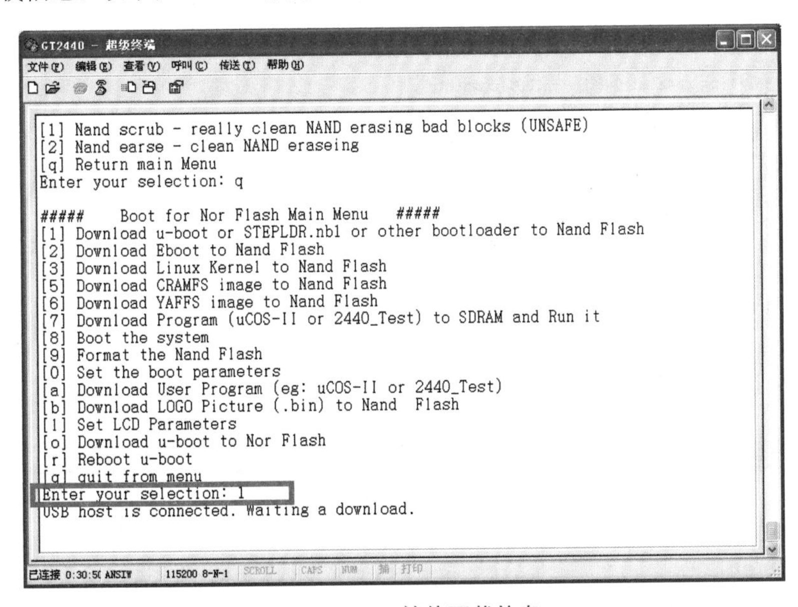

图3-3-6　等待下载信息

（3）单击“DNW0.5L”的“USB Port→Transmit→Transmit”选项，并选择打开文件“STEPLDR.nb1”（该文件位于光盘\GT2440 烧录镜像\LCD 4.3\WinCE5.0 目录）开始下载，如图 3－3－7 所示。

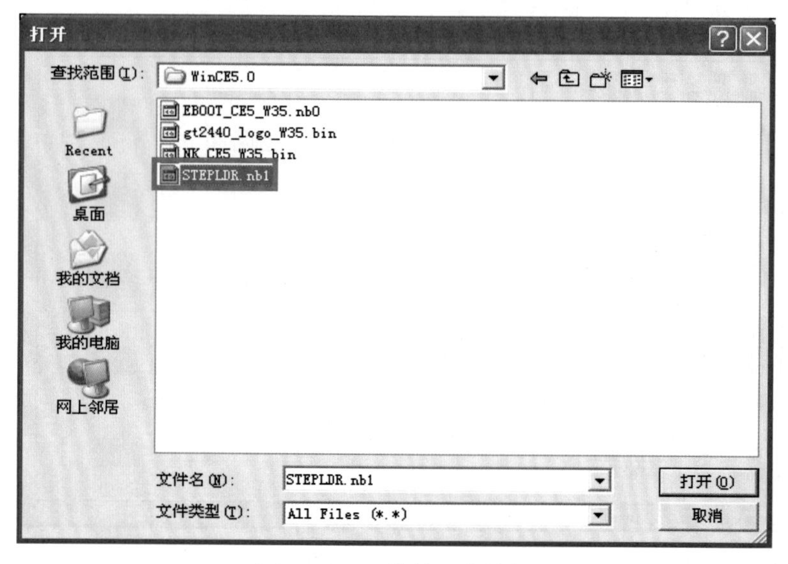

图 3－3－7　等待下载信息

（4）下载完毕，BIOS 会自动烧写“STEPLDR.nb1”到 Nand Flash 分区中，并返回到主菜单，如图 3－3－8 所示。

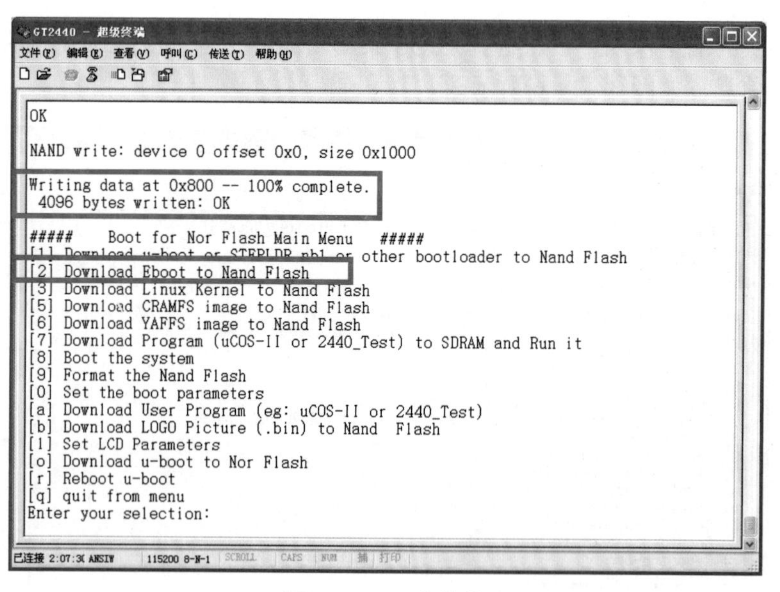

图 3－3－8　主菜单

3. 安装 Eboot

（1）在超级终端里输入“2”，选择 BIOS 菜单功能号［2］进行 Eboot 下载；

（2）单击“DNW0.5L”的“USB Port→Transmit→Transmit”选项，并选择打开文件

Note

“EBOOT _CE5_W43.nb0”（该文件位于光盘\GT2440 烧录镜像\LCD4.3 \WinCE5.0 目录）开始下载，如图 3－3－9 所示。

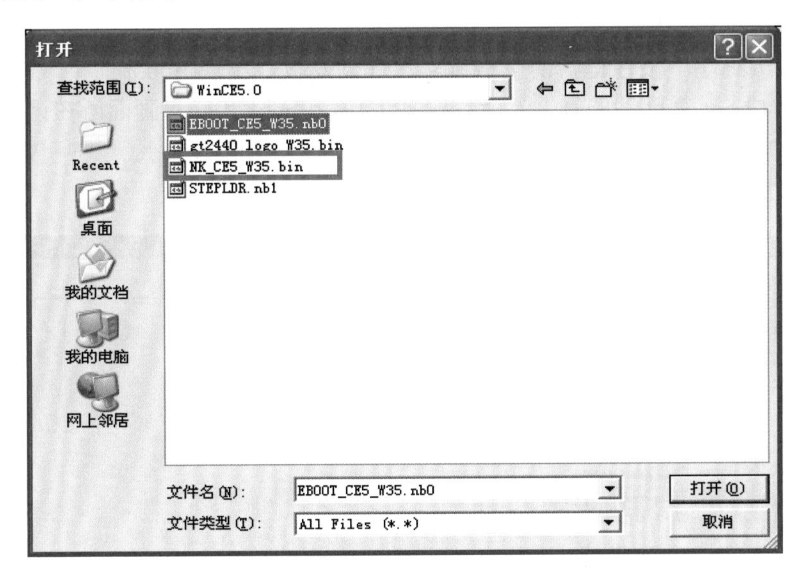

图 3－3－9　等待下载信息

（3）下载完毕，BIOS 会自动烧写“EBOOT_CE5_W43.nb0”到“Nand Flash”分区中，并返回到主菜单。

4. 下载开机画面

（1）在 BIOS 主菜单中选择功能号［b］，开始下载开机画面，如图 3－3－10 所示。

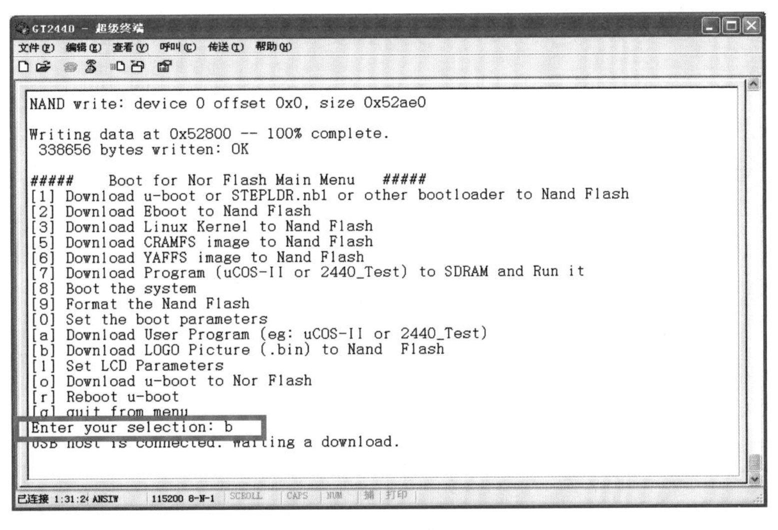

图 3－3－10　下载开机画面

（2）单击“DNW0.5L”的“USB Port→Transmit→Transmit”选项，并选择打开文件“gt2440 _logo_W43.bin”（该文件位于光盘\GT2440 烧录镜像 \LCD4.3\ WinCE5.0 目录）开始下载。

（3）下载完毕，BIOS 会自动烧写“gt2440_logo_W43.bin”到“Nand Flash”分区中，并返回到主菜单。

5. 安装 WinCE 内核映象

（1）在超级终端下按住键盘的空格键，重起开发板，出现 Eboot 的下载画面。

（2）选择 Eboot 菜单功能号［B］将 STEPLDR、Eboot 和开机画面所在区域设置为坏块区（由于安装 WinCE 过程中需要把 Nand Flash 格式化为 BinFS，为了保护引导区不受破坏，需要将引导区设为坏块区），如图 3－3－11 所示。

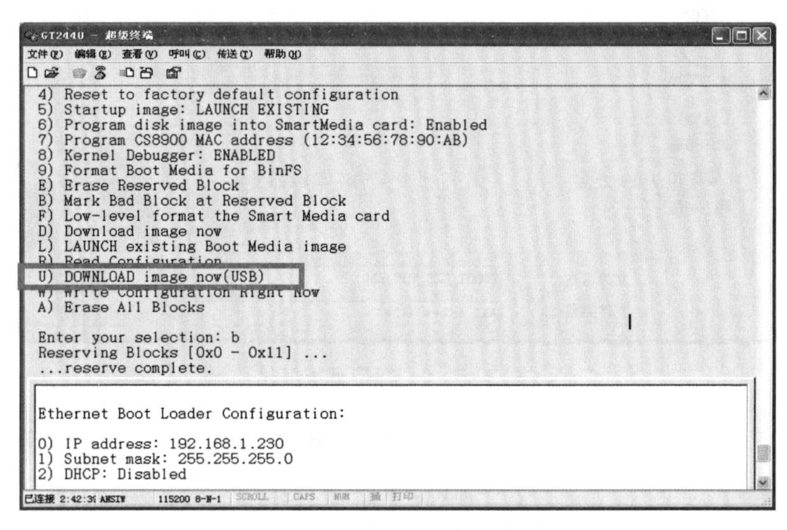

图 3－3－11　选择功能键［B］

提示：*在安装前把开发板设置为 Nand Flash 启动。*

（3）选择 Eboot 菜单功能号［U］进行 WinCE 内核下载，此时出现等待下载信息。

（4）单击“DNW0.5L”的“USB Port→UBOOT（WINCE500）→UBOOT”选项，并选择打开文件“NK_CE5_W43.bin”（该文件位于光盘\GT2440 烧录镜像\LCD4.3\WinCE5.0 目录）开始下载。

由于烧写 WinCE 镜像过程中需要对 Nand Flash 进行擦除和读写校验测试，这个过程很漫长，芯片容量越大则时间越长，256 MB 的 Nand Flash 大概需要 12 min，请耐心等待（如需节省时间，可先选择 Eboot 菜单的［9］选项）。烧写完成后，系统将自动启动 WindowsCE 系统，此期间不可断电或重启开发板。

3.3.4　使用 ActiveSync 与 PC 同步通信

本任务中使用微软提供的工具 ActiveSync，可使 GT2440 与计算机之间进行便捷的通信连接，从而实现文件上传、远程调试等功能。

1. 安装 ActiveSync

在光盘“Windows 平台工具”目录中 ActiveSync 文件夹，双击运行“ActiveSync_4.1_setup.exe”程序开始安装。

2. 为同步通信安装 USB 驱动

确认底板中已经烧写好所提供的 WinCE 映象文件，开机运行，系统运行以后，接上 USB 电缆，并与计算机连接，会出现“发现新硬件”的提示。如果已经根据上一节安装好 ActiveSync 工具，系统则会自己安装相应的驱动程序。

此时打开计算机的设备管理程序，出现如图 3－3－12 所示设备。

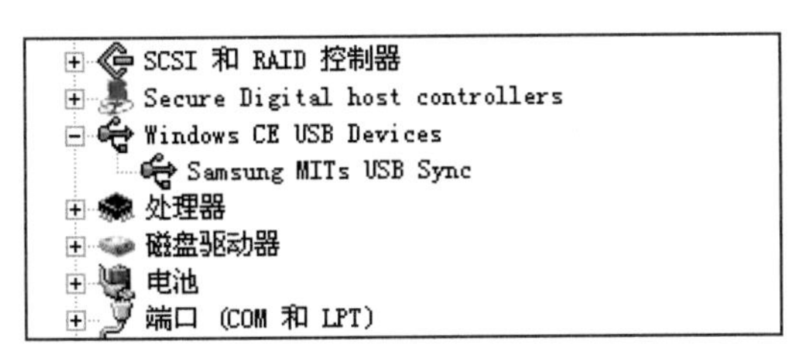

图 **3－3－12**　系统显示的设备

同时 ActiveSync 会自动跳出运行，如果对使用 ActiveSync 还不熟悉，请单击“取消”按钮。

3.3.5　嵌入式 WinCE 系统应用程序设计

1. 新建项目

启动 Visual C#集成开发环境，会显示“新建项目”对话框，然后按以下步骤完成项目的建立。

（1）在“文件”菜单中选择“新建→项目”选项。

（2）在弹出的“新建项目”选项卡中的“项目类型”选择“WinCE 5.0”，并在“模板”中选择“设备应用程序”选项。

（3）在“名称”后输入项目名称（例：wince 测试）后单击“确定”按钮。

2. 串口控件添加过程与代码编写

（1）添加串口控件。

从工具箱中将串口控件 SerialPort 拖到窗体上，如图 3－3－13 所示，由于该控件为不可见控件，所以不会出现在窗体上，而是列在窗体下方。

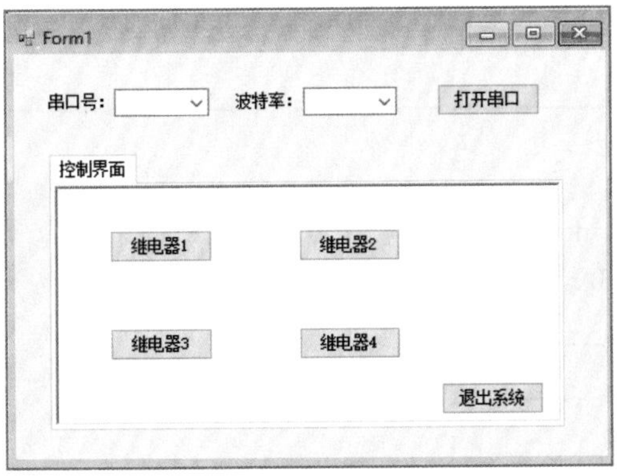

图 **3－3－13**　添加串口控件

Note

提示：串口波特率设置为 57 600。

（2）编写“打开串口”功能代码。

双击“打开串口”按钮，添加 button1_Click 事件，参考代码如下：

```
private void button1_Click(object sender, EventArgs e)
        {
            if (sPort1.IsOpen)
            {
                sPort1.Close( );
            }
            else
            {
                try
                {
                    sPort1.PortName = sportsName.Text;
                    sPort1.BaudRate = Convert.ToInt32(sportsBaudRate.Text);
                    sPort1.Open( );
                }
                catch
                {
                    MessageBox.Show("串口打开失败！");
                }
            }
            btn_Open.Text = sPort1.IsOpen ? "关闭串口":"打开串口";
        }
```

程序说明：本段程序主要完成打开串口功能，并对按钮的 text 值进行切换。

（3）添加一个方法发送命令，参考代码如下：

【请根据程序框架，完成代码填空】

```
public void mingling(int i)
        {
            byte[ ] z = new byte[7];
            z[0] = 0x3A;
            z[1] = 【________】;
            z[2] = 【________】;
            z[3] = 【________】;
```

Note

```
            z[4] = 【________】;
            switch (i.ToString( ))
            {
                case "1": z[5] = 【________】; break;
                case "2": z[5] = 【________】; break;
                case "3": z[5] = 【________】; break;
                case "4": z[5] = 【________】; break;
            }
            z[6] = 0x2F;
            sPort1.Write(z, 0, 7);
        }
```

（4）在相应的按钮下添加命令，参考代码如下：

【请根据程序框架，完成代码填空】

```
    if (sPort1.IsOpen)
            {
                【________】;//1为控制继电器1，可更改做出相应的控制；
                                //2为继电器2，3为继电器3.
            }
            else
            {
                MessageBox.Show("请先打开串口！");
        }
```

3. 程序运行

代码编写完成后，即可运行系统。系统使用方式与 Windows 下的应用程序类似。

■【课程思政】思考感悟 亲爱的同学，通过正确完成编程任务，你一定对规范严谨、耐心细致，以及诚信劳动、尊重劳动有所体会。请阅读材料，进一步感悟并树立积极向上的劳动观念。	谈一谈你的感想：

■ 学习材料：**尊重他人劳动成果——网络知识产权保护**

一、网络知识产权有哪些？

网络知识产权是指由数字网络发展引起的或与其相关的各种知识产权。**著作权**包括版权和邻接权，**工业产权**包括专利、发明、实用新型、外观设计、商标、商号等。而网络知识产权除了传统知识产权的内涵外，又包括数据库、计算机软件、多媒体、网络域名、数字化作品以及电子版权等。因此网络环境下的知识产权的概念的外延已经扩大

Note

了很多。我们在电子布告栏和新闻论坛上看到的信件，网上新闻资料库、资料传输站上的计算机软件、照片、图片、音乐、动画等，都可能作为作品受到著作权的保护。

二、网络知识产权的侵权方式有哪些?

（1）网上侵犯**著作权**主要方式。① 对其他网页内容完全复制；② 虽对其他网页的内容稍加修改，但仍然严重损害被抄袭网站的良好形象；③ 侵权人通过技术手段偷取其他网站的数据，非法做一个和其他网站一样的网站，严重侵犯其他网站的权益。

（2）网上侵犯**商标权**主要方式。对于明知是假冒注册商标的商品仍然进行销售，或者利用注册商标用于商品、商品的包装、广告宣传或者展览自身产品，即以偷梁换柱的行为用来增加自己的营业收入，这是网上侵犯商标权的典型表现。

（3）网上侵犯**专利权**主要方式。① 未经许可，在其制造或者销售的产品、产品的包装上标注他人专利号的；② 未经许可，在广告或者其他宣传材料中使用他人的专利号；③ 未经许可，在合同中使用他人的专利号，使人将合同涉及的技术误认为是他人专利技术的；④ 伪造或者变造他人的专利证书、专利文件或者专利申请文件的。

三、网络知识产权的保护手段有哪些?

国际社会目前对信息开发者权益保护的手段主要有两种：一是法律手段、二是技术手段。**技术方面**的保护是我们接触较多的，例如我国大都采用的附带加密狗、加密卡或加密盘，对软件拷贝或使用进行限制等技术措施等，但同时也给开发工作增加了负担，给用户使用带来不便。而**法律方面**大多数国家都是通过版权法来提供知识保护的。我国于 2001 年修改了《著作权法》。2005 年，首次发布的知识产权保护白皮书中，提出建设“创新国家”，以及将打击侵权盗版的剑锋直戳网络领域。国务院在 2006 年出台了《信息网络传播权保护条例》，并且承诺在条件成熟时加入《世界知识产权组织版权条约》和《世界知识产权组织表演和录音制品条约》。这些信息都表明了我国对加大知识产权保护力度的决心。

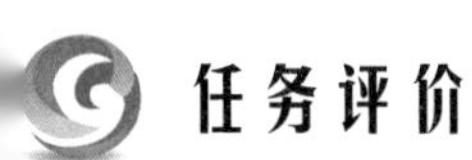

任务评价

任务评价表如表 3-3-1 所示，总结反思如表 3-3-2 所示。

表 3-3-1　任务评价表

评价类型	赋分	序号	具体指标	分值	得分		
					自评	组评	师评
职业能力	55	1	USB 驱动安装正确	5			
		2	嵌入式 WinCE 系统安装正确	5			
		3	GT2440 与计算机同步成功	5			
		4	界面设计合理美观	10			
		5	串口通信编程正确	10			
		6	控制功能编程正确	10			
		7	系统整体功能实现	10			
职业素养	20	1	坚持出勤，遵守纪律	2			
		2	编程规范性	5			
		3	佩戴防静电手套	5			
		4	布线整洁美观	5			
		5	及时收回工具并按位置摆放	3			
劳动素养	15	1	按时完成，认真填写记录	5			
		2	保持工位卫生、整洁、有序	5			
		3	协作互助、小组分工合理性	5			
思政素养	10	1	完成思政素材学习	4			
		2	独立完成、细致严谨	6			
总分				100			

表 3-3-2　总结反思

总结反思	
• 目标达成：知识 □□□□□　能力 □□□□□　素养 □□□□□	
• 学习收获：	• 教师寄语： 签字：________
• 问题反思：	

课后任务

问答与讨论

（1）简述嵌入式 WinCE 操作系统的安装过程。

（2）如何实现 Windows 平台程序与嵌入式平台程序的同步？

（3）在 WinCE 下编写 C#程序与在 Windows 下有何区别？

（4）S3C44B0X 处理器的特点有哪些？

工作任务单

《工业传感网应用技术》工作任务单

<table>
<tr><td>工作任务</td><td colspan="4"></td></tr>
<tr><td>小组名称</td><td colspan="2"></td><td>工作成员</td><td></td></tr>
<tr><td>工作时间</td><td colspan="2"></td><td>完成总时长</td><td></td></tr>
<tr><td colspan="5">工作任务描述</td></tr>
<tr><td colspan="5"></td></tr>
<tr><td rowspan="5">小组分工</td><td>姓名</td><td colspan="3">工作任务</td></tr>
<tr><td></td><td colspan="3"></td></tr>
<tr><td></td><td colspan="3"></td></tr>
<tr><td></td><td colspan="3"></td></tr>
<tr><td></td><td colspan="3"></td></tr>
<tr><td colspan="5">任务执行结果记录</td></tr>
<tr><td>序号</td><td colspan="2">工作内容</td><td>完成情况</td><td>操作员</td></tr>
<tr><td>1</td><td colspan="2"></td><td></td><td></td></tr>
<tr><td>2</td><td colspan="2"></td><td></td><td></td></tr>
<tr><td>3</td><td colspan="2"></td><td></td><td></td></tr>
<tr><td>4</td><td colspan="2"></td><td></td><td></td></tr>
<tr><td colspan="5">任务实施过程记录</td></tr>
<tr><td colspan="5"></td></tr>
</table>

上级验收评定		验收人签名	

Note

任务 3.4　系统通用软件平台集成

学习目标

- 掌握基于 C#的串口通信程序设计。
- 掌握基于 C#的传感器节点软件控制程序设计。
- 掌握基于 C#的执行器节点软件控制程序设计。
- 掌握 ZigBee 协议通信网络编程软件控制程序设计。
- 会连接工业传感网应用系统中的传感器节点和协调器。
- 了解工业传感网控制平台的集成方法。
- 了解工业传感网控制平台数据存储与处理的方法。

思政目标

- 培养攻坚钻研、耐心专注的职业素养。

"课程思政"链接
融入点：产品质量检测系统软件平台开发　思政元素：职业素养——攻坚钻研、耐心专注
工业传感网应用系统综合软件平台开发是涵盖前面项目中所有知识技能的综合任务，具有一定的复杂性和难度。在该任务的教学过程中，引导学生设计复杂系统，学会分析、处理和解决复杂问题，从而在沉浸式体验中培养其攻坚钻研、耐心专注、持之以恒、认真负责的职业素养。 在任务验收和点评环节，展开职业素养拓展教育：第一，明确培育职业素养的重要性——今后学生将主要从事网络工程师、软件工程师、物联网工程师或硬件工程师等职业，因此需要培养其工程素养；第二，职业素养的主要内容包括分析解决问题能力、质量意识、安全意识、责任意识、服务意识、创新意识、专业技术能力、团队协作能力、法律素养、文化素养、职业精神、职业伦理等。具体内容学生课后利用云平台的思政素材自学
参考资料：《工程师职业素养》（西安电子科技大学出版社）

任务要求

工业传感网应用系统通用软件平台主要针对工业领域的无线传感网应用系统开发，通过传感器完成系统的数据采集功能；再通过传感器节点的控制程序设计与开发，完成数据传输功能；系统中的数据存储于 SQL Server 数据库，为智能系统的数据查询、历史数据回顾、趋势判断等提供保障。要求如下：

（1）借助前期的知识基础，将四类传感器节点和协调器集成到开发平台上，主要完成对温度、湿度、光照采集的集中控制与管理，同时完成数据信息的判断，并实现对用户进

Note

行人性化的温馨提示功能。

（2）完成传感器节点和协调器之间的连接，使之能够通信。

（3）在.Net 平台下，利用 C#语言完成串口选择模块、联动控制模块、历史统计、环境小贴士模块的程序设计，实现传感器节点控制程序及数据信息的显示与存储处理。

实训设备

（1）NewLab 实训平台一套。

（2）计算机一台，装有 Visual Studio 软件、串口调试助手软件。

知识准备

3.4.1　传感网应用系统中的数据库

1. 数据管理的基本概念

在日常生活中，人们每时每刻都在跟数据打交道，如各类文字、图片、声音、影像等。要使人们在数以万计的数据中找到自己所需的数据就必须通过某一特定的方式对数据进行管理。数据管理是利用计算机硬件和软件技术对数据进行有效的收集、存储、处理和应用。其目的在于充分有效地发挥数据的作用，实现数据有效管理的关键是数据组织。随着计算机技术的发展，数据管理经历了人工管理、文件系统、数据库系统三个发展阶段。在数据库系统中所建立的数据结构，更充分地描述了数据间的内在联系，便于数据修改、更新与扩充，同时保证了数据的独立性、可靠性、安全性与完整性，减少了数据冗余，故提高了数据共享程度及数据管理效率。

随着计算机的飞速发展，数据管理的研究也在很大程度上促进了计算机在各行各业的应用，如学生学籍管理系统、办公自动化系统、铁路订票系统、图书管理系统等，如图 3－4－1 所示。可以预见在今后数据管理仍是计算机应用领域中的重要研究内容之一，而数据库技术正是这类应用的直接结果，数据库技术在物联网中的重要性不言而喻，如何将物联网中的海量数据有效、有序地存放在数据库中，如何利用数据库技术更好地服务物联网，也是一个重要的研究方向。

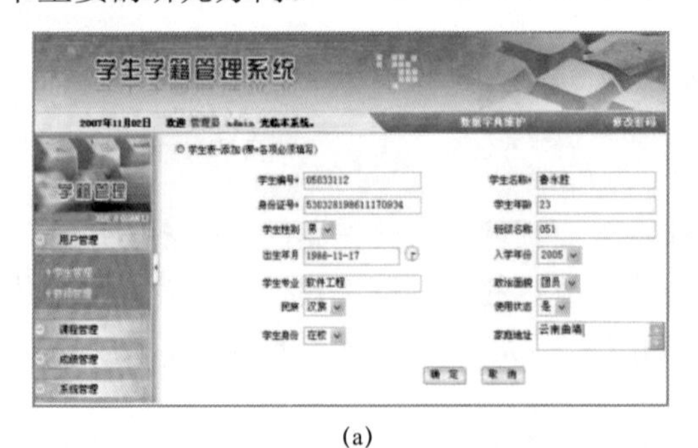

(a)

(b)

图 3－4－1　学生学籍管理系统和铁路订票系统

（a）学生学籍管理系统；（b）铁路订票系统

Note

2. 数据库技术基本概念

数据库技术是随着数据管理的需要而产生的，在计算机硬件和软件不断发展的基础上，数据库管理技术不断更新和完善，主要经历了以下三个阶段：

1）第一阶段：人工管理阶段

20 世纪 50 年代中期以前，计算机主要用于科学计算，这一阶段数据管理的主要特征有：

（1）数据不保存。由于当时计算机主要用于科学计算，一般不需要将数据长期保存，只是在计算某一课题时将数据输入，用完就撤走。不仅对用户数据如此处置，对系统软件有时也是这样。

（2）应用程序管理数据。数据需要由应用程序自己设计、说明和管理，没有相应的软件系统负责数据的管理工作。

（3）数据不共享。数据是面向应用程序的，一组数据只能对应一个程序，因此程序与程序之间有大量的冗余。

（4）数据不具有独立性。数据的逻辑结构或物理结构发生变化后，必须对应用程序做相应的修改，这就加重了程序员的负担。

2）第二阶段：文件系统阶段

20 世纪 50 年代后期到 60 年代中期，硬件方面已经有了磁盘、磁鼓等直接存取存储设备；软件方面，操作系统中已经有了专门的数据管理软件，一般称为文件系统；处理方式上不仅有了批处理，而且能够联机实时处理。用文件系统管理数据具有以下特点：

（1）数据可以长期保存。由于大量用于数据处理，数据需要长期保留在外存上反复进行查询、修改、插入和删除等操作。

（2）由文件系统管理数据。文件系统也存在着一些缺点，其中主要的是数据共享性差，冗余度大。在文件系统中，一个文件基本上对应于一个应用程序，即文件仍然是面向应用的。当不同的应用程序具有部分相同的数据时，也必须建立各自的文件，而不能共享相同的数据，因此数据冗余度大，浪费存储空间。同时，由于相同数据的重复存储、各自管理，容易造成数据的不一致性，给数据的修改和维护带来了困难。

3）第三阶段：数据库系统阶段

20 世纪 60 年代后期以来，计算机管理的对象规模越来越大，应用范围也越来越广泛，数据量急剧增长，同时多种应用、多种语言互相覆盖地共享数据集合的要求越来越强烈，数据库技术使应运而生，出现了统一管理数据的专门软件系统——数据库管理系统。数据库管理系统使应用程序从烦琐的打开、关闭、读写文件等低级操作中解脱出来，数据存储和其他的实现细节也独立于应用程序存在，这样应用程序可以在更高的抽象级别上访问数据，从而减少应用程序的维护工作量。

3. 数据库产品介绍

1）Access 数据库

Microsoft Office Access 是由微软发布的关联式数据库管理系统。它结合了 Microsoft Jet Database Engine 和图形用户界面两项特点，是 Microsoft Office 的系统程序之一。

Microsoft Office Access 是微软把数据库引擎的图形用户界面和软件开发工具结合在一起的一个数据库管理系统。它是微软 Office 的一个成员，在包括专业版和更高版本的 Office 版本里面被单独出售。2012 年 12 月 4 日，最新的微软 Office Access 2013 在微软 Office 2013

里发布。MS ACCESS 以它自己的格式将数据存储在基于 Access Jet 的数据库引擎里。它还可以直接导入或者链接数据（这些数据存储在其他应用程序和数据库）。

2）SQL Server 数据库

SQL Server 是一个关系数据库管理系统。它最初是由 Microsoft、Sybase 和 Ashton－Tate 三家公司共同开发的，于 1988 年推出了第一个 OS/2 版本。在 Windows NT 推出后，Microsoft 与 Sybase 在 SQL Server 的开发上就分道扬镳了，Microsoft 将 SQL Server 移植到 Windows NT 系统上，专注于开发推广 SQL Server 的 Windows NT 版本。Sybase 则较专注于 SQL Server 在 UNIX 操作系统上的应用。

目前主要流行的版本有 Microsoft SQL Server 2008、Microsoft SQL Server 2012、Microsoft SQL Server 2016 等版本。SQL Server 数据库具有的十大功能：

（1）NET 框架主机。

使用 SQL Server2005，开发人员通过使用相似的语言，例如微软的 VisualC#.net 和微软的 VisualBasic，将能够创立数据库对象。开发人员还将能够建立两个新的对象——用户定义的类和集合。

（2）XML 技术。

在使用本地网络和互联网的情况下，在不同应用软件之间散布数据的时候，可扩展标记语言（XML）是一个重要的标准。SQL Server2005 将会自身支持存储和查询可扩展标记语言文件。

（3）ADO. NET2.0 版本。

从对 SQL 类的新的支持，到多活动结果集（MARS），SQL Server2005 中的 ADO. net 将推动数据集的存取和操纵，实现更大的可升级性和灵活性。

（4）增强的安全性。

SQL Server2005 中的新安全模式将用户和对象分开，提供 fine-grainAccess 存取、并允许对数据存取进行更大的控制。另外，所有系统表格将作为视图得到实施，对数据库系统对象进行了更大程度的控制。

（5）Transact-SQL 的增强性能。

SQL Server2005 为开发可升级的数据库应用软件，提供了新的语言功能。这些增强的性能包括处理错误、递归查询功能、关系运算符 PIVOT，APPLY，ROW_NUMBER 和其他数据列排行功能，等等。

（6）SQL 服务中介。

SQL 服务中介将为大型、营业范围内的应用软件，提供一个分布式的、异步应用框架。

（7）通告服务。

通告服务使得业务可以建立丰富的通知应用软件，向任何设备提供个人化的和及时的信息，例如股市警报、新闻订阅、包裹递送警报、航空公司票价等。在 SQL Server2005 中，通告服务和其他技术更加紧密地融合在了一起，这些技术包括分析服务、SQLServerManagementStudio。

（8）Web 服务。

使用 SQL Server2005，开发人员将能够在数据库层开发 Web 服务，将 SQL Server 当作

Note

一个超文本传输协议（HTTP）侦听器，并且为网络服务中心应用软件提供一个新型的数据存取功能。

（9）报表服务。

利用 SQL Server2005，报表服务可以提供报表控制，可以通过 VisualStudio2005 发行。

（10）全文搜索功能的增强。

SQL Server2005 将支持丰富的全文应用软件。服务器的编目功能将得到增强，对编目的对象提供更大的灵活性。查询性能和可升级性将大幅得到改进，同时新的管理工具将为有关全文功能的运行，提供更深入的了解。

3）Oracle 数据库

Oracle 数据库系统是美国 ORACLE 公司（甲骨文）提供的以分布式数据库为核心的一组软件产品，也是目前最流行的客户/服务器（CLIENT/SERVER）或 B/S 体系结构的数据库之一。比如 Silver Stream 就是基于数据库的一种中间件。Oracle 数据库是目前世界上使用最为广泛的数据库管理系统，作为一个通用的数据库系统，它具有完整的数据管理功能；作为一个关系数据库，它是一个完备关系的产品；作为分布式数据库它实现了分布式处理功能。只要在一种机型上学习了 Oracle 知识，便能在各种类型的机器上使用它。

3.4.2　传感网数据管理技术

1. 无线传感器网络数据管理技术

无线传感器网络数据管理系统的作用是将传感器网络中采集的信息进行有效的存储并建立良好的查询处理机制，减轻传感器网络用户的负担，使得用户只需提出自己的查询需求而不要关心传感器网络具体的物理细节。无线传感器网络中两种最重要的数据管理技术是查询处理技术、数据存储技术。

2. P2P 网络数据管理技术

P2P 网络又称为对等网，与传统的 C/S 模式不同，P2P 网络不是依赖于服务器，而是依赖于网络中参与者的计算能力和带宽，两者网络架构对比如图 3－4－2 所示。比如计算机在下载的同时，还要继续做主机上传，下载的人越多，速度越快，但是对硬盘损伤比较大，从而影响整机速度。P2P 数据定位技术和数据复制技术是 P2P 系统中的重要数据处理技术。

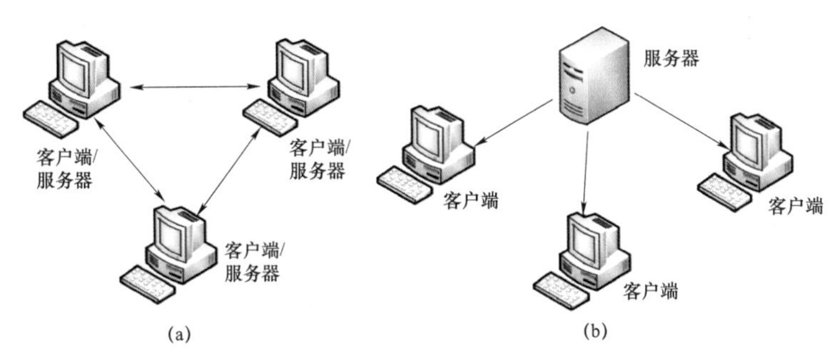

图 3－4－2　P2P 和 C/S 网络架构对比

（a）P2P 对等网络；（b）C/S 网络

Note

与传统的 C/S 模式不一样，P2P 网络中没有中心服务器，所有的数据都存储在各个节点中，因此如何有效地对资源进行搜索定位就成为 P2P 网络中的核心问题，数据定位技术对 P2P 系统的可扩展性、性能和鲁棒性等方面都有着重要影响。

P2P 网络中的每个节点都承担数据的存储和计算工作。在理想情况下，P2P 系统的存储能力是很强大的，但是 P2P 网络中的节点可能随时会离开系统，并且每个节点没有固定的在线时间，这样就产生了数据复制技术来支持数据的可用性，加强数据的管理。

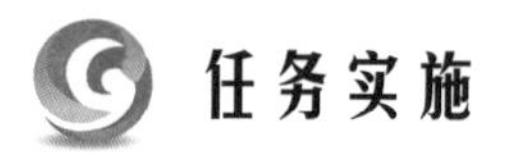

任务实施

系统通用软件平台集成

3.4.3 平台功能模块分析

工业传感网应用系统已在各行业得到应用，本项目利用通信模块、传感模块、执行器模块等，设计与开发工业传感网应用系统通用软件平台，通过软件参数的配置，结合相应外围硬件，即可完成各种应用案例的系统搭建。

1. 串口设置模块

当运行平台程序时，第一步需进行串口号、波特率设置，“串口设置”界面如图 3－4－3 所示。

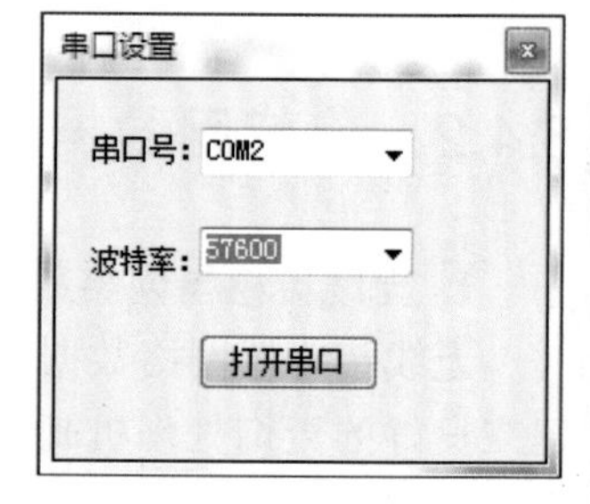

图 3－4－3 “串口设置”界面

2. 主窗体模块

温度、湿度窗体里面包括温湿度及尺寸的实时获取部分、手动控制部分及联动控制部分。如图 3－4－4 所示，单击“数据采集”按钮，即可进行实时的温度、湿度读取，同时可通过设置获取周期来选择获取数据的时间间隔。手动控制模块可控制数字量输出节点的四路输出。在联动控制模块中，用户可通过设置温度、湿度初始值，并与采集的环境温度、湿度比较，从而实现联动控制。

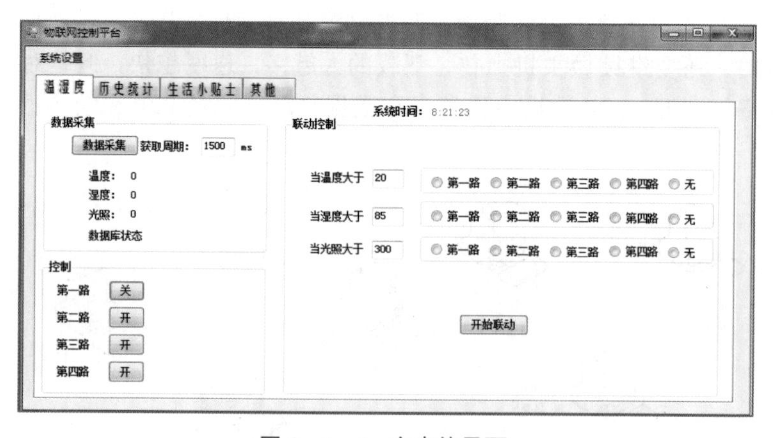

图 3－4－4 主窗体界面

3. 历史统计模块

在“历史统计”界面中，用户单击“查看”按钮可查看温度、湿度及光照度的历史最

大值和最小值，在“最近数据查看”中，可选择查看最近半小时的数据，如图 2－4－5 所示。

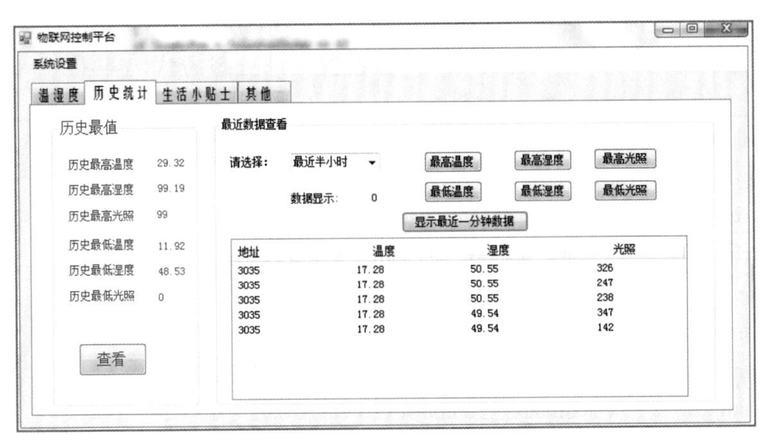

图 3－4－5　历史统计界面

4. 生活小贴士模块

生活小贴士模块是根据实时温度、湿度的值对车间进行人性化的温馨提示，程序会根据采集到的不同值进行相应的提示，如图 3－4－6 所示。

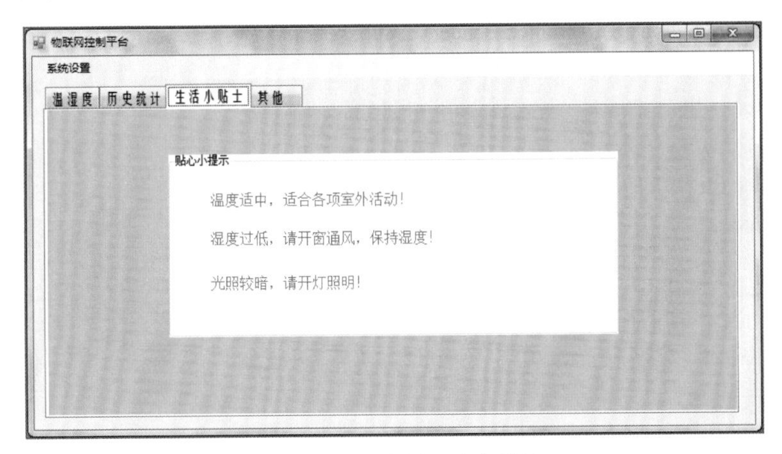

图 3－4－6　生活小贴士模块

3.4.4　软件平台开发与设计

1. 节点连接测试

协调器与数字量输出节点连接完成后，观察两个指示灯的情况，如果协调器的两个指示灯全亮，说明协调器连接正常。如果数字量输出节点的两个指示灯全亮，说明该节点连接正常，如果一个灯亮，一个灯连续闪烁，说明节点与协调器连接异常。

2. 主窗口界面设计

启动 Visual C#集成开发环境，新建“Windows 窗体应用程序”项目，通过工具箱设计如图 3－4－4 所示的界面，将该界面（Form1）作为主程序启动界面。

Note

3. 串口选择模块实现

由于主程序启动起来后先要进行串口设置，当串口正确选择完毕才能进行主程序的调用，故首先通过添加一个串口，完成用户串口设置，部分参考代码如下：

```
private void Form3_Load(object sender, EventArgs e)
    {
        string[ ] ports = SerialPort.GetPortNames( );
        string[ ] btl = { "9600", "12800", "19200", "38400", "57600", "115200" };
        comboBox1.Items.AddRange(ports);
        comboBox2.Items.AddRange(btl);
        comboBox1.SelectedIndex = comboBox1.Items.Count > 0 ? 0 : 1;
        comboBox2.SelectedIndex = comboBox2.Items.Count > 0 ? 0 : 1;
    }
```

单击“打开串口”按钮事件，串口选择的参考代码如下：

```
public Form1 f1;//实例化一个全局Form1
private void button1_Click(object sender, EventArgs e)
{
    f1.serialPort1.PortName = comboBox1.Text;
    f1.serialPort1.BaudRate = Convert.ToInt32(comboBox2.Text);
    f1.serialPort1.Open( );
    this.Close( );
}
```

当用户选择好串口之后，完成主程序的 Form1_load 事件的调用，程序便会进入到主程序，部分参考代码如下：

```
private void Form1_Load(object sender, EventArgs e)
    {
        timer3.Enabled = true;
        timer3.Interval = 1000;
        comboBox_t.SelectedIndex = 0;
        Form3 f3 = new Form3( );
        f3.f1 = this;
        f3.ShowDialog( );
    }
```

由此可以看出，程序的执行应该是 Form→Form3（串口选择）→Form1。

Note

4. 数据采集功能实现

数据采集有两个状态：数据采集和停止采集。其中数据采集事件的主要功能是控制定时器 timer 的工作方式，并在定时器的 Tick 事件中获取显示温湿度，部分代码如下：

```
private void button1_Click(object sender, EventArgs e)
{
    if (button1.Text == "数据采集")
    {
        timer1.Enabled = true;
        timer1.Interval = Convert.ToInt16(textBox_timer.Text);
        button1.Text = "停止采集";
    }
    else
    {
        timer1.Enabled = false;
        button1.Text = "数据采集";
    }
}
StringBuilder builder = new StringBuilder( );//定义字符串
string M="";
double WD = 0.0;   //全局变量温度湿度光照
double SD = 0.0;
double GZ = 0.0;
private void timer1_Tick(object sender, EventArgs e)
{
    if (serialPort1.IsOpen)
    {
        byte[] WS = { 0x3A, 0x30, 0x37, 0x66, 0x00, 0x00, 0x2F };
        serialPort1.Write(WS, 0, 7);
        M = builder.ToString( );
        if (builder.Length == 66)
        {
            byte[] by = new byte[24];
            by[0] = Convert.ToByte(M.Substring(18, 2), 16);
            by[1] = Convert.ToByte(M.Substring(21, 2), 16);
            by[2] = Convert.ToByte(M.Substring(24, 2), 16);
            by[3] = Convert.ToByte(M.Substring(27, 2), 16);
            by[4] = Convert.ToByte(M.Substring(30, 2), 16);
            by[5] = Convert.ToByte(M.Substring(33, 2), 16);
            by[6] = Convert.ToByte(M.Substring(36, 2), 16);
```

Note

```
                    by[7] = Convert.ToByte(M.Substring(39, 2), 16);
                    by[8] = Convert.ToByte(M.Substring(42, 2), 16);
                    by[9] = Convert.ToByte(M.Substring(45, 2), 16);
                    by[10] = Convert.ToByte(M.Substring(48, 2), 16);
                    by[11] = Convert.ToByte(M.Substring(51, 2), 16);
                    by[12] = Convert.ToByte(M.Substring(54, 2), 16);
                    by[13] = Convert.ToByte(M.Substring(57, 2), 16);
                    by[14] = Convert.ToByte(M.Substring(60, 2), 16);
                    by[15] = Convert.ToByte(M.Substring(63, 2), 16);
                    string str = System.Text.Encoding.UTF8.GetString(by);
                    WD = Convert.ToDouble(str.Substring(0, 5));
                    SD = Convert.ToDouble(str.Substring(6, 5));
                    GZ = Convert.ToDouble(str.Substring(12, 3));
                    label_wd .Text = WD.ToString( )+"°C?"; //显示温湿度
                    label_sd.Text = SD.ToString( )+"%";
                    label_gz.Text = GZ.ToString( )+"Lux";
                    builder.Remove(0, builder.Length);
                    count( );//进行温馨提示的计算
                    sql( );//进行数据库存取
                }
            }
            else
            {
                timer1.Enabled = false;
                MessageBox.Show("请先打开串口");
            }
            builder.Remove(0, builder.Length);//清空返回的数组
        }
```

5.“开灯”按钮功能实现

要实现灯开和关，需要通过定义一个全局变量，全局变量用于保存灯的状态，参考代码如下：

```
    private void button2_Click(object sender, EventArgs e)
        {
            if (button2.Text == "开")
            {
                state += 1;
                button2.Text = "关";
                byte[ ] z = new byte[7];//使用定义好协议进行串口收发
```

```
        z[0] = 0x3A;
        z[1] = 0x30;
        z[2] = 0x33;
        z[3] = 0x33;
        z[4] = 0x01;
        switch (state.ToString( ))
        {
            case "0": z[5] = 0x00; break;
            case "1": z[5] = 0x01; break;
            case "2": z[5] = 0x02; break;
            case "3": z[5] = 0x03; break;
            case "4": z[5] = 0x04; break;
            case "5": z[5] = 0x05; break;
            case "6": z[5] = 0x06; break;
            case "7": z[5] = 0x07; break;
            case "8": z[5] = 0x08; break;
            case "9": z[5] = 0x09; break;
            case "10": z[5] = 0x0A; break;
            case "11": z[5] = 0x0B; break;
            case "12": z[5] = 0x0C; break;
            case "13": z[5] = 0x0D; break;
            case "14": z[5] = 0x0E; break;
            case "15": z[5] = 0x0F; break;
        }
        z[6] = 0x2F;
        serialPort1.Write(z, 0, 7);//发送数据
        serialPort1.ReadTimeout = 500;
    }
    else
    {
        button2.Text = "开";
        state  -= 1;
        byte[ ] z = new byte[7];
        z[0] = 0x3A;
        z[1] = 0x30;
        z[2] = 0x33;
        z[3] = 0x33;
        z[4] = 0x01;
switch (state.ToString( ))
        {
            case "0": z[5] = 0x00; break;
            case "1": z[5] = 0x01; break;
            case "2": z[5] = 0x02; break;
            case "3": z[5] = 0x03; break;
```

Note

Note

```
                    case "4": z[5] = 0x04; break;
                    case "5": z[5] = 0x05; break;
                    case "6": z[5] = 0x06; break;
                    case "7": z[5] = 0x07; break;
                    case "8": z[5] = 0x08; break;
                    case "9": z[5] = 0x09; break;
                    case "10": z[5] = 0x0A; break;
                    case "11": z[5] = 0x0B; break;
                    case "12": z[5] = 0x0C; break;
                    case "13": z[5] = 0x0D; break;
                    case "14": z[5] = 0x0E; break;
                    case "15": z[5] = 0x0F; break;
                }
                z[6] = 0x2F;
                serialPort1.Write(z, 0, 7);
                serialPort1.ReadTimeout = 500;
            }
        }
```

6. 联动控制模块的功能实现

在联动控制模块中，主要根据采集的温度、湿度值来智能判断数字量输出模块中继电器的开、闭状态，参考代码如下：

```
private void button6_Click(object sender, EventArgs e)
        {
            if (button6.Text == "开始联动")//用于设置联动的定时器参数设置
            {
                button6.Text = "取消联动";
                timer2.Enabled = true;
                timer2.Interval = 1000;
            }
            else
            {
                timer2.Enabled = false;
                button6.Text = "开始联动";
            }
        }
```

根据需要，加载 timer2_tick( )事件的代码如下：

Note

```
private void timer2_Tick(object sender, EventArgs e)
        {
            if (Convert.ToInt16(textBox_wd.Text) < WD) //联动进行判断温度
                if (radioButton_11.Checked)   //用于判断
                {
                    if (button2.Text == "关")
                    {  }
                    else
                    {
                        button2.PerformClick( );//生成按钮的单击事件
                    }
                }
                if (radioButton_12.Checked)
                {
                    if (button3.Text == "关")
                    {  }
                    else
                    {
                        button3.PerformClick( );//生成按钮的单击事件
                    }
                }
                if (radioButton_13.Checked)
                {
                    if (button4.Text == "关")
                    {  }
                    else
                    {
                        button4.PerformClick( );
                    }
                }
                if (radioButton_14.Checked)
                {
                    if (button5.Text == "关")
                    {  }
                    else
                    {
                button5.PerformClick( );
                    }
                }
            }
```

Note

```
if (Convert.ToInt16(textBox_wd.Text) > WD)//用于判断温度
{
    if (radioButton_11.Checked)
    {
        if (button2.Text == "开")
        {   }
        else
        {
            button2.PerformClick( );
        }
    }
if (radioButton_12.Checked)
    {
        if (button3.Text == "开")
        {   }
        else
        {
            button3.PerformClick( );
          }
    }
    if (radioButton_13.Checked)
    {
        if (button4.Text == "开")
        {   }
        else
        {
            button4.PerformClick( );
        }
    }
    if (radioButton_14.Checked)
    {
        if (button5.Text == "开")
        {   }
        else
        {
            button5.PerformClick( );
        }
    }
}
if (Convert.ToInt16(textBox_sd.Text) < SD)//用于判断湿度
```

Note

```
{
    if (radioButton_21.Checked)
    {
        if (button2.Text == "关")
        {   }
        else
        {
            button2.PerformClick( );
        }
    }
    if (radioButton_22.Checked)
    {
        if (button3.Text == "关")
        {   }
        else
        {
            button3.PerformClick( );
}
    }
    if (radioButton_23.Checked)
    {
        if (button4.Text == "关")
        {   }
        else
        {
            button4.PerformClick( );
        }
    }
    if (radioButton_24.Checked)
    {
        if (button5.Text == "关")
        {   }
        else
        {
            button5.PerformClick( );
        }
    }
}
if (Convert.ToInt16(textBox_sd.Text) > SD)//用于判断湿度
{
```

Note

```
                if (radioButton_21.Checked)
                {
                    if (button2.Text == "开")
                    {   }
                    else
                    {
                        button2.PerformClick( );
                    }
                }
                if (radioButton_22.Checked)
                {
                    if (button3.Text == "开")
                    {   }
                    else
                    {
                        button3.PerformClick( );
                    }
                }
                if (radioButton_23.Checked)
                {
                    if (button4.Text == "开")
                    {   }
                    else
                    {
                        button4.PerformClick( );
                    }
                }
                if (radioButton_24.Checked)
                {
                    if (button5.Text == "开")
                    {   }
                    else
                    {
                        button5.PerformClick( );
                    }
                }
            }
            if (Convert.ToInt16(textBox_gz.Text) < GZ)//用于判断光照
            {
                if (radioButton_31.Checked)
```

Note

```
        {
            if (button2.Text == "关")
            {  }
            else
            {
                button2.PerformClick( );
            }
        }
        if (radioButton_32.Checked)
        {
            if (button3.Text == "关")
            {  }
    else
            {
                button3.PerformClick( );
            }
        }
        if (radioButton_33.Checked)
        {
            if (button4.Text == "关")
            {  }
            else
            {
                button4.PerformClick( );
            }
        }
        if (radioButton_34.Checked)
        {
            if (button5.Text == "关")
            {  }
            else
            {
                button5.PerformClick( );
            }
        }
    }
    if (Convert.ToInt16(textBox_gz.Text) > GZ)//用于判断光照
    {
        if (radioButton_31.Checked)
        {
```

Note

```
                    if (button2.Text == "开")
                    {   }
                    else
                    {
                        button2.PerformClick( );
                    }
                }
                if (radioButton_32.Checked)
                {
                    if (button3.Text == "开")
                    {   }
                    else
                    {
                        button3.PerformClick( );
                    }
                }
                if (radioButton_33.Checked)
                {
                    if (button4.Text == "开")
                    {   }
                    else
                    {
                        button4.PerformClick( );
                    }
                }
                if (radioButton_34.Checked)
                {
                    if (button5.Text == "开")
                    {   }
                    else
                    {
                        button5.PerformClick( );
                    }
                }
            }
        }
```

7. 历史统计功能实现

在历史统计模块中，通过查询数据库获取温度、湿度和光照度的历史最大值和最小值，并显示到程序窗体界面中。

Note

“查看”按钮的单击事件参考代码如下：

```
private void button7_Click(object sender, EventArgs e)
 {
  string sqlcon = "Data Source =.;Initial Catalog=iot;Integrated Security=True";
  SqlConnection con = new SqlConnection(sqlcon);
  con.Open( );
  string sqlcom = "select MAX(wd) As 'wd' ,MAX(sd) As 'sd',MAX(gz) As 'gz' from wsd ";
  SqlCommand com = new SqlCommand(sqlcom, con);
  SqlDataReader dr = com.ExecuteReader( );//查找历史最大值
  while (dr.Read( ))
  {
      label_maxwd.Text= dr["wd"].ToString( );
      label_maxsd.Text = dr["sd"].ToString( );
      label_maxgz.Text = dr["gz"].ToString( );
   }
      com.Dispose( );
      con.Close( );
      string sqlcon1 = "Data Source =.;Initial Catalog=iot;Integrated Security=True";
      SqlConnection con1 = new SqlConnection(sqlcon1);
      con1.Open( );
      string sqlcom1 = "select min(wd) As 'wd' ,min(sd) As 'sd',min(gz) As 'gz' from wsd ";
      SqlCommand com1 = new SqlCommand(sqlcom1, con1);
      SqlDataReader dr1 = com1.ExecuteReader();//查找显示历史最值
      while (dr1.Read( ))
      {
          label_minwd.Text = dr1["wd"].ToString( );
          label_minsd.Text = dr1["sd"].ToString( );
          label_mingz.Text = dr1["gz"].ToString( );
        }
          com.Dispose( );
          con.Close( );
  }
```

在查看最近数据模块中，单击“查看最近一分钟”按钮可查看最近一分钟的数据信息，参考代码如下：

```
    private void button8_Click(object sender, EventArgs e)
        {
            string datenow = DateTime.Now.ToShortDateString( ) +"/"+
```

Note

```
            DateTime.Now.ToLongTimeString( );
            string sqldate = datenow.Substring(0,16);//2012/12/29/8
            listView1.Items.Clear( );
            string sqlcon = "Data Source =.;Initial Catalog=iot;Integrated Security=True";
            SqlConnection con = new SqlConnection(sqlcon);
            con.Open( );
            string sqlcom = "select * from wsd where time like '" +sqldate   + "%'";
            SqlCommand com = new SqlCommand(sqlcom, con);
            SqlDataReader dr = com.ExecuteReader( );
            while (dr.Read( ))
            {
                string add = dr["add"].ToString( );
                string wd = dr["wd"].ToString( );
                string sd = dr["sd"].ToString( );
                string gz = dr["gz"].ToString( );
                string[] data = { add,wd, sd, gz };
                ListViewItem li = new ListViewItem(data);
                listView1.Items.Add(li);
            }
            com.Dispose( );
            con.Close( );
        }
```

通过查询最近数据库返回最近一分钟的数据到 listview1 里面，参考代码如下：

```
    private void button_tmaxwd_Click(object sender, EventArgs e)
        {
            if (comboBox_t.SelectedIndex == 0)
            {
                chaxun("max", "wd", DateTime.Now.ToShortDateString( ));
            }
            if (comboBox_t.SelectedIndex == 1)
            {
                chaxun("max", "wd", DateTime.Now.ToShortDateString( ));
            }
            if (comboBox_t.SelectedIndex == 2)
            {
                chaxun("max", "wd", DateTime.Now.ToShortDateString( ));
            }
            if (comboBox_t.SelectedIndex == 3)
            {
```

```
                chaxun("max", "wd", DateTime.Now.ToShortDateString( ));
            }
            if (comboBox_t.SelectedIndex == 4)
            {
                chaxun("max", "wd", DateTime.Now.ToShortDateString( ));
            }
        }
```

相应的查询代码如下：

```
private void chaxun(string maxormin, string shuju, string time)//用于查询最值并显示方法
  {
        string sqlcon = "Data Source =.;Initial Catalog=iot;Integrated Security=True";
        SqlConnection con = new SqlConnection(sqlcon);
        con.Open( );
        string sqlcom = "select "+maxormin+"("+shuju+") As 'shuju' from wsd where time like '"+time+"%' ";
        SqlCommand com = new SqlCommand(sqlcom, con);
        SqlDataReader dr = com.ExecuteReader( );
        while (dr.Read( ))
        {
            label_show.Text = dr["shuju"].ToString( );
        }
            com.Dispose( );
            con.Close();
  }
```

其他查询按钮实现过程类似，在此就不进行详述了。

8. 生活小贴士模块实现

生活小贴士的实现主要通过获取到的温湿度数据与预设值进行比较，而后执行 count( ) 方法，其中 Count 方法是放在 timer.tick( )事件当中。部分代码如下：

```
        private void count( )
        {
            if (WD > 15)//温馨提示可进行修改
            {
                label_wdtip.Text = "温度适中适合设备运行";
            }
            else
            {
                label_wdtip.Text = "温度低注意设备运行状态";
```

Note

```
        }
        if (SD > 75)
        {
            label_sdtip.Text = "湿度过高请开空调进行抽湿";
        }
        else
        {
            label_sdtip.Text = "湿度过低请开窗通风保持湿度";
        }
        if (GZ > 300)
        {
            label_gztip.Text = "光照强烈请关闭不需要的照明设备";
        }
        else
        {
            label_gztip.Text = "光照较暗请开灯照明";
        }
    }
```

■【课程思政】体验感悟

亲爱的同学，通过完成复杂系统的开发任务，你一定对攻坚克难、耐心专注、认真负责的职业素养有所体会。请阅读以下文档及案例材料，进一步感悟并培养攻坚钻研的职业素养。

《工程师职业素养》

谈一谈你的感想：

■案例：攻坚钻研的职业素养

案例一：立足岗位钻研、独具匠心攻坚

他是公司里技术过硬的一线工人，他是沈阳市五一劳动奖章获得者，他是沈阳车桥公司机加车间转向节班组数控操作工邢华（化名）。他主要负责转向节加工和各类新产品的试制工作。邢华常说“别人不会的，我要掌握；别人掌握的，我就要精益求精”，他将自己全部精力一心扑在工作岗位上，发扬工匠精神，使自己从一个只懂理论知识的实习生成长为独当一面的技术工人。邢华经常利用理论与实践相结合的方式创新数控机床加工方法，解决了公司长期以来因切削加工难而无法解决的各种技术难题。在做某军品任务时，由于工件异常复杂，多达 20 余道工序，不仅加工尺寸多、精度要求高，尺寸之间还相互联系，他针对数控加工中心等先进设备和冷金属加工特性进行研究，利用自己的计算机软件编程能力，从“脱瓶颈、提效率”着手，查阅资料翻书籍、请教老师傅，在他的努力下最终以 100%的合格率提前一周完成了这项艰难的任务。

案例二：攻坚克难、善于钻研，努力成为业务上的“行家里手”

刘蒋庆（化名），男，33岁，中共党员，现任治安大队四中队中队长，被聘为潍坊市局食药环侦支队首席专家、全省食药环侦专家。曾获全省公安机关食药环侦部门破案能手、全省环保公安联勤联动执法工作先进个人、山东省追逃工作先进个人、全市十佳破案能手等荣誉称号。食药环侦作为新兴业务，案件侦办毫无可借鉴之处，一切需从零学起、从零做起。该同志认真学习有关食品、药品、环境犯罪的法律法规，结合侦查工作面临的新形势、新特点，潜心钻研发案规律，逐渐成长为全省食药环侦工作的“行家里手”。他注重对案件的分析研判，每破获一起案件，他都认真总结侦破过程的得失，深挖行业潜规则，形成技战法。在业务上，他多次协助青州、潍城、安丘、昌乐等地食药环部门侦破疑难案件，并做为专家为全市所有县、市（区）食药环部门及派出所授课。近年来，他带领食药环侦中队民警先后打掉涉及辣椒、豆腐、海带、蛋糕、蔬菜等有毒、有害食品黑作坊、黑窝点50多个，处理污染环境案件19起，药品案件5起，刑事处理嫌疑人114名。

任务评价

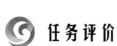

任务评价表如表 3-4-1 所示，总结反思如表 3-4-2 所示。

表 3-4-1　任务评价表

评价类型	赋分	序号	具体指标	分值	得分		
					自评	组评	师评
职业能力	55	1	硬件节点连接正确	5			
		2	协调器串口通信成功	5			
		3	终端节点通信成功	5			
		4	界面设计合理美观	5			
		5	平台各功能模块编程正确	25			
		6	系统整体功能实现	10			
职业素养	20	1	坚持出勤，遵守纪律	2			
		2	编程规范性	5			
		3	佩戴防静电手套	5			
		4	布线整洁美观	5			
		5	及时收回工具并按位置摆放	3			
劳动素养	15	1	按时完成，认真填写记录	5			
		2	保持工位卫生、整洁、有序	5			
		3	协作互助、小组分工合理性	5			
思政素养	10	1	完成思政素材学习	4			
		2	耐心专注、解决复杂问题	6			
总分				100			

表 3-4-2　总结反思

总结反思	
● 目标达成：知识 □□□□□　能力 □□□□□　素养 □□□□□	
● 学习收获：	● 教师寄语： 签字：__________
● 问题反思：	

课后任务

1. 问答与讨论

（1）工业传感网应用系统通用软件平台由几部分组成？

（2）工业传感网应用系统通用软件平台数据通信的格式有哪些？

（3）数据库技术主要经历了哪几个阶段？

（4）数据库主流产品有哪些？

（5）P2P 网络数据管理技术有何特点？

2. 巩固与提升

分组协作，两人一组，选择传感网应用系统在某一领域的具体应用，撰写组网方案，利用实训平台，完成传感节点与协调器之间的数据通信，实现数据的查询、判断、存储与控制，从而完成具体传感网应用系统的开发。

工作任务单

《工业传感网应用技术》工作任务单

<table>
<tr><td>工作任务</td><td colspan="4"></td></tr>
<tr><td>小组名称</td><td colspan="2"></td><td>工作成员</td><td></td></tr>
<tr><td>工作时间</td><td colspan="2"></td><td>完成总时长</td><td></td></tr>
<tr><td colspan="5">工作任务描述</td></tr>
<tr><td colspan="5"></td></tr>
<tr><td rowspan="5">小组分工</td><td>姓名</td><td colspan="3">工作任务</td></tr>
<tr><td></td><td colspan="3"></td></tr>
<tr><td></td><td colspan="3"></td></tr>
<tr><td></td><td colspan="3"></td></tr>
<tr><td></td><td colspan="3"></td></tr>
<tr><td colspan="5">任务执行结果记录</td></tr>
<tr><td>序号</td><td colspan="2">工作内容</td><td>完成情况</td><td>操作员</td></tr>
<tr><td>1</td><td colspan="2"></td><td></td><td></td></tr>
<tr><td>2</td><td colspan="2"></td><td></td><td></td></tr>
<tr><td>3</td><td colspan="2"></td><td></td><td></td></tr>
<tr><td>4</td><td colspan="2"></td><td></td><td></td></tr>
<tr><td colspan="5">任务实施过程记录</td></tr>
<tr><td colspan="5"></td></tr>
</table>

上级验收评定		验收人签名	

项目3 教学评价

亲爱的同学，本项目学习结束了，感谢你始终如一地努力学习和积极配合。为了能使我们不断地做出改进，提高专业教学效果，我们珍视各种建议、创意和批评。为此，我们很乐于了解你对本项目学习的真实看法。当然，这一过程中所收集的数据采用不记名的方式，我们都将保密且不会透漏给第三方。对于有些问题只需做出选择，有些问题，则请以几个关键词给出一个简单的答案。

项目名称：　　　　　　　　　　教师姓名：　　　　　　　　　　授课地点：

课程时间：　　年　月　日——　日　第　周	很满意	满意	一般	不满意	很不满意
一、项目教学组织评价					
1. 你对课堂教学秩序是否满意	☐	☐	☐	☐	☐
2. 你对实训室的环境卫生状况是否满意	☐	☐	☐	☐	☐
3. 你对课堂整体纪律表现是否满意	☐	☐	☐	☐	☐
4. 你对你们这一小组的总体表现是否满意	☐	☐	☐	☐	☐
5. 你对这种理实一体的教学模式是否满意	☐	☐	☐	☐	☐
二、授课教师评价					
1. 你如何评价授课教师	☐	☐	☐	☐	☐
2. 教师组织授课通俗易懂，结构清晰	☐	☐	☐	☐	☐
3. 教师非常关注学生的反应	☐	☐	☐	☐	☐
4. 教师能认真指导学生，因材施教	☐	☐	☐	☐	☐
5. 你对培训氛围是否满意	☐	☐	☐	☐	☐
6. 你认为理论和实践的比例分配是否合适	☐	☐	☐	☐	☐
7. 你对教师在岗情况是否满意	☐	☐	☐	☐	☐
三、授课内容评价					
1. 你对授课涉及的题目及内容是否满意	☐	☐	☐	☐	☐
2. 课程内容是否适合你的知识水平	☐	☐	☐	☐	☐
3. 授课中使用的各种器材是否丰富	☐	☐	☐	☐	☐
4. 你对发放的学习资料和在线资源是否满意	☐	☐	☐	☐	☐

请回答下列问题

1. 在教学组织方面，哪些还需要进一步改进？

____

____

2. 哪些授课内容你特别感兴趣，为什么？

____

____

3. 哪些授课内容你不感兴趣，为什么？

____

____

4. 关于授课内容，是否还有你想学但老师没有涉及的？如有，请指出：

____

____

5. 你对哪些授课内容比较满意？哪些方面还需要进一步改进？

____

____

6. 你希望每次活动都给小组留有一定讨论时间吗？如果有，你认为多长时间合适？

____

____

7. 通过这个项目的学习，你最想对自己说些什么？

____

____

8. 通过这个项目的学习，你最想对教授本项目的教师说些什么？

____

____

参考答案

项目1　工业传感网组网方案设计

任务1.2　传感器选型

表1－2－1　常见的温度传感器

类型	生产厂家	功耗测量/μW	供电电压/V	数据接口	最大测量误差/℃
DS1621	MAXIM	1 000	2.7～5.5	2－Wire/SMBus	2
AD7418	Analog Devices	600	2.7～5.5	I2C	3
TMP275	Texas Instruments	100	2.7～5.5	SMBus	1
MCP9800	Microchip	200	2.7～5.5	I2C/SMBus	3
LM92	National Semiconductor	350	2.7～5.5	SMBus	1.5

表1－2－2　常见的湿度传感器

类型	生产厂家	响应时间/s	功耗	工作电压/V	集成温度传感器	信号输出形式	误差/RH
SHT15	Sensirion	＜4	30 uW	2.4～5.5	是	数字（I^2C）	2%
HIH4030	Honeywell	5	1 mW	4～5.8	否	电压输出	3.5%
HTS2030	Humirel	5	5 nW	＜10	是	电容输出	2%

表1－2－3　常见的光强度传感器

类型	生产厂家	功耗/mW	供电电压/V	有效分辨力/位	数据接口	测量范围/lx
TLS2560	TAOS	0.75	2.7～5.5	16	I2C	0～40 000
ISL29002	Intersil	0.9	2.5～3.3	15	I2C	0～100 000
S1087－01	Hamamatsu	取决于光电二极管的信号调理电路		器件输出与光强信号呈线性关系的微弱电流信号		320～1 100 nm
BWP33	SIMEMS					350～1 100 nm
PDB－C171SM	Advanced Photonix					320～1 100 nm

任务 1.3　节点程序分析和烧写

1. 传感器节点结构分析

传感单元主要用于获取信息，并将其转化成数字信号；

传感单元主要由传感器、数/模转换模块等构成；

处理单元是传感器节点的核心模块，主要负责协调和控制传感节点各部分的工作，各层的通信协议、数据融合等数据处理也是由处理单元来实现的；

无线收发单元由无线射频电路和天线组成，主要负责收发数据和交换控制信息；

电源管理单元是任何电子系统的必备基础模块，为传感器节点提供正常工作所需的能源。

2. ZigBee 主程序核心代码

```
main( void )//主函数的功能就是完成初始化任务，然后进入 OSAL
{
// Turn off interrupts
/*关闭中断*/
osal_int_disable( INTS_ALL );
// Initialize HAL
/*初始化硬件*/
HAL_BOARD_INIT( );
// Make sure supply voltage is high enough to run
/*电压检测，确保芯片能正常工作的电压*/
zmain_vdd_check( );
// Initialize stack memory
/*初始化 stack 存储区*/
zmain_ram_init( );
// Initialize board I/O
/*初始化板载 I/O*/
InitBoard( OB_COLD );
// Initialze HAL drivers
/*初始化硬件驱动*/
HalDriverInit( );
// Initialize NV System
/*初始化 NV 系统*/
osal_nv_init( NULL );
// Determine the extended address
/*确定扩展地址（64 位 IEEE/物理地址）*/
zmain_ext_addr( );
// Initialize basic NV items
/*初始化基本 NV 条目*/
zgInit( );
```

```
// Initialize the MAC
/*初始化 MAC*/
ZMacInit( );
// Initialize the operating system
/*初始化操作系统*/
osal_init_system( );
// Allow interrupts
/*开启中断*/
osal_int_enable( INTS_ALL );
// Final board initialization
/*最终板载初始化*/
InitBoard( OB_READY );
// Display information about this device
/*显示设备信息*/
zmain_dev_info( );
osal_start_system( );//   没有返回，即进入操作系统，应用程序在此运行!!!
}
```

项目 2　工业传感网应用系统设计与实施

任务 2.1　执行器控制及状态监测系统设计与开发

2.1.6　串口通信程序设计

1. 初始化代码编写

```
PictureBox[ ] pi = new PictureBox[2];   //定义图片框和图片集合控件数组
  ImageList [ ] images = new ImageList[2];
  private void Form1_Load(object sender, EventArgs e)
  {
       pi[0] = pictureBox1; //将界面中的两个图片框与数组元素对应
       pi[1] = pictureBox2;
       images[0] = imageList1; //将存放LED灯状态的图片集合与images[0]对应
       images[1] = imageList2; //将存放风扇状态的图片集合与images[1]对应
       pi[0].Image = images[0].Images[0];//图片框初始图片显示
       pi[1].Image = images[1].Images[0];
        //获取设置串口号并设置默认的波特率
        string[ ] ports = SerialPort.GetPortNames( );//字符串数组：当前计算机串口名称
        sportsName.Items.AddRange(ports); //将括号中的字符串数组添加到下拉列表中
        //所选下拉列表中项目索引值（从0开始，未选为－1）
        sportsName.SelectedIndex = sportsName.Items.Count > 0 ? 0 :  －1;
        sportsBaudRate.Text = "57600";//设置默认波特率
```

}

2. 串口通信编程

（1）编写“sPort1_DataReceived”事件代码

```
StringBuilder Builder= new StringBuilder( );//全局变量，创建一个可变字符串
        /// <summary>
        /// 串口的接收方法，用于接收硬件设备返回的数据
        /// </summary>
        /// <param name="sender"></param>
        /// <param name="e"></param>
        private void sPort1_DataReceived(object sender, SerialDataReceivedEventArgs e)
        {
            try
            {
                int n = sPort1.BytesToRead; //获取串口接收缓冲区的字节数
                byte[ ] buf = new byte[n];
                sPort1.Read(buf, 0, n); //获取串口接收缓冲区读取从 0 开始的 n 个字节
                                          //存入 buf 数组中
                this.Invoke((EventHandler)(delegate
                {
                  foreach(byte b in buf)
                  {
                    Builder.Append(b.ToString("X2") + " ");//"X2"为大写十六进制格式
                  }
                }));
            }
            catch(Exception ex)
            {
                MessageBox.Show(ex.Message,"提示");
            }
        }
```

（2）编写“打开串口”功能代码

```
private void button1_Click(object sender, EventArgs e)
        {
            if(sPort1.IsOpen)
            {
                sPort1.Close( );
            }
            else
            {
                try
```

```
            {
                sPort1.PortName = sportsName.Text;
                sPort1.BaudRate = Convert.ToInt32(sportsBaudRate.Text);
                sPort1.Open( );
            }
            catch
            {
                MessageBox.Show("串口打开失败！ ");
            }
        }
        button1.Text = sPort1.IsOpen ? "关闭串口" : "打开串口";
        }
```

2.1.7 LED 灯和风扇控制及监测程序设计

1."打开"功能代码编写

```
string xx;
    private void button2_Click(object sender, EventArgs e)
    {
        if(checkBox1.Checked)
        {
            xx = "1";
        }
        else
        {
            xx = "0";
        }
        if (checkBox2.Checked)
        {
            xx = "2";
        }
        if (checkBox1.Checked&& checkBox2.Checked)
        {
            xx = "3";
        }
        textBox1.Text = xx;
        if(textBox1.Text.Length==1) //判断输入命令符是否为 1 位
        {
            try
            {
                string ii = textBox1.Text;
                //在字节数组中，按照数字量输出节点通信格式设置控制指令
```

```
                byte[ ] z = new byte[ ] { 0x3A,0x30,0x33,0x33,0x01,0,0x2F};
                switch(ii.ToString( ))
                {
                    case "0": z[5] = 0x00; break;
                    case "1": z[5] = 0x01; break;
                    case "2": z[5] = 0x02; break;
                    case "3": z[5] = 0x03; break;
               }
                sPort1.Write(z,0,7); //通过串口发送数组 z 中的全部数据
                sPort1.ReadTimeout = 500;
            }
            catch(Exception ex)
            {
                MessageBox.Show(ex.Message);
            }
            finally
            {
                //每次发送完要清空 Builder 中的数据
                Builder.Remove(0,Builder.Length);
            }
        }
        else
        {
            MessageBox.Show("请输入控制符命令");
            statusStrip1.Items[0].Text = "控制失败";
        }
        }
```

2.“查看状态”功能代码编写

```
private void button3_Click(object sender, EventArgs e)
    {
        if(Builder.Length==21&&Builder.ToString( ).Substring(15,2)=="01")
        {
            int index=0;
            string s = textBox1.Text;
            byte data = Convert.ToByte(s);
            for(int i=0;i<pi.Length;i++)
            {
                index = (data >> i) & 1;
                //根据开关状态切换图片框所显示的图片
                pi[i].Image = images[i].Images[index];
```

```
            }
        }
        else
        {
            pi[0].Image = imageList1.Images[0];
            pi[1].Image = imageList2.Images[0];
            statusStrip1.Items[0].Text = "控制失败";
        }
    }
    private void button4_Click(object sender, EventArgs e)
    {
        this.Close( );
    }
```

任务 2.2　环境数据采集与智能监控系统设计与开发

2.2.2　环境温湿度数据采集

1. 窗体加载 From1_Load 事件的参考代码

```
private void Form1_Load(object sender, EventArgs e)
    {
        string[ ] ports = SerialPort.GetPortNames( );
        sportsName.Items.AddRange(ports);
        sportsName.SelectedIndex = sportsName.Items.Count > 0 ? 0 : -1;
        sportsBaudRate.Text = "57600";
        chatShow(0,0);
    }
```

2. “打开串口”功能实现的参考代码

```
private void controlSports_Click(object sender, EventArgs e)
    {
        if (serialPort1.IsOpen)
        {
            serialPort1.Close( );
        }
        else
        {
            try
            {
                serialPort1.PortName = sportsName.Text;
                serialPort1.BaudRate = Convert.ToInt32(sportsBaudRate.Text);
                serialPort1.Open( );
            }
```

```
            catch
            {
                MessageBox.Show("串口打开失败！ ");
            }
        }
        controlSports.Text = serialPort1.IsOpen ? "关闭串口" : "打开串口";
    }
```

3. 加载 sPort1_DataReceived 事件的参考代码

```
StringBuilder builder = new StringBuilder( );
private void serialPort1_DataReceived(object sender, SerialDataReceivedEventArgs e)
    {
        try
        {
            int n = serialPort1.BytesToRead;
            byte[ ] buf = new byte[n];
            serialPort1.Read(buf,0,n);
            this.Invoke((EventHandler)(delegate
            {
                foreach (byte b in buf)
                {
                    builder.Append(b.ToString("X2") + " ");
                }
            }));
        }
        catch(Exception EX)
        {
            MessageBox.Show(EX.Message,"提示");
        }
    }
```

4. 双击“数据采集”按钮，添加 button3_Click 事件的参考代码

```
private void button2_Click(object sender, EventArgs e)
    {
        if(button2.Text=="数据采集")
        {
            timer1.Enabled = true;
            timer1.Interval = 1000;
            button2.Text = "停止采集";
        }
        else
        {
```

```
            timer1.Enabled = false;
            button2.Text = "数据采集";
        }
    }
```

5. 双击“timer1”控件，添加 timer1_Tick 事件，参考代码

```
string m = " ";
double WD = 0.0;
double SD = 0.0;
private void timer1_Tick(object sender, EventArgs e)
{
    if(serialPort1.IsOpen)
    {
        byte[ ] WS = { 0x3A, 0x30, 0x37, 0x66, 0x00, 0x00, 0x2F };
        serialPort1.Write(WS,0,7);
        m = builder.ToString( );
        if(builder.Length==54)
        {
            byte[] by = new byte[12];
            by[0] = Convert.ToByte(m.Substring(18,2),16);
            by[1] = Convert.ToByte(m.Substring(21, 2), 16);
            by[2] = Convert.ToByte(m.Substring(24, 2), 16);
            by[3] = Convert.ToByte(m.Substring(27, 2), 16);
            by[4] = Convert.ToByte(m.Substring(30, 2), 16);
            by[5] = Convert.ToByte(m.Substring(33, 2), 16);
            by[6] = Convert.ToByte(m.Substring(36, 2), 16);
            by[7] = Convert.ToByte(m.Substring(39, 2), 16);
            by[8] = Convert.ToByte(m.Substring(42, 2), 16);
            by[9] = Convert.ToByte(m.Substring(45, 2), 16);
            by[10] = Convert.ToByte(m.Substring(48, 2), 16);
            by[11] = Convert.ToByte(m.Substring(51, 2), 16);
            string str = System.Text.Encoding.UTF8.GetString(by);
            WD = Convert.ToDouble(str.Substring(0,5));
            SD = Convert.ToDouble(str.Substring(6,5));
            textBox1.Text = str;
            textBox2.Text = WD.ToString( );
            textBox3.Text = SD.ToString( );
            builder.Remove(0,builder.Length);
            chatShow(WD,SD);
        }
    }
```

```
        else
        {
            timer1.Enabled = false;
            button2.Enabled = true;
            MessageBox.Show("请先打开串口！");
        }
        builder.Remove(0, builder.Length);
        }
```

6. chatshow 参考代码

```
    private void chatShow(double wendu,double shidu)
    {
      Series series = chart1.Series[0];
      int xCount = series.Points.Count == 0 ? 0 : series.Points.Count – 1;
      double xLast = series.Points.Count == 0 ? 0 : series.Points[xCount].XValue +1;
      double yLast = wendu;
      series.Points.AddXY(xLast,yLast);
      series = chart1.Series[1];
      series.Points.AddXY(xLast, shidu);
      while(chart1.Series[0].Points.Count>13)
      {
          foreach(Series s in chart1.Series)
          {
              s.Points.RemoveAt(0);
          }
      }
       double xMin = chart1.Series[0].Points[0].XValue;
       chart1.ChartAreas[0].AxisY.Maximum = 90;
       chart1.ChartAreas[0].AxisY.Minimum = 15;
       chart1.ChartAreas[0].AxisX.Minimum = xMin;
       chart1.ChartAreas[0].AxisX.Maximum = xMin+13;
    }
    private void button1_Click(object sender, EventArgs e)
    {
        this.Close( );
    }
```

2.2.3 风扇智能控制

1. 双击“温度采集”按钮，添加 button2_Click 事件，参考代码

```
private void button2_Click(object sender, EventArgs e)
    {
        if (button2.Text == "温度采集")
```

```
        {
            timer1.Enabled = true;
            timer1.Interval = 1000;
            button2.Text = "采集结束";
            button3.Text = "直接控制";
        }
        else
        {
            timer1.Enabled = false;
            timer2.Enabled = false;
            button2.Text = "温度采集";
        }
    }
```

2. 双击“直接控制”按钮，添加 button3_Click 事件，参考代码

```
private void button3_Click(object sender, EventArgs e)
    {
        if(serialPort1.IsOpen)
        {
            if(button3.Text=="直接控制")
            {
                byte[ ] z = { 0x3A, 0x30, 0x33, 0x33, 0x01, 0x01, 0x2F };
                serialPort1.Write(z,0,7);
                timer1.Enabled = false;
                timer2.Enabled = false;
                button2.Text = "温度采集";
                button3.Text = "取消控制";
            }
            else
            {
                byte[ ] z = { 0x3A, 0x30, 0x33, 0x33, 0x01, 0x00, 0x2F };
                serialPort1.Write(z, 0, 7);
                button3.Text = "直接控制";
            }
        }
        else
        {
            MessageBox.Show("请先打开串口！ ");
        }
    }
```

3. 双击“timer1”控件，添加 timer1_Tick 事件，参考代码

```
string M = "";
    double WD = 0.0;
    private void timer1_Tick(object sender, EventArgs e)
    {
        if(serialPort1.IsOpen)
        {
            byte[] WS = { 0x3A, 0x30, 0x37, 0x66, 0x00, 0x00, 0x2F };
            serialPort1.Write(WS, 0, 7);
            M = builder.ToString( );
            if(builder.Length==36)
            {
                byte[] by = new byte[6];
                by[0] = Convert.ToByte(M.Substring(18,2),16);
                by[1] = Convert.ToByte(M.Substring(21, 2), 16);
                by[2] = Convert.ToByte(M.Substring(24, 2), 16);
                by[3] = Convert.ToByte(M.Substring(27, 2), 16);
                by[4] = Convert.ToByte(M.Substring(30, 2), 16);
                by[5] = Convert.ToByte(M.Substring(33, 2), 16);
                string str = System.Text.Encoding.UTF8.GetString(by);
                WD = Convert.ToDouble(str.Substring(0, 5));
                textBox1.Text = WD.ToString( );
                builder.Remove(0,builder.Length);
                if(textBox2.Text!="")
                {
                    timer1.Enabled = false;
                    timer2.Enabled = true;
                    timer2.Interval = 1000;
                }
                else
                {
                    timer2.Enabled = false;
                }
            }
        }
        else
        {
            timer1.Enabled = false;
            MessageBox.Show("请先打开串口！ ");
            button2.Text = "温度采集";
```

```
        }
        builder.Remove(0, builder.Length);
    }
```

4. 双击“timer2”控件，添加 timer2_Tick 事件，参考代码如下

```
private void timer2_Tick(object sender, EventArgs e)
{
    if(Convert.ToInt32(textBox1.Text) > Convert.ToInt32(textBox2.Text))
    {
        byte[ ] z = { 0x3A, 0x30, 0x33, 0x33, 0x01, 0x01, 0x2F };
        serialPort1.Write(z,0,7);
    }
    else
    {
        byte[ ] z = { 0x3A, 0x30, 0x33, 0x33, 0x01, 0x00, 0x2F };
        serialPort1.Write(z,0,7);
        timer2.Enabled = false;
        timer1.Enabled = true;
        timer1.Interval = 1000;
    }
}
```

任务 2.3　超声波实时测距系统设计与开发

2.3.3　超声波测距程序设计

1. 目标物距离测量编程

（1）编写“距离测试”功能代码

```
private void btn_Data_Click(object sender, EventArgs e)
{
    if (btn_Data.Text == "距离测试")
    {
        timer1.Enabled = true; //开启定时器1，开始距离测量
        timer1.Interval = 1000; //设置测量周期为1 s
        btn_Data.Text = "停止测试";
    }
    else
    {
        timer1.Enabled = false;
        btn_Data.Text = "距离测试";
    }
}
```

（2）双击 timer1 控件，添加“timer1_Tick”事件，参考代码如下：

```
string m = "";
double JL = 0.0;
private void timer1_Tick(object sender, EventArgs e)
{
    if (sPort1.IsOpen)
    {
        byte[ ] WS = { 0x3A, 0x30, 0x35, 0x22, 0x00, 0x00, 0x2F };//距离测量指令
        sPort1.Write(WS, 0, 7); //串口发送数据
        m = builder.ToString( );
        if (builder.Length == 39)
        {
            byte[] by = new byte[5];
            by[0] = Convert.ToByte(m.Substring(18, 2), 16);
            by[1] = Convert.ToByte(m.Substring(21, 2), 16);
            by[2] = Convert.ToByte(m.Substring(24, 2), 16);
            by[3] = Convert.ToByte(m.Substring(27, 2), 16);
            by[4] = Convert.ToByte(m.Substring(30, 2), 16);
            string str = System.Text.Encoding.UTF8.GetString(by);
            JL = Convert.ToDouble(str.Substring(0, 5));

            textBox1.Text = JL.ToString();//距离文本显示
            builder.Remove(0, builder.Length);
        }
    }
    else
    {
        timer1.Enabled = false;
        btn_Data.Enabled = true;
        MessageBox.Show("请先打开串口！ ");
    }
    builder.Remove(0, builder.Length);
}
```

任务 2.4　红外双通道状态监测系统设计与开发

2.4.3　红外通道状态监测程序设计

1. 初始化代码

```
PictureBox[ ] pi = new PictureBox[2];//定义全局变量
TextBox[ ] tb0 = new TextBox[2];
string[ ] str = { "无物体","有物体" };
```

```
private void Form1_Load(object sender, EventArgs e)
{
    string[ ] ports = SerialPort.GetPortNames( );
    sportsName.Items.AddRange(ports);
    sportsName.SelectedIndex = sportsName.Items.Count > 0 ? 0 : -1;
    sportsBaudRate.Text = sportsBaudRate.Items[0].ToString( );
    pi[0] = pictureBox1;
    pi[1] = pictureBox2;
    tb0[0] = textBox2;
    tb0[1] = textBox3;
    for(int i=0;i<pi.Length;i++)
    {
        pi[i].Image = imageList1.Images[0];
        tb0[i].Text = str[0];
    }
}
```

2. 红外通道状态监测编程

（1）编写“对射监测”功能代码

双击“对射监测”按钮，添加 btnDS _Click 事件，参考代码如下：

```
private void btnDS_Click_1(object sender, EventArgs e)
{
    if (sPort1.IsOpen)
    {
        if (btnDS.Text == "对射监测")
        {
            timer1.Enabled = true; //开启定时器 1，开始对射通道监测
            timer2.Enabled = false; //保持定时器 2 关闭
            timer1.Interval = 1000; //设置查询周期为 1 s
            btnDS.Text = "停止监测";
            btnFS.Text = "反射监测";
            btnFS.Enabled = false; //禁止触发反射监测
        }
        else
        {
            btnFS.Enabled = true; //允许触发反射监测
            timer1.Enabled = false; //关闭定时器 1，停止对射通道监测
            btnDS.Text = "对射监测";
            pi[0].Image = imageList1.Images[0]; //图片初始化
            pi[1].Image = imageList1.Images[0];
        }
```

```
        }
        else
        {
            btnDS.Text = "对射监测";
            MessageBox.Show("请先打开串口");
        }
    }
```

（2）编写“反射监测”功能代码

双击“反射监测”按钮，添加“btnFS _Click”事件，参考代码如下：

```
    private void btnFS_Click_1(object sender, EventArgs e)
    {
        if (sPort1.IsOpen)
        {
            if (btnFS.Text == "反射监测")
            {
                timer2.Enabled = true;
                timer2.Interval = 1000;
                timer1.Enabled = false;
                btnFS.Text = "停止监测";
                btnDS.Text = "对射监测";
                btnDS.Enabled = false;
            }
            else
            {
                btnDS.Enabled = true;
                timer2.Enabled = false;
                btnFS.Text = "反射监测";
                pi[0].Image = imageList1.Images[0];
                pi[1].Image = imageList1.Images[0];
            }
        }
        else
        {
            btnFS.Text = "反射监测";
            MessageBox.Show("请先打开串口");
        }
    }
```

（3）双击 timer1 控件，添加“timer1_Tick”事件，参考代码：

```
private void timer1_Tick(object sender, EventArgs e)
{
        byte[ ] z = { 0x3A, 0x30, 0x30, 0x11, 0x00, 0x00, 0x2F };//状态查询指令
        sPort1.Write(z, 0, 7); //串口发送数据
        if (builder.Length == 21)
        {
            textBox1.Text = builder.ToString( );
            byte data = Convert.ToByte(builder.ToString( ).Substring(16, 1));
            for (int i = 0; i < pi.Length; i++)
            {
                int index = (data >> i) & 1;
                pi[i].Image = imageList1.Images[index]; //状态图片显示
                tb0[i].Text = str[index]; //状态文本显示
            }
        }
    builder.Remove(0, builder.Length);
}
```

（4）双击 timer2 控件，添加“timer2_Tick”事件，参考代码：

```
private void timer2_Tick(object sender, EventArgs e)
{
        byte[ ] z = { 0x3A, 0x30, 0x30, 0x11, 0x00, 0x00, 0x2F };
        sPort1.Write(z, 0, 7);
        if (builder.Length == 21)
        {
            textBox1.Text = builder.ToString( );
            byte data = Convert.ToByte(builder.ToString( ).Substring(16, 1));
            for (int i = 0; i < pi.Length; i++)
            {
                int index = ~(data>>i)&1;
                pi[i].Image = imageList1.Images[index];
                tb0[i].Text = str[index];
            }
        }
    builder.Remove(0, builder.Length);
}
```

项目 3　工业传感网应用系统项目集成

任务 3.3　嵌入式网关程序设计

3.3.4　嵌入式 WinCE 系统应用程序设计

1. 添加一个方法发送命令，参考代码

```
public void mingling(int i)
    {
        byte[ ] z = new byte[7];
        z[0] = 0x3A;
        z[1] = 0x30;
        z[2] = 0x33;
        z[3] = 0x33;
        z[4] = 0x01;
        switch (i.ToString( ))
        {
            case "1": z[5] = 0x01; break;
            case "2": z[5] = 0x02; break;
            case "3": z[5] = 0x03; break;
            case "4": z[5] = 0x04; break;
        }
        z[6] = 0x2F;
        sPort1.Write(z, 0, 7);
    }
```

2. 在相应的按钮下添加命令，参考代码

```
    if (sPort1.IsOpen)
        {
          mingling(1);//1 为控制继电器 1，可更改做出相应的控制；2 为继电器 2，3 为继电器 3
        }
        else
        {
            MessageBox.Show("请先打开串口！");
        }
```

参 考 文 献

[1] 王平，王恒. 无线传感器网络技术及应用［M］. 北京：人民邮电出版社，2016.

[2] 俞阿龙，李正，孙红兵，孙华军. 传感器原理及其应用［M］. 南京：南京大学出版社，2017.

[3] 李艇，杨彬，李栋，赵春雷，刘继伟. 实时工业网络设计与应用［M］. 北京：人民邮电出版社，2014.

[4] 蔡绍滨，张方舟. 无线传感器网络关键技术的研究与应用［M］. 哈尔滨：哈尔滨工业大学出版社，2011.

[5] 王良民，廖闻剑. 无线传感器网络可生存理论与技术研究［M］. 北京：人民邮电出版社，2011.

[6] 詹杰，刘宏立，张杰. 面向复杂环境监测的无线传感网络技术研究［M］. 北京：人民邮电出版社，2014.

[7] 王振力，孙平，刘洋. 工业控制网络［M］. 北京：人民邮电出版社，2012.

[8] Bhagirathi Nayak，Subhendu Kumar Pani，Tanupriya Choudhury，Suneeta Satpathy，Sachi Nandan Mohanty.Wireless Sensor Networks and the Internet of Things：Future Directions and Applications［M］. Apple Academic Press：2020－12－17.

[9] Abdulrahman Yarali. Wireless Sensor Networks（WSN）：Technology and Applications［M］. Nova Science Publishers，Inc.：2020－10－29.